Stefan Carstens

# Die Güterwagen der DB AG

## Zahlen, Fakten, Entwicklungen, Fotos

**Stand 1998**



MIBA
exclusiv
Buch

**Stefan Carstens**, Jahrgang 1954, arbeitet nach seinem Studium als Bauingenieur bei der Deutschen Bundesbahn bzw. heute bei der DB AG.
Sein Interesse an der Bahn gilt nicht nur den Bauwerken, sondern auch den Fahrzeugen und hier insbesondere den Güterwagen. Durch diverse Fachaufsätze und bislang drei Bücher zu diesem Thema hat sich Stefan Carstens einen Namen bei Hobbyeisenbahnern gemacht.

Titelfotos:
Eine Woche alte Taoos-y 894 [9331]: 069 5 235, 069 5 227
und 069 5 230 am 7.2.1996 im Rbf Hamburg-Hohe Schaar.

Der Ucs 908 910 5 263, am 4.6.1997 im Bf Furth im Wald,
ist hingegen rund vierzig Jahre alt.

Die Deutsche Bibliothek – CIP-Einheitsaufnahme
Die Güterwagen der DB AG: 1994 – 1998 / Stefan Carstens.
Nürnberg: Miba-Verl., 1998
(MIBA-Exclusiv-Buch)



Herausgeber, Redaktion, Gestaltung und Satz:
Stefan Carstens, Flashorn 13A, D-25474 Hasloh
Tel./Fax 0 41 06 / 49 05
Produktion: Knut Habicht, Krefeld
Lithografie: Scan + Proof, Krefeld
Druck: Bercker Graphischer Betrieb GmbH, Kevelaer
Printed in Germany

ISBN 3-86046-030-7

# Inhaltsverzeichnis

# Vorwort

Vor siebzehn Jahren erschien in der Franckh'schen Verlagshandlung das von Joachim Deppmeyer und Horst Obermayer verfaßte „Taschenbuch Deutsche Güterwagen". Dieses Buch hat Geschichte gemacht, war es doch das erste – wenn auch unvollständige – Güterwagenlexikon. Es ist heute jedoch nicht mehr aktuell.

Somit fehlt ein umfassendes, aktuelles Güterwagenlexikon, in dem alle Wagen der DB AG mit wesentlichen technischen Daten, Bestandszahlen, Nummernbereichen etc. vorgestellt werden. Daß sich bislang niemand mit dieser Materie befaßt hat, ist verständlich, denn viele Wagen existieren nur als Einzelstücke und sind nicht lückenlos dokumentiert.

Dennoch ist es – glaube ich – gelungen, mit diesem Werk eine aktuelle und für den Zeitraum von 1994 bis 1998 auch vollständige Dokumentation der Güterwagen der DB AG zu erstellen.

Mein besonderer Dank gilt Hans Ulrich Diener, der mir die Ergebnisse jahrelanger Recherchen zur Verfügung gestellt hat. Dank auch an Per Topp Nielsen für den Abgleich aller technischen Daten, Bestandszahlen und Wagennummern mit seinen Unterlagen. Beide haben mit ihrer konstruktiven Kritik und manchem Verbesserungsvorschlag das Entstehen dieses Buches entscheidend beeinflußt.

Bei Klaus Kirsch, Willi Rosumek und Rolf Sepinski möchte ich mich – neben der Bereitstellung vieler Bilder – auch für das Korrekturlesen bedanken, eventuell noch vorhandene Fehler haben sie nicht zu verantworten.

Ein herzliches Dankeschön auch allen anderen Bildautoren, die dieses Projekt unterstützt haben. Stellvertretend seien genannt: Peter Driesch, Jan Lundstrøm, Rudolf Ossig, Bernd Pluntke und Harald Westermann.

Dank auch für die Unterstützung durch Mitarbeiter der DB Cargo und verschiedener Waggonhersteller, die kurzfristig aktuelle Informationen beigesteuert haben, und dem MIBA-Verlag, der die Herausgabe dieses Handbuchs ermöglicht hat. Schließlich möchte ich mich noch bei Knut Habicht und allen, die an der Produktion des Buches beteiligt waren, bedanken.

Geschrieben ist dieses Buch in der Hoffnung, daß die verantwortlichen Politiker in Deutschland endlich der Verkehrspolitik die volkswirtschaftlich erforderliche Wende hin zu umweltverträglichen Verkehrsmitteln wie der Bahn und dem Binnenschiff geben.

Gewidmet ist es meiner Frau Ulrike und meinen beiden Söhnen Malte und Mischa.

Hasloh im März 1998

*Stefan Carstens*

## Welche Wagen werden vorgestellt ?

In diesem Buch werden alle Güterwagen und Tiefladewagen vorgestellt, die sich am 31. Dezember 1997 im Bestand der DB AG befanden.

Darüber hinaus sind alle Wagenbauarten der ehemaligen DB und DR enthalten, die im Januar 1994 noch in den Bestand der DB AG übernommen wurden. Dies gilt für alle DB-Bauarten, die am 31. Dezember 1993 noch in den Bestandsnachweisen geführt wurden, ebenso wie für die DR-Wagen, die – obwohl nur z.T. umgezeichnet – unter einer DB-Bauartnummer geführt wurden.

Allerdings ist im Zeitalter zunehmender Privatisierung ehemaliger Staatsunternehmen die Zuordnung nicht immer eindeutig, so daß Bauarten zusätzlich aufgenommen wurden. Hierfür einige Beispiele:

Die Autotransportlogistic GmbH (ATG) wurde am 1. Januar 1991 aus der DB als eigenständiges Unternehmen ausgegliedert. Die Autotransportwagen der DB (und DR) wurden an die ATG vermietet und erhielten den Status von Privatwagen. Dennoch werden sie weiterhin in den Bestandslisten der DB AG geführt. Dort nicht enthalten sind hingegen die Laaes 556, die die ATG 1992 beschaffte und die der Vollständigkeit halber in diesem Buch berücksichtigt wurden.

Ebenfalls 1991 wurde die Kombiwaggon GmbH gegründet, deren Wagen keine Privatwagen sind, aber als solche in separaten Bestandslisten geführt wurden. Am 1. Juli 1996 kehrten sie als Mietwagen in den regulären Bestand der DB AG zurück.

Ähnlich verhält es sich mit den Fakks 127 [6781], die seit 1992 an verschiedene Baufirmen vermietet und als Privatwagen bezeichnet waren, seit dem 1. Juli 1997 aber im Bestand der DB AG sind.

Um zu einer umfassenden Darstellung zu gelangen, sind in diesem Buch sowohl alle bahneigenen, vermieteten als auch die von der DB AG angemieteten oder geleasten Wagen enthalten, sofern sie eine eigene Bauartnummer erhielten und zwischen 1993 und 1998 im Bestand waren.

Wagen für den Baudienst, wie z.B. Schotterwagen, wurden bei der DB als Dienstgüterwagen geführt. Bei der DR wurden sie wie Wagen für den öffentlichen Verkehr behandelt und hatten entsprechende Gattungsbezeichnungen. Daher wurden 1994 DB AG-Güterwagenbauartnummern für sie vergeben, die Wagen aber weiter unter „DR“ geführt. Aus diesem Grund sind die Schotter- und Schwellentransportwagen der ehemaligen DR in diesem Buch enthalten, ehemalige DB-Wagen hingegen nicht.

Inzwischen sind sowohl die DB- als auch die DR-Wagen verkauft. Jedoch werden von DB Cargo ab 1997 über 2.300 ehemalige Dienstgüterwagen wieder angemietet und zu bahneigenen Wagen umgezeichnet.

# Abkürzungen und Begriffe

AAE Ahaus-Alstätter Eisenbahn
AK Automatische Kupplung
AK m.P. AK mit Puffern
AK o.P. AK ohne Puffer
ATG Autotransportlogistic GmbH
AW (DB-) Ausbesserungswerk
BA Bauart
BZA Bundesbahnzentralamt
Bj. Baujahr
CFL Société Nationale des Chemins de Fer Luxembourgois
Ch-GP-A Charmilles-Bremse mit GP-Wechsel und automatischer Lastabbremsung
Ct Container
DB Deutsche Bundesbahn
DB AG Deutsche Bahn AG (ab 1994)
DG-BA Drehgestell-Bauart
Dok-Nr. DR-Dokumentationsnummer
DR Deutsche Reichsbahn (1949 bis 1993)
DRB Deutsche Reichsbahn (bis 1948)
DS Doppelschaken
ep elektro-pneumatisch
EUROP Abkommen über die gemeinschaftliche, freizügige Benutzung von Güterwagen
EVA EVA Eisenbahn-Verkehrsmittel GmbH
FB Federböcke
Fbr Feststellbremse
FEW Forschungs- und Entwicklungswerk
FS Ferrovie dello Stato
Hbr Handbremse
Hik-G Hildebrandt-Knorr-Güterzugbremse
Hik-GP ... mit Bremsartwechsel GP
KE-G Knorr-Güterzugbremse der Einheitsausführung KE
KE-GP ... mit Bremsartwechsel GP
KE-GP-A ... und automatischer Lastabbremsung
KE-GP-A D ... Scheibenbremsen
KE-GPR-A D ... Bremsartwechsel GPR
Kk-G Kunze-Knorr-Güterzugbremse
KLV Kombinierter Ladungsverkehr
LüP Länge über Puffer
LZB Linien-Zug-Beeinflussung
N Neubauwagen
NS Nederlandse Spoorwegen
ÖBB Österreichische Bundesbahn
P-Wagen (bei der DB bzw. DB AG eingestellter) Privatwagen
RAW Reichsbahn-Ausbesserungswerk
REV Revision(sdatum)
RIV Regolamento Internazionale Veicoli – Übereinkommen über die gegenseitige Benutzung von Güterwagen im internationalen Verkehr
SNCB Société Nationale des Chemins de Fer Belges
SNCF Société Nationale des Chemins de Fer Français
U Umbauwagen
UIC Union Internationale des Chemins de Fer (Internationaler Eisenbahnverband)
UIC-Abmessungen: Nur in den Abmessungen UIC Standardwagen entsprechend.
UIC-Standardwagen: Von der UIC in allen Baugruppen standardisierter Güterwagen.
VTG VTG Vereinigte Tanklager und Transportmittel GmbH
WB Wechselbehälter
ZAK Automatische Zugkupplung
ü. SO über Schienenoberkante

# Wie ist dieses Buch zu handhaben ?

Gegliedert ist dieses Buch in alphabetischer Reihenfolge der Gattungen und innerhalb der Gattungen nach der DB-Bauartnummer. In Ausnahmefällen wurden Bauarten um eine Seite verschoben (dies ist unten auf der Seite vermerkt).

Um bei der Fülle der Information zu einer übersichtlichen Darstellung zu gelangen, sind alle Abschnitte und Seiten nach einheitlichem Schema gegliedert:

Jeder Wagengattung ist eine kurze Einleitung vorangestellt. Daneben sind alle generellen Eigenschaften, die durch die Gattungsbezeichnung und die Kennbuchstaben näher beschrieben werden, aufgelistet.

Die Darstellung der einzelnenen Wagenbauarten gliedert sich wie folgt: In der Überschrift stehen am Seitenrand Symbole für den Ursprung der Wagen sowie das erste Baujahr. Sie bedeuten beschafft von:

| | | |
|---|---|---|
| | DRB | bis 1948 |
| DB | DB | von 1949 bis 1964 |
| DB | DB | von 1965 bis 1993 |
| DR | DR | von 1949 bis 1964 |
| DR | DR | von 1965 bis 1993 |
| DB | DB AG | ab 1994 |

**AAE, ATG, EVA, SNCB, VTG**
angemietete Wagen (privat oder von anderer Bahnverwaltung beschafft).

Daneben stehen die Bauartbezeichnungen in chronologischer Reihenfolge, bei älteren Wagen beginnend mit der bis 1964 gültigen Bezeichnung (DB: Gattung und Bauartnummer, DR: Gattung und Leitzahl). Es folgen die UIC-Bezeichnungen und die ab 1994 gültige DB AG-Bezeichnung. Auf weitere Bauartbezeichnungen, die die Wagen zwischenzeitlich getragen haben, wird im Text hingewiesen.

Mit einer Säule am Seitenrand wird der Wagenbestand dargestellt (1 cm: bis 10 Wagen, 2 cm: 100, 3 cm: 500, 4 cm: 1.000, 5 cm: 3.000 Wagen etc.). Eine rote Säule bedeutet Wagen (zumindest mehrere) in verkehrsroter DB Cargo-Farbgebung, eine graue Säule steht für alle übrigen DB AG-Güterwagen, eine weiße für angemietete Wagen oder nicht von der DB beschaffte Bauarten. In der Säule steht der Bestand am 31. Dezember 1997 und ein Pfeil für den Trend in den letzten Jahren. Dabei bedeutet:

- ↑ ab 1994 Neu- bzw. Umbau von mindestens 100 Wagen,
- ↗ ab 1994 Neubeschaffung oder Umbau von Versuchswagen,
- → seit 1994 keine oder nur geringfügige Zu- oder Abgänge,
- ↘ größere Abgänge seit 1994 durch Ausmusterung, Umbau oder Verkauf,
- ↓ vollständige Ausmusterung der Baureihe kurzfristig (innerhalb von zwei Jahren) zu erwarten.

Für Bauarten, die zwischen 1994 und 1997 ausgemustert worden sind, ist das Ausmusterungsjahr aufgeführt.

Die Datenspiegel beginnen mit den von den Wagen bei der DB AG belegten Nummernbereichen, bei DR-Wagen, die nicht mehr umgezeichnet wurden, mit den zuletzt gültigen DR-Nummern. Aus Gründen der

Übersichtlichkeit sind nur die sieben Ziffern, die zur Identifikation innerhalb der Bahnverwaltung dienen, angegeben.

Danach folgen wichtige technische Daten. Diese beginnen mit der Angabe der Länge über Puffer, wobei – wie auch bei anderen Daten – ggf. zwischen Wagen mit und ohne Handbremse unterschieden wird; vor dem Schrägstrich stehende Werte gelten, sofern nicht anders vermerkt, für Wagen mit Handbremse.

Die Drehgestellbauart ist generell mit der DB-Bauartnummer angeben. Bei Y 25-Drehgestellen wird die genaue Bezeichnung (z.B. Y 25 Cs, Y 25 Lsd 1) vorangestellt, da baugleiche Drehgestelle unterschiedlicher Hersteller verschiedene Bauartnummern haben. Ähnliches gilt für Drehgestelle der Bauart Niesky.

Desweiteren sind verkehrlich wichtige Daten wie Ladelänge, Ladefläche oder Laderaum und die höchste Lastgrenze („C", „D" oder „D4" bzw. bei Wagen, die beladen mit 100 km/h eingesetzt werden dürfen, „CS", „DS", „D4 S") aufgeführt.

Ist bei der DB eine höhere Lastgrenze zulässig als im internationalen Verkehr (z.B. D mit 100 km/h), so ist dies vermerkt. (Die angeschriebenen Lastgrenzen können – abhängig vom Eigengewicht – um ± 0,5 t, bei sechsachsigen Wagen oder Wagen mit besonderen Ladegestellen um bis zu ± 1,0 t von den Angaben abweichen.)

Hinter der Angabe der Lastgrenze ist ggf. vermerkt, wenn der Wagen lauftechnisch eine höhere Geschwindigkeit fahren darf als bremstechnisch, wobei „★" für 100 km/h steht, „★★" für 120 km/h.

Eine Auflistung der Lastgrenzen für alle Streckenklassen erfolgt nicht, da an neueren Wagen bis zu acht Lastgrenzen, ggf. ergänzt um nationale Werte, aufgeführt sind: Durch die Buchstaben A, B, C und D wird die zulässige Radsatzfahrmasse (16,0 t, 18,0 t, 20,0 t oder 22,5 t) angegeben. Diese werden durch die Ziffern 1 bis 4 (für 5 t/m, 6,4 t/m, 7,2 t/m und 8 t/m) ergänzt, wenn bei Ausnutzung der höchstzulässigen Radsatzlast ein Metergewicht von 5 t überschritten wird.

Insbesondere die offiziellen Angaben für das mittlere Eigengewicht sind vielfach überholt. Sofern die Gewichtsangaben an den meisten Wagen anders lauten, sind daher aktualisierte Mittelwerte angegeben.

Die Angaben zur Bremsausrüstung bestehen aus der Abkürzung für die Bremsbauart (solche, die die Wagen bei der Ablieferung besaßen und inzwischen nicht mehr verwendet werden, sind in Klammern gesetzt) sowie ggf. Angaben über die Ausrüstung der Wagen mit (von einer Bühne zu bedienenden) Handbremse – Hbr – oder (einer vom Boden zu bedienenden) Feststellbremse – Fbr.

Schließlich wird die zulässige Höchstgeschwindigkeit der Wagen gesondert vermerkt, wenn diese unter 90 km/h oder über 120 km/h liegt.

Die wesentlichen Besonderheiten aller Wagen und Unterscheidungsmerkmale gegenüber ähnlichen Bauarten werden im Text beschrieben, ggf. werden besondere Einsatzbereiche genannt.

# Anschriften an Güterwagen

An jedem Güterwagen ist eine Reihe von Anschriften zu finden, die zur Identifikation des Wagens dienen, Auskunft über die einstellende Bahngesellschaft und die Behandlung beim internationalen Einsatz sowie über die verkehrlich relevanten technischen Daten geben.

Darüber hinaus sind, sofern dies erforderlich ist, Bedienungsanleitungen für bestimmte Bauteile – zum Beispiel Schwenkdächer – und Piktogramme, die auf Gefahren hinweisen, angebracht. Da die Bedienungsanweisungen allgemein verständlich formuliert sind und Piktogramme aus ihrer Symbolik verständlich sein sollten, will ich wegen der großen Fülle an dieser Stelle hierzu keine näheren Erläuterungen geben.

Erklärungsbedürftiger sind Wagennummer und Symbole, die die technischen Daten darstellen. Die wichtigste Anschrift ist die Wagenbezeichnung, bestehend aus Wagennummer und Bauartbezeichnung.

Die Wagennummer gliedert sich in fünf Gruppen. Die ersten beiden Ziffern geben Auskunft über die internationale Einsetzbarkeit des Wagens. dabei bedeuten die häufigsten bei der DB AG verwendeten Ziffergruppen:

- 01/11 RIV-EUROP-Wagen mit Einzelachsen / Drehgestellen. Sie dürfen von allen dem EUROP-Übereinkommen angehörenden Bahnen wie eigene Wagen eingesetzt werden.
- 21/31 RIV-Wagen mit Einzelachsen/Drehgestellen. Die Wagen sind nach Entladung wieder an die einstellende Bahnverwaltung zurückzuschicken.
- 42/82 Wagen mit Einzelachsen/ Drehgestellen nur für den innerdeutschen Verkehr.

Die nächsten beiden Ziffern stehen für das Eigentumsmerkmal, wobei die in diesem Buch behandelten Wagen die „80“ für DB und DB AG oder „50“ für DR tragen bzw. trugen.

Diesen schließt sich die (bei der DB am Wagenkasten größer angeschriebene) eigentliche Wagennummer an. Sie besteht aus einer vierstelligen Gattungskennzahl und einer dreistelligen laufenden Nummer. Ergänzt wird die Wagennummer durch eine Selbstkontrollziffer, die sich aus den vorgenannten elf Ziffern errechnet.

Den Abschluß bildet die Bauartbezeichnung, die bei DB-Wagen aus der Gattungsbezeichnung und einer (hochgestellten) dreistelligen Bauartnummer besteht.

Ehemalige DR-Wagen haben darüber hinaus bislang noch die (eingerahmte) vierstellige Gattungsschlüsselnummer. Sie wurde 1978 anstelle der Leitzahl eingeführt und wird seit 1997 sukzessive gelöscht.

**01 RIV-EUROP**
**80 DB**
**5235 509-8**
**Es$^{026}$ [5235]**

**31 80 4863625-8**
**RIV DB Samms$^{710}$**

Austauschcode, Eigentumsmerkmal und Bauartbezeichnung bei DB AG-Wagen (oben ex DR, unten ex DB)

Die übrigen Anschriften beschreiben technische Daten, die Auskunft über betrieblich und verkehrlich relevante Abmessungen und Lasten geben, Beispiele hierfür umseitig.

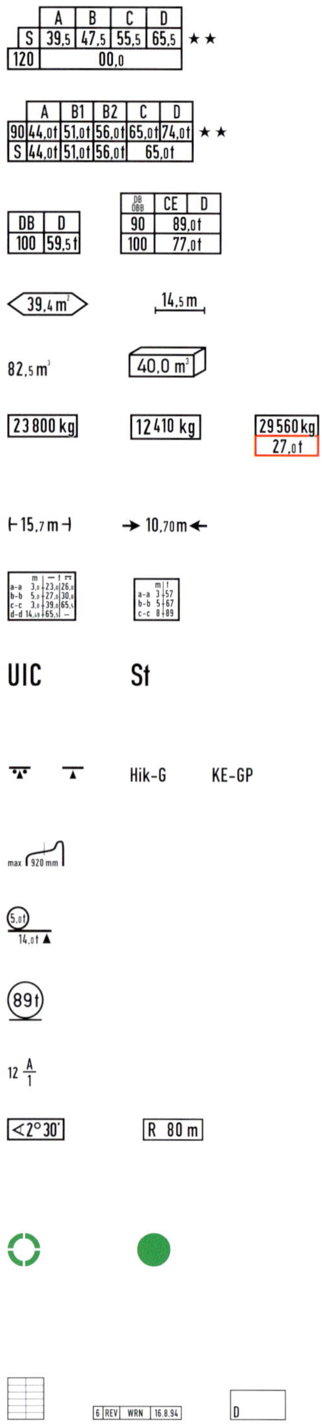


Lastgrenzraster am Beispiel eines Wagens, der beladen mit den angegebenen Lasten bis zu einer Geschwindigkeit von 100 km/h eingesetzt werden kann, leer 120 km/h schnell fahren darf, und eines Wagens für 100 km/h Höchstgeschwindigkeit („S"). Oben die neuere Ausführung ohne „t". Die Sterne bedeuten lauftechnisch für 100 km/h (ein Stern) bzw. 120 km/h (zwei Sterne) geeignet, beladen zu den in den Rastern angegeben Lastgrenzen.
Darunter Beispiele unterschiedlicher Zusatzraster

Ladefläche und Ladelänge

Laderaum

Eigengewicht des Wagens, rechts mit Bremsgewicht der Handbremse (roter Rahmen = bodenbedienbare Feststellbremse, weißer Rahmen = Handbremse)
Länge über Puffer (LüP) und Achsstand / Drehzapfenabstand

Angabe für schwere Einzellasten
(links mit Unterscheidung der Auflageart)

Angabe zur Wagenbauart: nach UIC-Zeichnungen gebaut bzw. von UIC-Zeichnungen abweichende Standardwagen

Anhebezeichen und Bremsbauart, hier Hildebrand-Knorr-Güterzugbremse bzw. Knorr-Bremse KE mit GP-Wechsel

größter zulässiger Laufkreisdurchmesser der Räder

Zulässige Radlast für die Belastung des Wagenbodens (hier 5,0 t) und zulässige Achslast auf den Kopfstücken (14,0 t)

Tragfähigkeit ist größer als die größte Lastgrenze

Zahl und Art loser Bestandteile, hier 12 aushebbare Rungen

bei Drehgestellwagen größtzulässiger Knickwinkel beim Befahren von Fährbrücken (wenn geringer als 3°30') und kleinster zulässiger Radius

Wagen mit Drehgestellen BA 661, 664 und 887: Drehgestelle augenscheinlich rißfrei / Wagen hat Grundcheck erhalten

Schmierraster, Revisionsanschrift, hier Frist 6 Jahre, Werkkurzzeichen und Datum sowie Feld für Kennzeichnung technischer Einrichtungen

# E – Offene Wagen in Regelbauart

Offene Güterwagen werden für den Transport nahezu aller witterungsunempfindlichen Güter eingesetzt. Die Palette der Ladegüter reicht heute von Koks, Kohle, Erz, Schrott über Sand und Schotter bis zu Faserholz und Holzabfällen. Rüben, früher ein häufiges Ladegut, werden heute nur noch per LKW transportiert.

Bei der DB waren Ende 1993 rund 8.900 zweiachsige E-Wagen vorhanden, darunter 530 ausschließlich für den Rübenverkehr eingesetzte Eo-Wagen. Durch den Zugang von über 14.000 Es-Wagen der ehemaligen DR bestand bei der DB AG ein Überhang an zweiachsigen offenen Wagen, so daß neben vielen DR-Wagen rund 2/3 der DB-Wagen abgestellt wurden. Rund 7.000 vorwiegend in den 70er und 80er Jahren im RAW Dresden und bei Ceska Lipa gebaute Es-Wagen der DR in den Abmessungen des UIC-Typ 2 wurden an deren Stelle in den EUROP-Park eingebracht.

Während die DB Ende 1993 nur rund 8.440 Eaos und Eanos hatte (durch Neubeschaffung erhöhte sich der Bestand bis Ende 1997 auf 8.956 Wagen), brachte die DR 1994 rund 11.600 offene Drehgestellwagen ein. Hierbei handelte es sich um rund 6.800 aus älteren Wagenbauarten rekonstruierte sowie über 4.800 bei verschiedenen Herstellern neu gebaute Eas-Wagen.

Die Neubau-Eas, zum großen Teil UIC-Standardwagen, und knapp 900 ab 1987 umgebaute Wagen wurden von der DB AG in den EUROP-Park eingebracht.

Viele zweiachsige Bauarten, die Ende 1993 noch im Bestand der DR waren, wurden von der DB AG nicht mehr übernommen. Dies galt insbesondere für die ab Ende der 70er Jahre gebraucht gekauften Wagen unterschiedlicher Bauarten, vom UIC-Standardwagen bis zum ehemaligen Rolldachwagen.

**stirn- und seitenkippbar, mit flachem Boden**

Wagen mit 2 Radsätzen:
Holzfußboden

| | |
|---|---|
| Lastgrenze | ≥ 25 t / ≤ 30 t |
| Ladelänge | ≥ 7,7 m |

Wagen mit 4 Radsätzen:

| | |
|---|---|
| Lastgrenze | ≥ 50 t / ≤ 60 t |
| Ladelänge | ≥ 12 m |

**Kennbuchstaben stehen für folgende Abweichungen:**

- **a** mit 4 Radsätzen
- **l** nicht seitenkippbar
- **n** bei Wagen mit 4 Radsätzen: Lastgrenze > 60 t
- **o** nicht stirnkippbar
- **s** geeignet für Züge bis 100 km/h
- **x** mit Stahlfußboden

Oben der Eo 013 514 9 424 am 14.10.1990 im Rbf Darmstadt-Kranichstein.

*Alle Fotos, soweit kein Bildautor vermerkt: Stefan Carstens*

Rechts der Eo 012 514 9 038 am 22.8.1991 im Bf Weetzen (Han.).

*Foto: Rolf Sepinski*

## DB 1958 — Omm 42 E 032 Eo 012

514 9 000 – 514 9 199

| | |
|---|---|
| LüP | 10740 / 10040 mm |
| Achsstand | 6000 mm |
| Ladelänge | 8800 mm |
| Ladefläche | 24,8 $m^2$ |
| Laderaum | 37,1 $m^3$ |
| Lastgrenze C | 28,5 / 29,0 t ★ |
| Eigengewicht | 11300 / 11000 kg |
| Bremse | Hik-G, z.T. Hbr |

1994 ausgemustert

Zwischen 1958 und 1961 erhielten 1.922 ehemalige Ommr Linz / Omm 32 neue UIC-Wagenkästen. Außerdem wurden die Wagen mit Rollenlagerradsätzen ausgerüstet und bekamen ebene (statt der räumlichen) Sprengwerke an den geringfügig geänderten Untergestellen.

1980/81 wurden 77 dieser zu Omm 42/ E 032 umgezeichneten Wagen durch Festlegen der Kopfklappen zu Rübenwagen hergerichtet und als Eo 012 bezeichnet. Der letzte Eo 012 wurde 1994 ausgemustert.

## DB 1957 — Omm 43 E 033 Eo 013

514 9 300 – 514 9 599

LüP 10740 oder 10540 / 10040 mm
übrige Daten identisch mit Eo 012

1994 ausgemustert

Analog zu den Eo 012 entstanden aus ehemaligen Ommr Villach / Omm 33 zwischen 1957 und 1962 5.352 Omm 43 / E 033.

1980 bis 1985 wurden bei 178 Wagen ebenfalls die Kopfklappen festgelegt, sie erhielten die Bauartbezeichnung Eo 013. Die letzten sechs Wagen wurden 1994 ausgemustert.

Der Eo 014 514 9 668 am 20.10.1990 in Kornwestheim. *Foto: Hans Ulrich Diener*

# Omm 44 E 034 Eo 014

1957 **DB**

Ebenfalls durch den Umbau älterer Wagen entstanden 1957/58 die Omm 44 / E 034. Ausgangsbauart waren die Ommu Klagenfurt bzw. Omm 34.

Beim Umbau wurden die Untergestelle beibehalten, jedoch in vielen Bereichen verstärkt, u.a. erhielten die Wagen jetzt Sprengwerke. Die Wagenkästen wurden aus Profilen und Stahlblech nahezu in UIC-Typ-2-Abmessungen mit UIC-Türen und Kopfklappen in einer an das Untergestell angepaßten Feldaufteilung neu aufgebaut.

Insgesamt wurden 2.560 Wagen umgebaut, die gleichzeitig Rollenlagerradsätze erhielten. 1980/81 wurden 129 E 034 zu Rübenwagen hergerichtet und als Eo 014 bezeichnet. Auch hier wurden die letzten drei Wagen 1994 ausgemustert.

**514 9 600 – 514 9 799**

| | |
|---|---|
| LüP | 9940 mm |
| Achsstand | 6000 mm |
| Ladelänge | 8700 mm |
| Ladefläche | 24,0 m² |
| Laderaum | 36,0 m³ |
| Lastgrenze C | 29,5 t ★ |
| Eigengewicht | 10000 kg |
| Bremse | Hik-G |

1994 ausgemustert

Oben der mit Rüben beladene Eo 017 514 0 491 mit Handbremsbühne im Oktober 1986 im Bf Harsefeld. Rechts der Eo 017 514 7 466 ohne Handbremse am 14.10.1990 im Rbf Darmstadt-Kranichstein.

# DB 1952 — Omm 52 E 037 Eo 017

1952 entwickelte die Waggonfabrik Uerdingen gemeinsam mit der DB einen offenen Güterwagen mit einem aus Hohlträgern und abgekanteten Blechen zusammengesetzten, diagonalelastischen Untergestell und einem Wagenkasten in Schalenbauweise. Bis 1962 wurden insgesamt 14.919 Wagen gebaut und bei der DB als Omm 52 eingereiht.

1979 begann die DB aus E-Wagen, die das Ende der Nutzungszeit erreicht hatten und nicht mehr für den Weiterbetrieb hergerichtet werden sollten, einen Rübenwagenpark aufzubauen. Hierzu wurden die Wagen einer vereinfachten Revision unterzogen, bei der u.a. die Kopfklappen festgelegt wurden.

Bis 1986 wurden so 5.198 E 037 zu Eo 017 umgerüstet. Zur DB AG gelangten noch 388 Wagen, von denen die letzten beiden bis 1997 im Bestand waren.

**514 0 100 – 514 4 999**
**514 6 000 – 514 6 999**

| | |
|---|---|
| LüP | 10500 / 10000 mm |
| Achsstand | 5400 mm |
| Ladelänge | 8760 mm |
| Ladefläche | 24,1 m² |
| Laderaum | 36,2 m³ |
| Lastgrenze C | 29,5 / 30,0 t ★ |
| Eigengewicht | 9900 / 9700 kg |
| Bremse | (Hik-G) KE-G, z.T. Hbr |

**1997 ausgemustert**

Oben der Eo 019 514 5 649 am 14.10.1990 im Rbf Darmstadt-Kranichstein.
Links der mit Rüben beladene Eo 020 514 7 186 im September 1989 im Bf Nidda. *Foto Hans Ulrich Diener*

## Omm 53 E 039 Eo 019

1954 **DB**

Rund ein Viertel der Omm 53 / E 039, die nicht zum Weiterbetrieb aufgearbeitet wurden (s. Es 049), erhielt eine vereinfachte Revision und wurde durch Festlegen der Kopfklappen zu Rübenwagen hergerichtet.

Auf diese Weise entstanden zwischen 1979 und 1987 rund 480 Eo 019. Die letzten 19 Wagen wurden 1994 ausgemustert.

| | 514 5 000 – 514 5 499 |
|---|---|
| LüP | 10000 mm |
| Achsstand | 5400 mm |
| Ladelänge | 8760 mm |
| Ladefläche | 24,1 m² |
| Laderaum | 36,2 m³ |
| Lastgrenze C | 28,5 t ★ |
| Eigengewicht | 11000 kg |
| Bremse | Kk-G |

1994 ausgemustert

## Omm 55 E 040 Eo 020

1955 **DB**

Als Ersatz für zur Ausmusterung anstehende ältere Rübenwagen mit 6,0 m Achsstand (Eo 012, Eo 013 und Eo 014) wurden ab 1987 auch Omm 55 / E 040 zum Rübenpark herangezogen.

Bis 1990 wurden bei etwa 270 Wagen die Kopfklappen festgelegt und die Bauartnummer um 20 reduziert. Ende 1993 waren noch 113 Eo 020 vorhanden, die bis 1995 ausgemustert wurden.

| | 514 7 000 – 514 7 599 |
|---|---|
| LüP | 10500 / 10000 mm |
| Achsstand | 5400 mm |
| Ladelänge | 8760 mm |
| Ladefläche | 24,1 m² |
| Laderaum | 36,2 m³ |
| Lastgrenze C | 28,5 / 29,0 t ★ |
| Eigengewicht | 11400 / 11000 kg |
| Bremse | KE-G, z.T. Hbr |

1995 ausgemustert

Oben der Es 025 524 2 075 am 5.3.1996, bereits ohne Tritte unter den Türen, im Rbf Hamburg Süd.
Rechts der Es 025 524 2 784, noch mit Trittbügeln unter den Türen, am 15.3.1996 in Schweinfurt Hbf.

**DR** 1964

## Ommu 40.0 Es [5520] Es 025

**524 2 000 – 524 5 999**
**524 9 000 – 524 9 999**
**553 7 000 – 554 0 304**

| | |
|---|---|
| LüP | 10000 mm |
| Achsstand | 5400 mm |
| Ladelänge | 8760 mm |
| Ladefläche | 24,2 m² |
| Laderaum | 36,3 m³ |
| Lastgrenze C | 28,5 t ★ |
| CS | 24,5 t, z.T. 28,5 t |
| Eigengewicht | 11200 kg |
| Bremse | KE-GP |

714 ↘

Die Ommu 40.0, bei der Ablieferung bereits mit UIC-Nummern als Ommu 5051 oder Es-u bezeichnet, wurden von 1964 bis 1978 für die DR im RAW Dresden neu gebaut.

Die Wagen entsprechen dem UIC-Standardtyp 2. Zwischen den Langträgern besteht der Fußboden aus Holz, seitlich aus Blech. Insgesamt wurden über 25.000 Wagen gebaut, von denen rund 6.500 als Es [5550] bezeichnete Wagen eine Handbremsbühne erhielten, die an einer der Kopfklappen befestigt war.

Ende 1993 waren 9.485 Es [5520] und 209 Es [5550] im Bestand der DR. Zwar war anfangs auch die Umzeichnung der Es [5550] in Es 025 vorgesehen, die Wagen wurden jedoch bis Ende 1994 ausgemustert. Über 2.000 Wagen ohne Handbremse wurden hingegen in Es 025 umgezeichnet.

Der Es 026 523 7 643 am 5.3.1996 im Rbf Hamburg Süd.

## Es [5235] Es 026

1979 DR

Die Es [5235] wurden in den Jahren 1979 bis 1982 im RAW Dresden gebaut. Das Untergestell besteht aus Normalprofilen (beim Es [5520] aus „Sparprofilen“ russischer Fertigung).

Die 3.905 anfangs als Es-u [5235] bezeichneten Wagen entsprechen ebenfalls dem UIC-Standardtyp 2 und haben durchgehende Holzfußböden sowie KE-GP-Bremsen, Wagen mit Handbremse wurden nicht gebaut. Weitere 150 Wagen, die wegen Materialengpässen keine Druckluftbremsanlage erhielten, wurden als E [5038] eingereiht.

Die DB AG konnte am 1.1.1994 noch 3.834 Es [5235] und zehn E [5038] übernehmen. Während die Wagen ohne Druckluftbremse noch im gleichen Jahr ausgemustert wurden, wurden die Es [5235] zum größten Teil in Es 026 umgezeichnet.

**523 5 000 – 523 9 094**

| | |
|---|---|
| LüP | 10000 mm |
| Achsstand | 5400 mm |
| Ladelänge | 8760 mm |
| Ladefläche | 24,2 m² |
| Laderaum | 36,3 m³ |
| Lastgrenze C | 28,5 t ★ |
| CS | 24,5 t, z.T. 28,5 t |
| Eigengewicht | 11200 kg |
| Bremse | KE-GP |

3.593 ➡

Oben der Es 027 [5547] 524 7 133 am 4.8.1997 im Rbf Hamburg-Hohe Schaar.
Rechts der mit einer Feststellbremse ausgerüstete Es 027 [5546] 524 6 367 am 5.6.1997 im Bf Bamberg.

**DR** 1982

# Es [5546, 5547]   Es 027

| | |
|---|---|
| Es [5546] | 524 6 000 – ... 6 499 |
| Es [5547] | 524 7 000 – ... 8 523 |

| | |
|---|---|
| **LüP** | **10000 mm** |
| **Achsstand** | **6000 mm** |
| **Ladelänge** | **8760 mm** |
| **Ladefläche** | **24,2 m²** |
| **Laderaum** | **36,3 m³** |
| **Lastgrenze CS** | **27,0 t ★★** |
| **Eigengewicht** | **13000 kg** |
| **Bremse** | **KE-GP, z.T. Fbr** |

1982/83 beschaffte die DR bei der tschechischen Waggonfabrik Vagónka Ceska Lipa 2.030 offene Güterwagen. Die Abmessungen des Wagenkastens entsprechen dem UIC-Standardtyp 2, die Kopfklappenlager überragen den Obergurt jedoch nicht. Die Wagen besitzen Außenlangträger und haben einen Achsstand von 6,0 m, so daß sie lauftechnisch für 120 km/h geeignet sind.

Alle Wagen haben KE-GP-Bremsen. 500 Wagen verfügen zusätzlich über vom Boden aus zu bedienende Feststellbremsen und wurden als Es [5546] eingereiht, die übrigen 1.530 Wagen als Es [5547].

In den Bestand der DB AG kamen 1994 467 Es [5546] und 1.494 Es [5547]. Beide Bauarten wurden bei der DB AG zu Es 027 umgezeichnet.

1.871 →

Oben der E 035 508 2 140 mit Handbremsbühne und verstärkten Türsäulen.
Links der Es 035 555 6 433 mit neuen Türen und Türsäulen.
Beide Fotos entstanden im September 1987 im Rbf Hamburg-Eidelstedt.

## Omm 46 E, Es 035

1958 **DB**

Ab 1958 wurden die geschweißten Bauarten Ommu Klagenfurt und Ommu Duisburg/ Ommu 34, 35 und 37 zum Bau von UIC-Standardwagen herangezogen. Hierzu wurden sie vollständig zerlegt und die Teile für den Neubau von Wagen mit überkritischem Laufwerk genutzt. Bedingt durch die Verwendung der Langträger der Ausgangswagen wurden die als Omm 46 bezeichneten Wagen 60 mm kürzer als der UIC-Standardtyp 2.

Von 1961 bis 1966 wurden insgesamt 6.520 Omm 46 gebaut, die z.T. 500 mm lange Handbremsbühnen erhielten.

Ab 1965 wurden die Wagen zu E 035 umgezeichnet. Ein Teil von Ihnen erhielt ab 1982 einen GP-Wechsel an der Bremsanlage und die Bauartbezeichnung Es 035. Zur DB AG kamen noch 200 Wagen.

| | |
|---|---|
| E 035 | 508 1 000 – 508 7 519 |
| Es 035 | 555 6 200 – 555 6 979 |

| | |
|---|---|
| LüP | 10440 / 9940 mm |
| Achsstand | 5400 mm |
| Ladelänge | 8700 mm |
| Ladefläche | 24,0 m² |
| Laderaum | 36,0 m³ |
| Lastgrenze CS | 28,5 / 29,0 t |
| Eigengewicht | 11200 / 10800 kg |
| Bremse | KE-GP, z.T. Hbr |

**abweichende Daten für E 035**

| | |
|---|---|
| Lastgrenze C | 28,5 / 29,0 t ★ |
| Eigengewicht | 11100 / 10700 kg |
| Bremse | (Hik-G) KE-G, z.T. Hbr |

1997 ausgemustert

Oben der E 039-Leitungswagen 509 1 195 mit L-Profil-Obergurt und alten Kopfklappenlagern im September 1983 im Gbf Hamburg-Harburg. Rechts E 039 506 5 147 mit einem U-Profil als Obergurt und UIC-Kopfklappenlagern im September 1987 im Rbf Hamburg-Eidelstedt.

## DB 1954 — Omm 53 — E 039

505 6 000 – 506 6 589

| | |
|---|---|
| LüP | 10000 mm |
| Achsstand | 5400 mm |
| Ladelänge | 8760 mm |
| Ladefläche | 24,1 m² |
| Laderaum | 36,2 m³ |
| Lastgrenze C | 29,0 t ★ |
| Eigengewicht | 10600 kg |
| Bremse | (Kk-G) KE-G |

1995 ausgemustert

Von 1954 bis 1956 wurden im AW Kaiserslautern 10.589 Omm 53 unter Verwendung von Teilen aus zerlegten genieteten O-Wagen gebaut. Die Untergestelle bestanden aus Neumaterial. Ein großer Teil von ihnen besaß anfangs aus Gleitlagerradsätzen umgebaute Rollenlagerradsätze und war als Omm 54 eingereiht. Bis 1959 erhielten alle Wagen neue Monobloc-Rollenlagerradsätze und wurden zu Omm 53 umgezeichnet.

Durch die Verwendung unterschiedlicher altbrauchbarer Profile war das Erscheinungsbild der Omm 54/53 sehr uneinheitlich.

Nach der Aufarbeitung von 3.710 Wagen für den Weiterbetrieb (s. Es 049) waren noch 1.864 Wagen in alter Form vorhanden, von denen ca. 480 zu Rübenwagen hergerichtet wurden. Etwa 50 E 039 kamen noch zur DB AG und wurden bis 1995 ausgemustert.

Oben der E 040 507 4 848 am 14.10.1990 im Rbf Darmstadt-Kranichstein.
Links der mit einer 500 mm langen Handbremsbühne ausgerüstete Es 040 554 4 415 im September 1987 zwischen anderen E-Wagen im Rbf Hamburg-Eidelstedt.

## Omm 55 E, Es 040

1955 **DB**

Zwischen 1955 und 1962 fertigte das AW Kaiserslautern über 17.300 Wagen in den Abmessungen des UIC-Standardtyps 2 vollständig aus Neumaterial. Die meisten Wagen waren mit einer KE-G-Druckluftbremse ausgerüstet, etwa ein Drittel erhielt eine Handbremsbühne. Eingereiht wurden die Wagen als Omm 55.

Seit Mitte der sechziger Jahre wurden bei den Omm 55 die Türrungen, die Kopfklappenobergurte und die Preßblechtüren verstärkt.

Ab 1970 erhielt ein Teil der nun als E 040 bezeichneten Wagen eine Bremsanlage mit GP-Wechsel. Bei diesen Wagen konnte die Höchstgeschwindigkeit auf 100 km/h heraufgesetzt werden, die neue Bauartbezeichnung lautete Es 040. Ende 1993 waren noch 175 Wagen im Bestand.

| | |
|---|---|
| E 040 | **506 6 600 – 508 0 860** |
| | **509 1 400 – 509 2 929** |
| Es 040 | **552 0 000 – 552 4 999** |

| | |
|---|---|
| LüP | 10500 oder 10250/10000 mm |
| Achsstand | 5400 mm |
| Ladelänge | 8760 mm |
| Ladefläche | 24,1 m² |
| Laderaum | 36,2 m³ |
| Lastgrenze CS | 28,5 / 29,0 t* |
| Eigengewicht | 11000 / 10600 kg* |
| Bremse | KE-GP, z.T. Hbr |

*Wagen mit AK-Vorbereitung sind etwa 400 kg schwerer, die Lastgrenzen sind geringer.

abweichende Daten für E 040

| | |
|---|---|
| Lastgrenze C | 28,5 / 29,0 t ★ |
| Bremse | (Hik-G) KE-G, z.T. Hbr |

3

⬇

Oben der der Es 045 552 5 797 am 17.2.1991 im Rbf Darmstadt.
*Foto: Hans Ulrich Diener*
Rechts der Es 049 553 3 637 am 6.10.1994 in Hamburg-Waltershof.

DB 1984

531 ↓

## Es 045

**552 5 000 – 552 6 999**

| | |
|---|---|
| **LüP** | **10440 oder 10190 / 9940 mm** |
| **Achsstand** | **5400 mm** |
| **Ladelänge** | **8700 mm** |
| **Ladefläche** | **24,0 m²** |
| **Laderaum** | **36,0 m³** |
| **Lastgrenze CS** | **29,0 t** |
| **Eigengewicht** | **11000 / 10600 kg** |
| **Bremse** | **KE-GP, z.T. Hbr** |

Von 1984 bis 1990 wurden etwa 1.465 E 035 zum Weiterbetrieb hergerichtet. Sie erhielten neue Türrungen, z.T. neue Türen, und neue Blechfelder, Bremsen mit GP-Wechsel etc.

Die Wagen wurden als Es 045 bezeichnet. Ab 1988 umgebaute Wagen erhielten zusätzlich zum großen Teil Hochleistungspuffer.

Durch den Zugang von Es-Wagen der ehemaligen DR besteht bei der DB AG ein Überhang an zweiachsigen offenen Wagen, so daß viele Es 045 bereits nach einer Nutzungszeit von nur sieben Jahren abgestellt wurden.

DB 1981

418 ↓

## Es 049

**553 2 000 – 553 6 499**

| | |
|---|---|
| **LüP** | **10000 mm** |
| **Lastgrenze CS** | **29,0 t** |
| **Eigengewicht** | **10600 kg** |
| **Bremse** | **KE-GP** |
| **übrige Daten identisch mit Es 050** | |

Zwischen 1981 und 1986 wurden 3.707 E 039 zum Weiterbetrieb aufgearbeitet. Dabei erhielten die Wagen anstelle der alten Bremsanlagen KE-GP-Bremsen. Die Wagenkästen wurden verstärkt.

Diese Wagen wurden zu Es 049 umgezeichnet. 2.246 kamen noch zur DB AG.

Oben der Es 050 554 2 783 am 31.5.1997 im Rbf Duisburg-Wedau. Links der Es 050 554 6 881 mit verstärkten Türsäulen und neuem 250 mm langen Handbremsstand im Juli 1989 im Rbf Hamburg-Eidelstedt.

# E, Es 050

1981 DB

Nach Ablauf der Nutzungszeit von 25 Jahren wurde ab 1981 ein Teil des E 040-Bestandes zum Weiterbetrieb hergerichtet.

Bis auf die ersten, 1981 aufgearbeiteten E 050 erhielten alle ab 1982 hergerichteten Es 050 GP-Wechsel an der Bremsanlage. Außerdem wurden die Wagen neu lackiert. Ab 1988 wurden neue verstärkte und unten eingezogene Türsäulen und z.T. neue Blechfelder in den Seitenwänden eingebaut.

Bis 1990 wurden 6.363 Wagen für einen Nutzungszeitraum von weiteren 18 Jahren hergerichtet, von denen einige, anstelle der 500 mm langen Handbremsbühne, einen neuen 250 mm langen Handbremsstand erhielten. Zur DB AG kamen 1994 noch 4.272 Wagen.

| | |
|---|---|
| E 050 | 500 5 000 – 500 5 399 |
| Es 050 | 554 2 000 – 554 8 999 |
| | 555 6 000 – 555 6 049 |

| | |
|---|---|
| LüP | 10500 oder 10250 / 10000 mm |
| Achsstand | 5400 mm |
| Ladelänge | 8760 mm |
| Ladefläche | 24,1 m² |
| Laderaum | 36,2 m³ |
| Lastgrenze CS | 28,5 / 29,0 t |
| Eigengewicht | 11400 / 11000 kg |
| Bremse | KE-GP, z.T. Hbr |

**abweichende Daten für E 050**

| | |
|---|---|
| Lastgrenze C | 28,5 / 29,0 t ★ |
| Bremse | KE-G, z.T. Hbr |

736 ↘

Oben der Eaos 051 535 8 540 mit Handbremsstand und Drehgestellen der BA 650 am 15.5.1988 im Bf Förtschendorf.
*Foto: Hans Ulrich Diener*
Rechts der Eaos-x 051 535 8 070 mit Y 25-Drehgestellen am 11.1.1998 im Bahnhof Hamburg-Waltershof.

DB 1985

# Eaos 051 Eaos-x 051

| | |
|---|---|
| **Umbau** | **533 0 000 – 533 0 999** |
| **Neubau** | **535 8 000 – 535 8 599** |
| **Umbau** | **535 9 000 – 535 9 999** |

| | |
|---|---|
| **LüP** | **14290 / 14040 mm** |
| **Drehgestell** | **650 / Y 25 Cs - 621** |
| **Drehzapfenabst.** | **9000 mm** |
| **Ladelänge** | **12792 mm** |
| **Ladefläche** | **35,3 m²** |
| **Laderaum** | **72,7 m³** |
| **Lastgrenze CS** | **58,0 t ★★** |
| **Eigengewicht** | **21800 / 21600 kg** |
| **Bremse** | **KE-GP, z.T. Hbr** |

**2.473**
**↗**

1979/80 bauten MAN und die Waggonfabrik Uerdingen 102 Eaos 106 mit Stahlfußboden. Die Wagen bewährten sich insbesondere im Schrottverkehr sehr gut, so daß sich die DB entschloß, ab 1985 Eaos nur noch mit Stahlfußböden zu beschaffen.

Die 500 zwischen 1985 und 1988 gebauten Eaos 051 unterscheiden sich äußerlich von den ehemaligen Eaos 106, die ab 1986 ebenfalls zu Eaos 051 umgezeichnet wurden, durch Drehgestelle der Bauart 650.

Ab 1990 werden rund 2.000 weitere Eaos 106 auf Stahlfußböden umgerüstet und zu Eaos 051 umgezeichnet.

Am 31.12.1993 waren 2.206 Wagen im Bestand, die ab 1994 das bisher nur bei der DR eingeführte nationale Nebengattungszeichen „x" für Stahlfußböden erhielten.

Oben der Eanos-x 052 537 6 170 aus der Talbot-Lieferung am 4.6.1997 im Bf Furth im Wald.
Links der von Niesky gebaute Eanos-x 052 537 6 331 mit Handbremsbühne am 1.2.1998 im Hafen von Brake. *Foto: Klaus Kirsch*

## Eanos 052 Eanos-x 052

1987 DB

Mitte der achtziger Jahre wurde eine 1,7 m längere Variante der Eaos-Wagen standardisiert. Die DB beschaffte 1987/88 bei Talbot 300 Wagen, von denen einer als Versuchsträger für einen neuen Rolldachwagen herangezogen wurde (s. Tamns 893).

Die Eanos 052 erhielten Drehgestelle der Bauart 652 und wurden ab dem zweiten Baulos mit Schutzbügeln für die Bremsumstellhebel ausgerüstet. Einige Wagen besitzen eine 250 mm lange Handbremsbühne.

1994 ließ die DB AG bei Waggonbau Niesky weitere 250 Wagen bauen, die sich durch die Verwendung von Y 25 Lsd 1-Drehgestellen von der Talbot-Bauart unterscheiden. Wegen der Stahlfußböden wurden sie als Eanos-x 052 abgeliefert, die übrigen Eanos wurden sukzessive entsprechend bezeichnet.

| | |
|---|---|
| **Talbot** | **537 6 000 – 537 6 299** |
| **Niesky** | **537 6 300 – 537 6 549** |

| | |
|---|---|
| **LüP** | **15990 / 15740 mm** |
| **Drehgestell** | |
| **Talbot** | **652** |
| **Niesky** | **Y 25 Lsd 1 - 628** |
| **Drehzapfenabst.** | **10700 mm** |
| **Ladelänge** | **14492 mm** |
| **Ladefläche** | **39,4 m²** |
| **Laderaum** | **82,8 m³** |
| **Lastgrenze D** | **65,5 t ★★** |
| **Eigengewicht** | |
| **Talbot** | **24500 / 23600 kg** |
| **Niesky** | **24200 / 23800 kg** |
| **Bremse** | **KE-GP, z.T. Hbr** |

549 ↑

Oben der mit Holzhackspänen beladene Ealos 053 592 7 204 (die Ladung ist mit einem Netz gesichert) am 6.5.1997 im Bf Hamburg-Unterelbe.
Rechts der Ealos 053 592 7 147 (mit Feststellbremse) am 7.8.1997 im Bf Hamburg-Unterelbe-Seehafenbahnhof.

DB 1996

# Ealos, Ealos-x 053

| | |
|---|---|
| Ealos | 592 7 000 – 592 7 691 |
| Ealos-x | 592 8 000 – 592 8 749 |

| | |
|---|---|
| **LüP** | 14040 mm |
| **Drehgestell** | Niesky - 874 |
| **Drehzapfenabst.** | 8500 mm |
| **Ladelänge** | 12800 mm |
| **Ladefläche** | 35,3 $m^2$ |
| **Laderaum** | 86,0 $m^3$ |
| **Lastgrenze CS** | 56,0 t |
| **Eigengewicht** | 24000 kg |
| **Bremse** | KE-GP, z.T. Fbr |

576 ↑

Nach dem Versuchsumbau eines Gbs der DR zu einem Wagen für den Transport von Holzspänen im Jahr 1994 (s. Fbs 134) verwendete die DB AG vierachsige offene Wagen als Ausgangsbasis für weitere Umbauten.

1995 wurden zwei Eas 070 zu Prototypen umgebaut. Bei diesen ab 1996 als Ealos 053 bezeichneten Wagen wurden die Kopfklappen zugeschweißt, und der Laderaum wurde durch einen nach innen eingezogenen (um die Fahrzeugumgrenzung einzuhalten) Aufsatz auf den Bordwänden vergrößert.

Da sich die Prototypen bewährten, wurde ab Herbst 1996 bei WVI/Metallbau Hennigsdorf die erste Serie von 300 Ealos 053 aus Eas 070 zu Wagen für den Holzspänetransport umgebaut. Ende 1997 waren 378 Ealos und 198 Ealos-x 053 – aus Eals-x 063 und Eas-x 065 umgebaut – im Bestand.

Der Eanos-x 055 537 7 139 am 7.9.1997 (Abnahmedatum 19.8.1997) im Bezirksbahnhof Hamburg-Unterelbe-Seehafenbahnhof.

# Eanos-x 055

1997 DB

Um den Bedarf an großräumigen offenen Güterwagen für den Schrottverkehr zu dekken, hat DB Cargo 1997 300 von der Ahaus-Alstätter Eisenbahn (AAE) bei Vagónka Poprad/SK beschaffte Eanos-Wagen angemietet.

Der sechs Jahre laufende Leasing-Vertrag wurde vor dem Bau der Wagen geschlossen, so daß die Wagen im Erscheinungsbild der DB Cargo-eigenen Wagen abgeliefert wurden – lediglich die Typographie der Anschriften weicht vom DB-Standard ab.

Die Wagen entsprechen in den Abmessungen und technischen Daten im wesentlichen den Eanos-x 052, sind jedoch geringfügig schwerer, so daß die Lastgrenzen um 0,5 t geringer sind. Weitere Abweichungen bestehen u.a. in der Bremsausrüstung. Die Eanos-x 055 haben Charmilles-Bremsen und bodenbedienbare Feststellbremsen.

**537 7 000 – 537 7 299**

| | |
|---|---|
| **LüP** | **15740 mm** |
| **Drehgestell** | **Y 25 Lss** |
| **Drehzapfenabst.** | **10700 mm** |
| **Ladelänge** | **14492 mm** |
| **Ladefläche** | **39,4 m²** |
| **Laderaum** | **82,5 m³** |
| **Lastgrenze D** | **65,0 t ★★** |
| **Eigengewicht** | **24700 kg** |
| **Bremse** | **Ch-GP-A, Fbr** |

366 ↑

Oben der Eas 060 [5951] 542 4 291 am 19.9.1997 im Hamburger Hafenbezirksbahnhof Roß.
Rechts der Eas-x 061 [5952] 542 5 673 am 9.10.1995 im Erzverladebahnhof Hansaport in Hamburg.

DR 1975

# Eas [5951] Eas 060
# Eas-x [5952] Eas-x 061

| | |
|---|---|
| Eas 060 | 542 4 000 – ... 4 349 |
| | 542 4 800 – ... 4 849 |
| Eas-x 061 | 542 5 300 – ... 5 899 |

| | |
|---|---|
| LüP | 14040 mm |
| Drehgestell | Y 25 Cs - 853 |
| Drehzapfenabst. | 9000 mm |
| Ladelänge | 12800 mm |
| Ladefläche | 35,3 $m^2$ |
| Laderaum | 74,2 $m^3$ |
| Lastgrenze CS | 58,0 t ★★ |
| DB D 100 | 62,0 t |
| Eigengewicht | 21800 kg |
| Bremse | KE-GP, z.T. Fbr |

| | |
|---|---|
| 189 | 060 |
| 533 | 061 |

→

Zwischen 1975 und 1987 baute das RAW Zwickau ältere, offene Drehgestellwagen (Eal [5916]) zu Einheitsgüterwagen in UIC-Abmessungen um. Hierzu wurden die Untergestelle verlängert. Die Wagenkästen wurden mit ebenen, durch Kastensäulen verstärkten Blechwänden (deren Aufteilung vom UIC-Standard abweicht) neu aufgebaut.

Alle Wagen haben neue Y 25-Drehgestelle erhalten. Die Fußböden bestehen bei den Eas [5951] im Bereich der Stirnwände und zwischen den Langträgern aus Stahlblech, an den Seiten aus Holz (z.T. auch aus Stahl), bei den Eas-x [5952] vollständig aus Stahlblech.

1994 übernahm die DB AG 730 Wagen beider Bauarten und zeichnete die Eas [5951] zum Teil zu Eas 060 um. Alle Eas-x [5952] sowie die Eas [5951] mit Ganzstahlfußböden wurden zu Eas-x 061.

Oben der Eals-x 063 [5909] 591 1 824 am 10.1.1998 im Erzverladebahnhof Hansaport.
Links der Eals [5910] 591 2105 am 6.10.1994 bei den Hamburger Stahlwerken in Hamburg-Waltershof.

# Eals [5910] Eals 062
# Eals-x [5909] Eals-x 063

1979 DR

Ab 1979 wurden auch die Eal(s) [5906] und Eal [5918] in das Rekonstruktionsprogramm aufgenommen. Die Wagen sind nicht seitenkippfähig. Sie behielten ihre Untergestelle mit an den Enden eingezogenen Langträgern, die im RAW Zwickau vereinheitlicht wurden. Die Niesky-Drehgestelle wurden von den Ausgangswagen übernommen, Hik-GP-Bremsen wurden gegen KE-GP-Bremsen getauscht.

Rund 860 bei der DR als Eals [5910] eingereihte Wagen erhielten Holzfußböden, die übrigen bis 1988 umgebauten Eals-x [5909] Stahlfußböden. Ab 1994 wurden nur wenige der 807 Eals und 2.890 Eals-x in Eals 062 bzw. Eals-x 063 umgezeichnet.

Die Eals-x 063 werden ab 1997 für den Transport von Holzspänen umgebaut und zu Ealos-x 053 umgezeichnet.

| | |
|---|---|
| Eals 062 | 590 7 000 – ... 7 999 |
| Eals-x 063 | 591 0 000 – ... 3 803 |
| | 591 4 501 – ... 4 764 |

| | |
|---|---|
| LüP | 14040 mm |
| Drehgestell | Niesky - 858 |
| Drehzapfenabst. | 8500 mm |
| Ladelänge | 12800 mm |
| Ladefläche | 35,2 m² |
| Laderaum | 72,8 m³ |
| Lastgrenze CS | 58,0 t |
| Eigengewicht | 21800 kg |
| Bremse | KE-GP, z.T. Fbr |

| | |
|---|---|
| 062 | 14 |
| 063 | 216 ↘ |

Oben der in Frankfurt/Oder beheimatete Eas-x 065 [5961] 596 1 376 am 23.1.1996 im Erzverladebahnhof Hansaport.
Rechts der Eas 064 [5960] 596 1 591 am 3.5.1995 in Hafenbezirksbahnhof Hamburg-Roß.

**DR** 1978

# Eas [5960] Eas 064
# Eas-x [5961] Eas-x 065

| | |
|---|---|
| Eas-x 065 | 596 0 000 – ... 1 449 |
| Eas 064 | 596 1 500 – ... 1 700 |
| Eas-x 065 | 596 2 500 – ... 2 585 |

| | |
|---|---|
| LüP | 14040 mm |
| Drehgestell | Niesky - 858 |
| Drehzapfenabst. | 8500 mm |
| Ladelänge | 12800 mm |
| Ladefläche | 35,2 m² |
| Laderaum | 72,8 m³ |
| Lastgrenze CS | 58,0 t |
| Eigengewicht | 21700 kg |
| Bremse | KE-GP, z.T. Fbr |

**abweichende Daten für Eas 064**

| | |
|---|---|
| Lastgrenze CS | 59,0 t |
| Eigengewicht | 20500 kg |

| | |
|---|---|
| 3 | 064 |
| 838 | 065 |

↘

Zum Teil wurden bei der Rekonstruktion der Eal(s) [5906] und Eal [5918] die Untergestelle durch eingeschweißte innere Langträger und Querstreben zu den Seitenwandrungen so verstärkt, daß die Wagen in Kreiselkippern entladen werden können. Diese Wagen reihte die DR als Eas [5960] (mit Holzfußböden) bzw. als Eas-x [5961] (mit Stahlfußböden) ein, die DB AG als Eas 064 (136 Wagen) bzw. Eas-x 065 (1.376 Wagen).

Bei vielen Eas-x 065 wurden für den Einsatz zwischen dem Hansaport und Eisenhüttenstadt die Türen zugeschweißt (damit das Erz unterwegs nicht herausrieselt). Gekennzeichnet waren die Wagen mit der Aufschrift „Erzpendel EKO-Stahl“, Heimatbahnhof war Frankfurt/Oder. Seit 1997 sind diese Wagen in Duisburg-Ruhrort Hafen beheimatet.

Oben der Eas 066 [5971] 542 3 716 (mit Feststellbremse) am 9.6.1997 im Bf Hamburg-Tiefstack.
Links der Eas 066 [5949] 594 9 044 am 19.9.1997 im Bf Hamburg-Waltershof-Hansaport.

## Eas [5949, 5971] Eas 066

1981 DR

1981/82 beschaffte die DR bei Arbel-Fauvet-Rail und ANF-Industrie (Frankreich) die ersten offenen UIC-Standard-Drehgestellwagen. Gebaut wurden knapp 3.000 Wagen mit Y 25 Cs 2-Drehgestellen, die bei der DR als Eas [5971] bezeichnet wurden. Sie erhielten zum Teil Feststellbremsen.

1986 wurden in Frankreich für die DR weitere rund 450 UIC-Standard-Eas-Wagen gebaut, die jedoch (anstelle durchgehender Holzfußböden) Fußböden aus Riffelblech und Holzbohlen in Stahl-Segment-Bauweise und Y 25 Rs-Drehgestellen bekamen. Die Wagen wurden bei der DR als Eas [5949] eingereiht.

1994 übernahm die DB AG fast alle Wagen – 2.979 Eas [5971] und 447 Eas [5949] – und zeichnete sie größtenteils zu Eas 066 um.

| | | |
|---|---|---|
| [5971] | | 542 1 000 – 542 2 999 |
| | | 542 3 002 – 542 3 999 |
| [5949] | | 594 9 000 – 594 9 449 |
| LüP | | 14040 mm |
| Drehgestell | | |
| | Eas [5971] | Y 25 Cs 2 - 859 |
| | Eas [5949] | Y 25 Rs - 871 |
| Drehzapfenabst. | | 9000 mm |
| Ladelänge | | 12800 mm |
| Ladefläche | | 35,3 m² |
| Laderaum | | 74,2 m³ |
| Lastgrenze CS | | 58,0 t ★★ |
| | DB D 100 | 62,0 t |
| Eigengewicht | | 21800 kg |
| Bremse | | KE-GP, z.T. Fbr |

3.414 ➡

Oben der Eas 067 [5968] 542 5 062 am 9.10.1995 im Erzverladebahnhof Hansaport.
Rechts der Eas 067 [5968] 542 5 259 am 3.5.1995 im Hafenbezirksbahnhof Hamburg-Roß. Aus dieser Perspektive sind die gewölbten Kopfklappen deutlich zu erkennnen.

**DR** 1980

# Eas [5968] Eas 067

**542 5 000 – 542 5 299**

| | |
|---|---|
| **LüP** | **14040 mm** |
| **Drehgestell** | **Y 25 Cs 2 - 859** |
| **Drehzapfenabst.** | **9000 mm** |
| **Ladelänge** | **12800 mm** |
| **Ladefläche** | **35,3 m²** |
| **Laderaum** | **74,2 m³** |
| **Lastgrenze CS** | **58,5 t ★★** |
| **DB D 100** | **62,5 t** |
| **Eigengewicht** | **21300 kg** |
| **Bremse** | **KE-GP, z.T. Fbr** |

Die ersten 300 Eas-Wagen, die Waggonbau Niesky in UIC-Abmessungen baute, sind die 1980 bis 1982 entstandenen Eas [5968].

Die Wagen, die maximal 120 km/h fahren dürfen, sind mit Y 25 Cs 2-Drehgestellen sowie KE-GP-Bremsen und Feststellbremsen ausgerüstet. Die senkrechten Wände der Wagenkästen sind durch eine größere Anzahl Kastensäulen als beim UIC-Standardtyp verstärkt. Die Kopfklappen sind – wie bei zuvor für die DR gebauten Eas-Wagen – nach außen gewölbt. Die Fußböden bestehen zwischen den Innenlangträgern und Seitenwänden aus Holz, im übrigen Bereich aus Stahl.

Zur DB AG kamen 1994 298 Wagen, die die Bauartbezeichnung Eas 067 erhielten.

297 →

Der Eas 068 [5947] 594 7 876 am 19.9.1997 im Hamburger Hafenbezirksbahnhof Roß.

# Eas [5947] Eas 068

1986 DR

1986 baute die Waggonfabrik CAF in Ateinsa (Spanien) 100 offene UIC-Standard-Drehgestellwagen für die DR, die als Eas [5947] bezeichnet wurden.

Sie besitzen kippfähige Y 25 Rs a-Drehgestelle, ein Teil der Wagen ist mit einer Feststellbremse ausgerüstet. Von den französischen Wagen unterscheiden sie sich optisch durch den rund 200 mm größeren Abstand zwischen den Türen. Die „holzarmen" Fußböden in Stahlsegmentbauweise entsprechen den von Niesky gebauten Eas [5968].

Bei der DB AG wurden alle 100 CAF-Wagen zu Eas 068 umgezeichnet.

Ebenfalls als Eas 068 eingereiht wurden zwei 1982 bzw. 1985 gebaute Versuchswagen der DR (Eas [5954]) mit Y 25 Cs-Drehgestellen.

**594 7 800 – 594 7 901**

| | |
|---|---|
| LüP | 14040 mm |
| Drehgestell | Y 25 Rs a - 872 |
| Drehzapfenabst. | 9000 mm |
| Ladelänge | 12800 mm |
| Ladefläche | 35,3 m² |
| Laderaum | 74,2 m³ |
| Lastgrenze CS | 58,0 t ★★ |
| DB D 100 | 62,0 t |
| Eigengewicht | 22000 kg |
| Bremse | KE-GP, z.T. Fbr |

102 ➡

Oben der Eas 069 [5948] 594 8 027 am 15.3.1996 in Schweinfurt Hbf. Rechts der bereits umgezeichnete Eans 069 541 9 032 am 19.4.1997 im Rbf Hamburg Süd.

**DR** 1986

# Eas [5948] Eas, Eans 069

| | |
|---|---|
| Eans 069 | 541 9 000 – ... 9 101 |
| Eas 069 | 594 8 000 – ... 8 101 |
| LüP | 15740 mm |
| Drehgestell | Y 25 Ls - 868 |
| Drehzapfenabst. | 10700 mm |
| Ladelänge | 14500 mm |
| Ladefläche | 40,0 m² |
| Laderaum | 84,0 m³ |
| Lastgrenze DS | 66,0 t ★★ |
| Eigengewicht | 24000 kg |
| Bremse | KE-GP, z.T. Fbr |
| | abweichende Daten Eas |
| Lastgrenze CS | 56,0 t ★★ |
| Eas DB D 100 | 60,0 t |

Die zunächst als Eas [5969] bezeichneten Wagen wurden zwischen 1986 und 1989 bei UV Arad in Rumänien gebaut. Sie entsprechen in den Abmessungen dem verlängerten UIC-Standardtyp, haben jedoch die für Arad-Wagen typischen Preßblechtüren.

Zur Unterscheidung von den kürzeren, ebenfalls in Rumänien gebauten Eas-Wagen, wurden sie bereits kurz nach der Ablieferung in Eas [5948] umgezeichnet. 25 (nach anderen Quellen: 30) Wagen besitzen eine Feststellbremse.

Bei der DB AG erhielten alle 101 Wagen die Bauartbezeichnung Eas 069, da die höchste Lastgrenze in der Streckenklasse C unter 60 t lag. Nachdem 1995 als maximale Lastgrenze 66 t zugelassen wurden, werden die Wagen sukzessive in Eans 069 umgezeichnet.

101 ➡

Oben der mit einer Feststellbremse ausgerüstete Eas 070 [5965] 596 6 604 am 19.9.1997 im Bf Hamburg-Waltershof-Hansaport. Links der Eas 070 [5965] 596 6 252 am 23.1.1996 ebenfalls im Erzverladebahnhof Hansaport.

## Eas [5965] Eas 070

1987 **DR**

Zwischen 1987 und 1989 wurden weitere 689 in den Jahren 1957 bis 1970 bei Niesky gebaute Eals [5906] und [5908] im RAW Zwickau umgebaut (s. Eas 062 ff.).

Die als Eas [5965] bezeichneten „Reko-Wagen" erhielten verstärkte Untergestelle mit durchgehenden Außenlangträgern und sind kreiselkippfähig. Die Ausführung der Wagenkästen und der Stahlsegmentfußböden entspricht den Eas [5951]. Beim Umbau erhielten die Wagen modifizierte Drehgestelle der Bauart Niesky (viele wurden nicht bei Niesky, sondern im Ausland gebaut).

Die Wagen, die zum Teil mit Feststellbremsen ausgerüstet sind, wurden bei der DB AG als Eas 070 eingereiht. Seit 1995 werden sie für den Transport von Holzspänen umgebaut und zu Ealos 053 umgezeichnet.

**596 6 000 – 596 6 699**
**596 6 794 – 596 6 799**

| | |
|---|---|
| **LüP** | **14040 mm** |
| **Drehgestell** | **Niesky - 874** |
| **Drehzapfenabst.** | **8500 mm** |
| **Ladelänge** | **12800 mm** |
| **Ladefläche** | **35,3 m²** |
| **Laderaum** | **74,2 m³** |
| **Lastgrenze CS** | **57,5 t** |
| **Eigengewicht** | **22200 kg** |
| **Bremse** | **KE-GP, z.T. Fbr** |

**116 ↓**

Oben der Eas 072 [5966] 542 0 887 am 19.9.1997 im Hamburger Hafenbezirksbahnhof Roß.
Rechts der Eas 071 [5967] 596 6 711 am 10.12.1994 im Gbf Gera.
*Foto: Jörg van Essen, MdB*

**DR** 1987

# Eas [5967] Eas 071
# Eas [5966] Eas 072

| | |
|---|---|
| Eas 072 | 542 0 800 – 542 0 960 |
| Eas 071 | 596 6 700 – 596 6 744 |

| | |
|---|---|
| **LüP** | **14040 mm** |
| **Drehgestell** | **Y 25 Rs - 867** |
| **Drehzapfenabst.** | **8500 mm** |
| **Ladelänge** | **12800 mm** |
| **Ladefläche** | **35,3 m²** |
| **Laderaum** | **74,2 m³** |
| **Lastgrenze CS** | **58,0 t ★★** |
| **DB D 100** | **62,0 t** |
| **Eigengewicht** | **22000 kg** |
| **Bremse Eas 071** | **KE-GP** |
| **Eas 072** | **KE-GP, Fbr** |

| | |
|---|---|
| 43 | 071 |
| 161 | 072 |
| ➡ | |

Die letzten zwischen 1987 und 1990 im RAW Zwickau rekonstruierten Eals [5906] und Eals [5908] erhielten beim Umbau Y 25 Rs-Drehgestelle, so daß die höchste Lastgrenze heraufgesetzt werden konnte. Außerdem sind die Wagen durch die neuen Drehgestelle lauftechnisch für 120 km/h geeignet.

Die Wagen, die als Eas [5966] (161 Wagen mit Feststellbremse) und Eas [5967] (44 Wagen ohne Feststellbremse) eingereiht wurden, unterscheiden sich im Wagenkasten nicht von den Eas [5965].

Bei der DB AG haben die Wagen mit Feststellbremse die Bauartbezeichnung Eas 072, Wagen ohne Feststellbremse Eas 071.

Der Eas 073 [5969] 542 0 300 am 19.9.1997 im Hamburger Hafenbezirksbahnhof Roß vor der Kulisse des „Hamburg Coffee Terminals" der Firma Wilh. Meyer & Cons..

## Eas [5969] Eas 073

1985 DR

1985/86 baute die rumänische Waggonfabrik Uzina de Vagoane (UV) Arad für die DR rund 770 Eas-Wagen in UIC-Standardabmessungen.

Die Wagen, die bei der DR die Bauartbezeichnung Eas [5969] erhielten, haben einen Fußboden in Stahlsegmentbauweise. 25 % der Wagen sind mit einer Feststellbremse ausgerüstet.

Äußerlich unterscheiden sich die Wagen durch die typischen Arad-Preßblechtüren von den UIC-Standardwagen, inzwischen wurden allerdings einige Wagen mit UIC-Türen ausgestattet.

Die DB AG hat alle 770 Wagen übernommen und zu Eas 073 umgezeichnet.

**542 0 000 – 542 0 773**

| | |
|---|---|
| **LüP** | **14040 mm** |
| **Drehgestell** | **Y 25 Rs 2 - 864** |
| **Drehzapfenabst.** | **9000 mm** |
| **Ladelänge** | **12800 mm** |
| **Ladefläche** | **35,3 m²** |
| **Laderaum** | **74,2 m³** |
| **Lastgrenze CS** | **58,0 t ★★** |
| **DB D 100** | **62,0 t** |
| **Eigengewicht** | **21800 kg** |
| **Bremse** | **KE-GP, z.T. Fbr** |

768 ➡

Der Eas 074 [5946] 594 7 060 am 16.10.1997 im Erzverladebahnhof Hansaport.

DR 1990

# Eas [5946] Eas 074

594 7 000 – 594 7 124

| | |
|---|---|
| LüP | 14040 mm |
| Drehgestell | Y 25 Rs - 867 |
| Drehzapfenabst. | 9000 mm |
| Ladelänge | 12800 mm |
| Ladefläche | 35,3 m² |
| Laderaum | 74,2 m³ |
| Lastgrenze CS | 58,5 t ★★ |
| DB D 100 | 62,5 t |
| Eigengewicht | 21500 kg |
| Bremse | KE-GP, Fbr |

125 →

1990/91 baute Waggonbau Niesky die letzten 125 noch von der Deutschen Reichsbahn bestellten Eas-Wagen in UIC-Abmessungen.

Die als Eas [5946] eingereihten Wagen haben Y 25 Rs-Drehgestelle und Feststellbremsen. Von den Eas [5968] unterscheiden sie sich nur in der Form der Kopfklappen, die nun der Standardbauart entsprechen. Ansonsten weisen sie die typischen Niesky-Bauartmerkmale auf (schwächere, dafür eine höhere Anzahl Kastensäulen als beim UIC-Standardwagen, Verstärkungen der Außenlangträger unter den Türen).

Die Wagen kamen vollzählig zur DB AG und erhielten die Bauartbezeichnung Eas 074.

Oben der mit Schrott beladene Eaos 106 534 4 980 (verstärkte Bauform) sowie ein Schweizer Eaos am 26.3.1993 in Hamburg-Waltershof. Links der mit neuen (Eanos 052) Stirnwänden ausgerüstete Eaos 106 534 2 523 mit Bremsstand am 1.6.1997 im Rbf Wanne-Eickel.

# Eaos 106

1978 DB

In den siebziger Jahren standardisierte die UIC einen offenen Drehgestellwagen mit 2 m hohen Bordwänden und über den Türen durchgehenden, massiven Obergurten. Diese UIC-Standardwagen haben Holzfußböden, feste Stirnwände oder Kopfklappen sowie Y 25-Drehgestelle.

Die DB beschaffte ab 1978 über 7.000 als Eaos 106 bezeichnete Wagen mit festen Stirnwänden. Die Wagen der ersten Lieferungen besaßen zu schwache Kastenrungen und wurden später verstärkt, ab 1980 wurden die Eaos 106 mit kräftigeren Rungen abgeliefert. 1979/80 wurden die ersten Wagen mit Stahlfußböden gebaut, weitere 2.000 wurden ab 1990 umgerüstet (s. Eaos-x 051). Seit 1996 erhalten die Eaos 106 z.T. stabilere, den Eanos-x 052 vergleichbare Stirnwände.

**534 1 000 – 534 7 799**
**535 7 000 – 535 7 749**

| | |
|---|---|
| LüP | 14290 / 14040 mm |
| Drehgestell | Y 25 Cs - 621 |
| Drehzapfenabst. | 9000 mm |
| Ladelänge | 12792 mm |
| Ladefläche | 35,3 m² |
| Laderaum | 71,3 m³ |
| Lastgrenze CS | 58,5 / 59,0 t ★★ |
| Eigengewicht | 21300 / 20700 kg |
| Bremse | KE-GP, z.T. Hbr |

5.183 ↘

# F – Offene Wagen in Sonderbauart

Wagen mit 2 Radsätzen:
Lastgrenze ≥ 25 t / ≤ 30 t

Wagen mit 4 Radsätzen:
Lastgrenze ≥ 50 t / ≤ 60 t

Wagen mit 6 Radsätzen:
Lastgrenze ≥ 60 t / ≤ 75 t

**Kennbuchstaben stehen für folgende Abweichungen:**

| | |
|---|---|
| **a** | **mit 4 Radsätzen** |
| **aa** | **mit 6 oder mehr Radsätzen, Lastgrenze C ≥ 60 t** |
| **b** | **Großraumwagen mit Einzelradsätzen und > 45 m³ Rauminhalt** |
| **c** | **mit dosierbarer Schwerkraftentladung, wahlweise zweiseitig, hochliegend** |
| **kk** | **bei Wagen mit 4 Radsätzen: Lastgrenze ≥ 40 t / < 50 t** |
| **l** | **mit schlagartiger Schwerkraftentladung, gleichzeitig zweiseitig, hochliegend** |
| **n** | **bei Wagen mit 2 Radsätzen: Lastgrenze > 30 t, mit 4 Rads.: > 60 t mit 6 Rads.: > 75 t** |
| **qq** | **mit elektrischer Heizleitung und Heizeinrichtung** |
| **s** | **geeignet für Züge bis 100 km/h** |
| **z** | **Muldenkippwagen** |
| **zz** | **bei Fb-Wagen: Kübelwagen** |
| **zz** | **bei Fal-Wagen: mit Dampfheizleitung und Heizeinrichtung zum Beheizen des Sattelbodens** |

Nahezu alle offenen Wagen in Sonderbauart sind Selbstentladewagen. Sie haben bei der Beförderung von Schüttgütern den klassischen offenen Wagen aus vielen Aufgabengebieten verdrängt.

Bei zweiachsigen DB AG-Wagen überwiegen die Bauarten mit trichterförmigem Laderaum. Das Ladegut rutscht beim Entladen zu den in Wagenmitte angeordneten Entladeöffnungen. Diese sind durch Schieber verschlossen, die ein dosierbares Entladen zulassen. Von den Auslauföffnungen wird das Ladegut über Rutschen zur Wagenseite befördert, wo es z.B. auf Förderbänder auslaufen kann.

Eine weitere Bauart stellen Seitenkipper dar. Nach dem Zweiten Weltkrieg wurden Wagen entwickelt, bei denen das Ladegut aus Lademulden oder kippbaren Laderäumen rutschen kann. Bei der DB entstanden zweiachsige Mitten- und Hubkipper sowie unterschiedliche Bauarten von Muldenkippwagen.

Die DR entwickelte bereits in den fünfziger Jahren die ersten Drehgestell-Seitenkipper zum Transport von Baustoffen für größere Bahnbauvorhaben. Durch den Zusammenschluß der beiden deutschen Staaten kamen solche Bauarten zur neu gegründeten DB AG und wurden zu den derzeit modernsten Selbstentladewagen weiterentwickelt.

Eine bereits von der DRB in den zwanziger Jahren entwickelte Selbstentladewagenbauart sind Sattelwagen, bei denen der Laderaumboden in der Mitte einen Scheitel hat. Die Entladung erfolgt schlagartig durch Öffnen von Klappen auf beiden Wagenseiten. Die Wagen werden daher ausschließlich zum Transport von Massengütern wie z.B. Erz, Kohle und Koks eingesetzt. Ein Teil dieser Wagen hat automatische Kupplungen (AK).

Schließlich zählen zu den offenen Selbstentladewagen auch Kübelwagen, bei denen zum Entladen die einzelnen Kübel mit speziellen Kranen angehoben werden.

Der Fcs 084 [6450] 645 1 066 am Abend des 4.6.1997 im Bf Furth im Wald.

## Ommstu 45.02 Fcs [6450] Fcs 084

1968 DR

Im Jahr 1968 beschaffte die DR bei den DWM in Berlin-Borsigwalde 1.375 offene Selbstentladewagen.

Die anfangs als Ommstu bezeichneten, jedoch mit UIC-Nummern ab 550 0000 eingereihten Wagen sind ein Nachbau der DB-Otmm 70 / Fc 090 und entsprechen den UIC-Vereinheitlichungsmerkmalen. Ein Teil der Wagen erhielt eine Handbremse.

Ab 1972 wurden die Ommstu in Eds-u umgezeichnet, nachdem 1980 die offenen Selbstentladewagen von der UIC den „offenen Wagen in Sonderbauart" zugeteilt wurden, in Fcs [6450].

Zur DB AG kamen 1.349 Wagen, die zu Fcs 084 (die Bauartnummer 084 war bei der DB bis 1988 von Fc-Wagen älterer Bauart belegt) umgezeichnet wurden.

645 0 000 – 645 1 399

| | |
|---|---|
| LüP | 9640 mm |
| Achsstand | 6000 mm |
| Länge d. Beladeöffn. | 8800 mm |
| Laderaum | 40,0 m³ |
| Lastgrenze CS | 28,0 t ★★ |
| Eigengewicht | 12000 kg |
| Bremse | KE-GP, z.T. Hbr |

1.058 ↘

Fcs 086 der DB und der DR:
Oben der Fcs [6451] 645 1578 der DR am 21.9.1995 im Rbf Hamburg-Eidelstedt.
Rechts der DB-Fcs 086 645 0 291 im Juni 1988 an der Ladestraße des Bf Hasloh.

DB 1957

## Otmm 57 | Ed, Eds 086 | Fcs 086
## Fc [6340] / Fcs [6451] | Fc, Fcs 086

| | |
|---|---|
| Fc [6340] | 634 0 000 – ... 0 479 |
| Fcs 086 | 645 0 000 – ... 1 739 |
| Fcs [6451] | 645 1 400 – ... 2 999 |

| | |
|---|---|
| LüP | 9140 mm |
| Achsstand | 5500 mm |
| Länge d. Beladeöffn. | 7860 mm |
| Laderaum | 33,5 m³ |
| Lastgrenze CS | 28,5 t |
| Eigengewicht | 11500 kg |
| Bremse | KE-GP, z.T. Hbr |

**abweichende Daten für Fc 086**

| | |
|---|---|
| Lastgrenze C | 28,5 t ★ |
| Bremse | KE-G, z.T. Hbr |

Von 1957 bis 1959 beschaffte die DB insgesamt 2.630 Otmm 57. Die Trichterwagen haben gerade durchlaufende Langträger unter denen die Auslaufrutschen liegen.

Zwischen 1970 und 1986 wurden 840 Ed / Fc 086 für den Einbau der AK vorbereitet und mit einem GP-Wechsel ausgerüstet (Eds/ Fcs 086). 700 Wagen wurden bis 1972 in Td 925 umgebaut.

Ab Mitte der 80er Jahre wurden die Wagen ausgemustert. Etwa 1.500 wurden an die DR verkauft und hier als Fc [6340] und Fcs [6451] eingereiht. Zur DB AG kamen ein Fcs 086 von der DB sowie 252 Fc [6340] und 504 Fcs [6451] von der DR, letztere wurden allerdings nicht mehr umgezeichnet.

1 ↓

Der Fc [6342] 634 2156, ein ehemaliger Fc 087 der DB, am 17.1.1995 im Rbf Hamburg-Eidelstedt.

## Otmm 61 Ed/Fc 087 Fc [6342] Fc 087

1960 DB

In ähnlicher Form wie die Otmm 57-Neubauwagen wurden, nach einem Prototyp im Jahr 1959, ab 1960/61 in den AW Kaiserslautern und Weiden 3.551 Selbstentladewagen unter Verwendung zerlegter Omm 37-Untergestelle aufgebaut. Diese Otmm 61 unterscheiden sich von den Otmm 57 durch Doppelschakenlaufwerke (Otmm 57 nur Einfachschaken) und die aus diesem Grund weiter zur Mitte verlegten Auslauföffnungen mit schmaleren Rutschenverlängerungen.

Die Umzeichnung in Ed 087 erfolgte ab 1965. 1.900 Wagen wurden zwischen 1972 und 1975 zu Td 926 umgebaut, die übrigen wurden ab 1980 in Fc 087 umgezeichnet.

Die DR kaufte zwischen 1983 und 1986 über 1.850 Wagen (Fc 087 und baugleiche, jedoch ausschließlich aus Neumaterial gefertigte Fc 089) und reihte sie als Fc [6342] ein. In den Bestand der DB AG kamen noch 983 Wagen – ausschließlich von der DR –, die nicht mehr in Fc 087 umgezeichnet wurden.

| Fc [6342] | 634 2 000 – ... 3 913 |
|---|---|
| LüP | 9140 mm |
| Achsstand | 5500 mm |
| Länge d. Beladeöffn. | 7860 mm |
| Laderaum | 33,5 m³ |
| Lastgrenze C | 28,0 t ★ |
| Eigengewicht | 11600 kg |
| Bremse | KE-G, z.T. Hbr |

2

⬇

Oben der Fcs 088 [6453] 645 5 027 der DB AG am 30.8.1995 im Rbf Hamburg-Eidelstedt noch ohne DB AG-Zeichen.
Rechts der Fcs 088 [6453] 645 6 845 mit Handbremse und DB AG-Zeichen am 29.10.1995 ebenfalls im Rbf Hamburg-Eidelstedt.

DR 1971

# Ommstu 45.02 Fcs [6453] Fcs 088

645 3 500 – 645 7 449

| | |
|---|---|
| LüP | 9640 mm |
| Achsstand | 6000 mm |
| Länge d. Beladeöffn. | 8000 mm |
| Laderaum | 40,0 m³ |
| Lastgrenze CS | 27,0 / 27,5 t ★★ |
| Eigengewicht | 12600 / 12300 kg |
| Bremse | KE-GP, z.T. Hbr |

3.072 ↘

Nach der Beschaffung der Ommstu bei DWM (s. Fcs 084) ließ die DR 1971/72 bei ANF Frangeco (Frankreich) weitere etwa 3.900 offene Selbstentladewagen bauen.

Die anfangs als Eds-u / Ommstu mit Nummern ab 550 1500 eingereihten Wagen entsprechen der französischen Variante des von der UIC vereinheitlichten Selbstentladewagens, bei der der Wagenoberkasten – anders als bei der deutschen Bauart – das Untergestell nicht überragt. Die Wagen erhielten z.T. Handbremsen und wurden ab 1980 zu Fcs [6453] umgezeichnet.

Die 3.858 Wagen, die Ende 1993 noch im Bestand der DR waren, erhielten bei der DB AG die Bauartbezeichnung Fcs 088.

Oben der Fc 089 634 4 578 am 25.3.1994 im Duisburger Hafen.
*Foto: Bernd Pluntke*

Links der mit einem neuen Übergangssteg und neuen Seilankern ausgerüstete Fc 085 634 5 266 (Heimatbahnhof Köln-Nippes) am 17.8.1990 im Bf Ratheim. Die Schweißnaht für die Trennwand ist deutlich zu erkennen.
*Foto: Hans Ulrich Diener*

# Otmm 64 Ed 089 Fc 089, Fc 085

1959 **DB**

Parallel zu den Otmm 61 bauten zwischen 1959 und 1962 verschiedene Waggonfabriken 5.561 Otmm 64. Außer der Verwendung von ausschließlich Neumaterial bestand der einzige Unterschied im Innenanstrich: Bitumen beim Otmm 61, Zinkstaubfarbe beim Otmm 64.

Zwischen 1963 und 1967 wurden 2.950 Otmm 64 zu Ktmm 65 umgebaut. Die übrigen wurden ab 1965 zu Ed, ab 1980 zu Fc 089 umgezeichnet.

1986 wurden 80 Fc 089 mit einer Trennwand zwischen den Trichtern versehen und in Fc 085 umgezeichnet. Die Wagen wurden 1993 durch Fcs 092 mit Trennwand abgelöst. Zur DB AG kamen noch zehn Fc 089 und zwei Fc 085.

| | |
|---|---|
| Fc 089 | 634 2 500 – 634 5 109 |
| Fc 085 | 634 5 200 – 634 5 279 |

| | |
|---|---|
| **LüP** | **9140 mm** |
| **Achsstand** | **5500 mm** |
| **Länge d. Beladeöffn.** | **7860 mm** |
| **Laderaum** | **33,5 m³** |
| **Lastgrenze C** | **28,5 t ★** |
| **Eigengewicht** | **11400 kg** |
| **Bremse** | **KE-G, z.T. Hbr** |

**1995 ausgemustert**

Oben der Fc 090 635 7 164 mit geöffneten Schiebern (s. Stellung der Griffe) im Mai 1989 im Bf Vilshofen. Rechts der mit einem GP-Wechsel ausgerüstete Fcs 090 645 2 480 am 29.10.1995 im Rbf Hamburg-Eidelstedt.

DB 1961

# Otmm 70 Ed 090 Fc, Fcs 090

| | |
|---|---|
| Fc 090 | 634 6 000 – 636 0 649 |
| Fcs 090 | 645 2 000 – 645 2 633 |

| | |
|---|---|
| LüP | 9640 mm |
| Achsstand | 6000 mm |
| Länge d. Beladeöffn. | 8800 mm |
| Laderaum | 40,0 $m^3$ |
| Lastgr. C | 28,0 t ★★ |
| Eigengewicht | 11600 kg |
| Bremse | KE-G, z.T. Hbr |

| abweichende Daten für Fcs 090 | |
|---|---|
| Lastgr. CS | 28,0 t ★★ |
| Bremse | KE-GP, z.T. Hbr |

1.290 ↘

1961 baute das AW Paderborn den ersten zweiachsigen Selbstentladewagen mit 6,0 m Achsstand und 40 $m^3$ Laderaum. Die Serienfertigung des Otmm 70 erfolgte ab 1962 in den AW Kaiserslautern und Weiden, wobei für die Untergestelle anfangs Teile zerlegter Omm 37 verwendet wurden. Bis 1971 wurden rund 16.260 Otmm 70/Ed 090 mit zunehmend höheren Neumaterialanteil gebaut.

Zwischen 1973 und 1978 erfolgte der Umbau von 1.500 Ed 090 zu Tdgs-z 932. 1986 erhielten 626 Fc 090 einen GP-Wechsel und wurden so zu Fcs 090.

1991 begann im RAW Zwickau die Herrichtung von Fc 090 zum Weiterbetrieb und die Umzeichnung in Fcs 092. Zur DB AG kamen noch 8.091 Fc 090 und 492 Fcs 090.

Der in Lünen Süd beheimatete Fcns 091 647 2 003 am 13.8.1994 im Rbf Hamm. Weitere Fcns 091-Heimatbahnhöfe sind Ratheim (647 2 000, 647 2 001) und Moers (647 2 004).

*Foto: Harald Westermann*

# Fcns 091

1987 DB

1987/88 hat Talbot als Prototypen fünf offene Rundschieber-Seitenentladewagen mit drei Korrosionsschutzvarianten gebaut.

Sie unterscheiden sich von den älteren zweiachsigen Selbstentladewagen auffallend durch die im oberen Bereich abgerundeten Seitenwände. Hierdurch konnte der Laderaum auf 45 m³ vergrößert werden (gegenüber 40 m³ beim Fc 090). Weitere markante Merkmale der Fcns 091 sind Handräder anstelle von Handhebeln zur Bedienung der Drehschieber und der Manschettenschutz der Schieber-Verschlußmechanik. Der Achsstand ist zur freizügigen Gestaltung der Auslaufrutschen auf 6,36 m verlängert, das Laufwerk ist mit Parabelfedern ausgestattet.

Ebenso wie bei den gleichzeitig entwickelten Tdns 934 bestehen bei den Fcns 091 alle besonders korrosionsgefährdeten Bauteile aus Edelstahl.

**647 2 000 – 647 2 004**

| | |
|---|---|
| **LüP** | **10000 mm** |
| **Achsstand** | **6360 mm** |
| **Länge d. Beladeöffn.** | **9200 mm** |
| **Laderaum** | **45,0 m³** |
| **Lastgrenze DS** | **31,5 t ★★** |
| **Eigengewicht** | **13500 kg** |
| **Bremse** | **KE-GP, Hbr** |

5

➡

Oben der Fcs 092 646 1 787 am Abend des 29.10.1995 im Rbf Hamburg-Eidelstedt.
Rechts der mit einer Trennwand versehene, in Esch (Westf.) beheimatete, Fcs 092 645 9 979 am 27.7.1995 im Rbf Brake. *Foto: Klaus Kirsch*

DB 1991

# Fcs 092

| | |
|---|---|
| | 645 3 000 – ... 3 499 |
| | 645 9 000 – ... 9 969 |
| Preussag | 645 9 970 – ... 9 999 |
| | 646 0 000 – ... 1 999 |
| | 646 3 000 – ... 3 499 |

| | |
|---|---|
| LüP | 9640 mm |
| Achsstand | 6000 mm |
| Länge d. Beladeöffn. | 8800 mm |
| Laderaum | 40,0 m³ |
| Lastgr. CS | 28,0 t ★★ |
| Eigengewicht | 11900 kg |
| Bremse | KE-GP, z.T. Hbr |

3.899 ↑

Mit einem Alter von z.T. 30 Jahren haben die Fc 090 das Ende ihrer Nutzungszeit erreicht. Da auf die Wagen aber noch nicht verzichtet werden kann, richtete das RAW Zwickau 1991 die ersten von bislang 3.900 Fc(s) 090 zum Weiterbetrieb her. Dabei erhielten die Wagen – sofern sie nicht schon als Fcs 090 entsprechend ausgerüstet waren – einen GP-Wechsel. Die aufgearbeiteten Wagen wurden als Fcs 092 in den EUROP-Park eingebracht.

30 Wagen wurden im Rahmen der Herrichtung 1993 als Ersatz für die auszumusternden Fc 085 mit einer Trennwand versehen. Die in Esch (Westf.) beheimateten Wagen werden für die Preussag eingesetzt und sind nicht im EUROP-Park.

Bis zum 31.12.1993 waren bereits 2.602 Wagen fertiggestellt.

Oben der F-z 120 600 3 163, mit Handbremsbühne und Hochleistungspuffern, am 17.1.1995 im Rbf Hamburg-Eidelstedt.
Links der mit Schotter beladene Fs-z 120 605 1 008 am 24.6.1995 im Rbf Darmstadt-Kranichstein.
*Foto: Hans Ulrich Diener*

## Ommi 51 F-z, Fs-z 120

1952 **DB**

Die ersten Ommi 51 beschaffte die DB 1952. Die Wagen haben fünf auf einem Traggerüst ruhende Mulden, die zur Entladung einzeln, nachdem sie entriegelt (und ggf. leicht angestoßen) sind, zur Seite abrollen. Die leeren Mulden richten sich durch den nun tiefer liegenden Schwerpunkt selbsttätig wieder auf.

In den Jahren bis 1970 wurden insgesamt 3.905 Ommi 51/F-z 120 gebaut, die wegen ihres verhältnismäßig geringen Laderaums vorwiegend für den Transport von Baustoffen wie Kies und Schotter eingesetzt werden.

1970 wurden 300 F-z 120 (nur Wagen ohne Handbremse) mit einem GP-Wechsel ausgerüstet und zu Fs-z 120, ab 1987 ein Teil der F-z 120 zu Dienstgüterwagen (Schotter-Kieswagen 165) umgezeichnet. Diese sind inzwischen jedoch (mit neuen Wagennummern) in den normalen Wagenpark zurückgekehrt.

| | |
|---|---|
| **F-z 120** | **600 0 000 – 600 3 999** |
| **Fs-z 120** | **605 1 000 – 605 1 349** |

| | |
|---|---|
| **LüP** | **9000 mm** |
| **Achsstand** | **4680 mm** |
| **L. d. Beladeöffn.** | **5mal 1360 mm** |
| **Laderaum** | **5mal 4,4 m³ = 22,0 m³** |
| **Lastgrenze C** | **27,0 t ★** |
| **Eigengewicht** | **12800 / 12600 kg** |
| **Bremse** | **(Hik-G) KE-G, z.T. Hbr** |
| **abweichende Daten für Fs-z 120** | |
| **Lastgrenze CS** | **26,5 t** |
| **Eigengewicht** | **13200 kg** |
| **Bremse** | **KE-GP** |

637 ↘

Etwa 50 Falns 121 wurden mit ABB-Werbeaufschrift abgeliefert. Das Bild oben zeigt den Wagen 664 5 690 am 31.5.1997 abends auf der Erzinsel im Duisburger Hafen.
Rechts der zwei Monate alte Falns 121 664 5 781 am 12.9.1995 im Bf Hamburg-Waltershof-Hansaport.

DB 1992

# Falns 121

| | |
|---|---|
| Falns 121.0 | 663 6 020 – ... 021 |
| ex Falns 122 | 663 6 030 – ... 032 |
| ex Falns 123 | 663 6 040 – ... 041 |
| Falns 121.1 | 664 5 000 – ... 799 |
| Falns 121.2 | 664 5 800 – ... 999 |

| | | |
|---|---|---|
| LüP | | 13040 mm |
| Drehgestell | Falns 121.0, 1: | 645 |
| | Falns 121.2: | 655/656 |
| Drehzapfenabst. | | 7700 mm |
| Länge d. Beladeöffn. | | 12120 mm |
| Laderaum | | 90,0 m³ |
| Lastgrenze D4 S | | 65,5 t* ★★ |
| | DB D4 100 | 69,5 t* |
| Eigengewicht | | 24300 kg |
| Bremse | | KE-GP, z.T. Hbr |

*bei Falns 121.2 0,5 t höher

Die 1992 als Prototypen (interne Bauartbezeichnung Falns 121.0) gebauten, ab 1994 in Serie beschafften Falns 121 unterscheiden sich von den zuvor gebauten Falns 183 (s.u.) durch die ebenen Klappen, den um 510 mm verlängerten Wagenkasten, die stirnseitig größere Auskragung des Oberkastens und den auf 90 $m^3$ vergrößerten Laderaum.

Außerdem wurden sie in der Konstruktion vereinfacht und haben ein um etwa 1 t geringeres Eigengewicht. Die Klappenbetätigung erfolgt hydraulisch.

800 Serienwagen (Falns 121.1) wurden 1994/95 von ABB Henschel Siegen und WB Dessau gebaut. Weitere Falns 121 (121.2) mit größerem Klappenausschlag und vereinfachter automatischer Lastabbremsung werden ab 1997 von LHB in Verkehrsrot geliefert.

840 ↑

Der Falns 122 663 6 030 am 16.4.1993 im AW Duisburg-Wedau. *Foto: Bernd Pluntke*

Der Falns 123 663 6 040 bei der Ablieferung im März 1992 bei ABB Henschel in Siegen. In Wagenmitte ist die noch unverkleidete Magnetsteuerung zu erkennen. *Werkfoto: ADtranz Siegen*

Wie bei allen Fal- und Tal-Wagen haben die Symbole an den Klappen folgende Bedeutung:
**H** = Hydraulische Klappenbetätigung,
**M** = Magnetische Steuerung,
● = für 4.000 t-Züge geeignet,
**O** = Radsatzlast > 22,5 t

## Falns 122 Falns 121

1992 DB

Zusammen mit den beiden Falns 121-Prototypen, bei denen die vier Klappen gleichzeitig hydraulisch betätigt werden, lieferte ABB Henschel 1992 einen Falns 122 (1997 zu Falns 121 umgezeichnet), bei dem die Klappen auch paarweise geöffnet werden können.

1996 wurden bei den beiden auf der gleichen Konstruktion basierenden Talns 969-Prototypen die Schwenkdächer abgebaut, da sie wegen der gegenüber den übrigen Talns größeren Länge von den Kunden nicht angenommen wurden. Die Wagen wurden ebenfalls als Falns 122 bzw. Falns 121 eingereiht.

**663 6 030**
**ex Talns 663 6 031 – 663 6 032**

| | |
|---|---|
| **LüP** | **13040 mm** |
| **Drehgestell** | **645** |
| **Drehzapfenabst.** | **7700 mm** |
| **Länge d. Beladeöffn.** | **12120 mm** |
| **Laderaum** | **90,0 m³** |
| **Lastgrenze D4 S** | **65,5 t ★★** |
| **DB D4 100** | **69,5 t** |
| **Eigengewicht** | **24400 kg** |
| **Bremse** | **KE-GP** |

1997 umgezeichnet

## Falns 123 Falns 121

1992 DB

Die beiden Falns 123 unterscheiden sich von den Falns 121 und Falns 122 durch die magnethydraulische Klappenbetätigung. Der Antrieb erfolgt auf alle vier Klappen gleichzeitig. Nach der Betriebserprobung der Prototypen wurden die Falns 121 in Serie beschafft. Seit Herbst 1997 werden alle Versuchswagen als Falns 121 bezeichnet.

**663 6 040 – 663 6 041**

**von Falns 122 abweichende Daten**

| | |
|---|---|
| **Lastgrenze D4 S** | **65,0 t ★★** |
| **DB D4 100** | **69,0 t** |
| **Eigengewicht** | **24600 kg** |

1997 umgezeichnet

Der Facs 124 [6941] 694 0 0228 am 5.6.1997 im Bf Schwandorf.

DR 1978

# Eads-y [5970] Facs [6941] Facs 124

| | |
|---|---|
| mit Hbr | 694 0 000 – 694 0 789 |
| ohne Hbr | 694 1 000 – 694 1 669 |

| | |
|---|---|
| LüP | 19040 mm |
| Drehgestell | Y 25 Cs - 839 |
| Drehzapfenabst. | 14000 mm |
| Länge d. Beladeöffn. | 15300 mm |
| Laderaum | 70,0 m³ |
| Lastgrenze CS | 55,0 / 56,0 t ★★ |
| DB D 100 | 59,0 t |
| Eigengewicht | 25000 / 24200 kg |
| Bremse | KE-GP, z.T. Hbr |

1.451 ➡

Während die DB außer einem Eads 105-Prototyp (ab 1980 Facs 105) keine vierachsigen offenen Selbstentladewagen mit regelbarer Entladung beschaffte, ließ die DR zwischen 1978 und 1980 bei ANF Industrie/F über 1.450 solcher Wagen bauen und reihte sie als Eads-y [5970], ab 1980 als Facs [6941] ein.

Der Laderaum ist durch senkrechte Querwände in vier Kammern unterteilt, die über Entladeöffnungen und schwenkbare Auslaufrutschen einzeln entladen werden können. Die Entladeschieber werden von den Plattformen an beiden Wagenenden bedient. Die DB AG reihte die Wagen als Facs 124 ein.

DR 1963

# Fac 125 (Abbildung s.S. 59)

684 1 000 – 684 1 199

Daten s.S. 59

190 ⬆

1997 mietete die DB Cargo von der Firma Kirow Leipzig über 2.300 ehemalige Dienstgüterwagen (Schotterwagen, Oberbaustoffwagen etc.). 190 ehemalige DR-Schotterwagen (Kirow Fac 263 – 265) wurden bereits 1997 zu Fac 125 umgezeichnet. Die anderen Bauarten sollen 1998 umgezeichnet werden.

Oben der Fas 126 673 4 150 im Juni 1994 im Bf Berlin-Wilmersdorf.

*Foto: Slg. Carstens*

Links der bislang einzige verkehrsrote Fas 126, der DB Cargo-Musterwagen 673 4 063 am 30.9.1995 im Rbf Hamburg-Alte Süderelbe.

# Fas 126

1994 DB

Nachdem das FEW Blankenburg 1993 zwei Prototypen vierachsiger Zweiseiten-Kastenkipper gebaut hatte, wurden die Fas 126 1994 in Serie gebaut. Sie haben Drehgestelle der Bauart Y 25 Lsd 1, die Wagenkästen können pneumatisch gekippt werden. 50 der 252 (zwei Wagen verkaufte die DB AG kurz nach der Abnahme) vom FEW Blankenburg und dem Werk Zwickau gebauten Wagen erhielten einen Übergangssteg und wurden mit einer Feststellbremse ausgerüstet.

Die Fas 126 dienen vorwiegend dem Baustoff- und Schutttransport zu und von den Baustellen in Berlin. 25 Wagen wurden mit UIC-ep-Bremsen mit pneumatischen Lastregelventilen und einer (z.B. von einer Lok) fernbedienten selektiven Klappensteuerung ausgerüstet, um die mitbenutzten Berliner S-Bahngleise schnell räumen zu können.

| | |
|---|---|
| KE-GP, Fbr | 673 4 000 – ... 044 |
| ep-Br., Fbr | 673 4 045 – ... 049 |
| KE-GP | 673 4 050 – ... 229 |
| ep-Bremse | 673 4 230 – ... 249 |
| KE-GP | 673 4 250 – ... 251 |

| | |
|---|---|
| LüP | 12550 mm |
| Drehgestell | Y 25 Lsd 1 - 629 |
| Drehzapfenabst. | 7700 mm |
| Länge d. Beladeöffn. | mm |
| Laderaum | 40,0 m³ |
| Lastgrenze D4 S | 58,5 t ★★ |
| Eigengewicht | 31000 kg |
| Bremse | KE-GP, z.T. Fbr* |

*25 Wagen mit UIC-ep-Bremse

248 ↑

Oben der Fakks 127 [6781] 678 1 036 als DB-Wagen am 5.6.1997 im Bf Bamberg.
Rechts der Fakks 127 [6781] 678 1 019 als Privatwagen der Deutschen Gleis- und Tiefbau GmbH am 5.8.1996 im Bf Büchen.

**DR** 1982

# Fakks [6781] Fakks 127

**678 1 000 – 678 1 099**

| | |
|---|---|
| LüP | 13250 mm |
| Drehgestell | Y 25 Cs |
| Drehzapfenabst. | 8000 mm |
| Länge d. Beladeöffn. | 10100 mm |
| Laderaum | 30,0 m³ |
| Lastgrenze CS | 47,5 t ★★ |
| Eigengewicht | 32000 kg |
| Bremse | KE-GP, Fbr |

100 ➡

1982 beschaffte die DR von Arbel Industrie in Frankreich 100 vierachsige Zweiseitenkipper und reihte sie als Fakks [6781] ein. Sie haben pneumatisch beidseitig bis 45° kippbare Wagenkästen mit flachem Boden. Die Seitenwände bilden in der gekippten Stellung Entladeklappen, die den Wagenboden verlängern. Die Wagen sind damit besonders für die Entladung von Oberbaustoffen (Schotter, Kies etc.) auf das Nachbargleis geeignet.

Ab 1993 waren die Wagen an die Firma Wiebe vermietet, die sie insbesondere beim Bau der „Verkehrsprojekte deutsche Einheit" einsetzte und z.T. gelb lackierte.

Nach Ablauf des Mietvertrages wurden die zu Fakks 127 [6781] umgezeichneten Wagen als Privatwagen der Deutschen Gleis- und Tiefbau GmbH Berlin eingesetzt. Seit Anfang 1997 sind die Wagen freizügig einsetzbare Güterwagen der DB AG.

Oben der erst drei Tage alte Fans 128 677 0 550 am 7.9.1997 im Rbf Hamburg-Alte Süderelbe. Links die „Generatorseite" des einen Tag zuvor am gleichen Ort aufgenommenen Fans 128 677 0 527 mit Feststellbremse.

# Fans 128

1996 DB

Die vom FEW Blankenburg entwickelten und ab 1996 in Serie gebauten Fans 128 sind mit zwei Wagenkästen von je 18 m³ Fassungsraum ausgerüstet, die voneinander unabhängig hydraulisch beidseitig bis zu einer Neigung von 45° gekippt werden können.

Die Seitenwände können wahlweise unten oder oben aufklappen und somit ggf. als Auslaufrutschen fungieren. Die Hydraulikpumpe wird elektromagnetisch gesteuert, die Energieversorgung erfolgt über einen Achsgenerator bzw. Batterien. Die Steuerung aller Funktionen kann programmiert werden.

Bei der DB AG besteht, insbesondere für den Baustofftransport zu den Großbaustellen in Berlin, Bedarf an 700 Fans 128, die bis Mitte 1998 vom FEW Blankenburg fertiggestellt werden sollen. Die Drehgestelle fertigt das Werk Halle, die Wagenkästen das Werk Kaiserslautern und DWA Niesky.

**677 0 100 – 677 0 799**

| | |
|---|---|
| **LüP** | **11600 mm** |
| **Drehgestell** | **Y 25 Lsd 1 - 629** |
| **Drehzapfenabst.** | **6560 mm** |
| **L. d. Beladeöffn.** | **2mal 4500 mm** |
| **Laderaum** | **2mal 18,0 m³** |
| **Lastgrenze D4 S** | **60,5 t ★★** |
| **Eigengewicht** | **29300 kg** |
| **Bremse** | **KE-GP-A, z.T. Fbr** |

564 ↑

Der Falnqqs 130 664 7 156 mit MIBRAG-Werbeaufschrift und der Anschrift „Pendel: Wählitz–Buna, Bf. Großkorbetha" am 24.5.1996 im Übergabebahnhof Wählitz. *Foto: Willi Rosumek*

DB 1995

# Falnqqs 130

664 7 000 – 664 7 165

| | |
|---|---|
| LüP | 12540 mm |
| Drehgestell | Y 25 Lsd 1 - 628/629 |
| Drehzapfenabst. | 7500 mm |
| Länge d. Beladeöffn. | 11594 mm |
| Laderaum | 86,0 m³ |
| Lastgrenze D4 S | 64,5 t ★★ |
| Eigengewicht | 25500 kg |
| Bremse | KE-GP-A, z.T. Hbr |

Für den Transport der Braunkohle aus dem MIBRAG-Tagebau Profen zum Kraftwerk Schkopau (über Wählitz – Großkorbetha – Merseburg) hat die DB AG 1995 bei der DWA Werk Niesky 166 Falnqqs 130 beschafft.

Die Wagen wurden in Anlehnung an die Falns 183 entwickelt, haben jedoch pneumatische Klappenbetätigungen, da sich diese bei den bislang für den Transport der Braunkohle zu den ehemaligen Leuna-Werken eingesetzten Wagen bewährt hatte.

Die Wagen sind mit Y 25 Lsd 1-Drehgestellen der Firma Poprad ausgerüstet und haben z.T. Handbremsen. Als Besonderheit besitzen sie elektrische Heizungen, die bei Temperaturen unter null Grad den Wagenkasten aufheizen, um das Festfrieren der meist feuchten Braunkohle zu verhindern und eine reibungslose Entladung zu gewährleisten.

166 ↑

Der in Duisburg Hbf beheimatete Fb-zz 132 601 8 446 am 1.5.1993 im Duisburger Hafen.
*Foto: Bernd Pluntke*

# Okmm 58 Fb-zz 132

1957 DB

Für den Koksumschlag in Verkehren von und nach Lengerich und Ratheim wurden im Jahr 1957 als Ergänzung zu Wagen älterer Bauart 80 Okmm 58 beschafft.

Sie besitzen zwei Kübel, die zum Entladen an den Gelenkbolzen angehoben und zum eigentlichen Entleeren dann an den seitlichen Bügeln gehalten werden. Das diagonalelastische Untergestell der Okmm 58 besteht aus Hohlträgern. Die Außenlangträger, auf denen die Kübel abgesetzt werden, sind auf der Oberseite zur Mitte hin abgeschrägt.

Die Kübel sind aus gekanteten Blechen zusammengeschweißt. Die Ursprungsbauform hat im oberen Teil waagerechte, als Laufsteg ausgebildete Absätze, als Ersatz beschaffte Nachbaukübel sind dort abgeschrägt. Die noch vorhanden Fb-zz 132 werden von Duisburg aus eingesetzt.

**601 8 400 – 601 8 479**

| | |
|---|---|
| **LüP** | **8040 mm** |
| **Achsstand** | **4500 mm** |
| **Laderaum** | **2mal 24,0 m³** |
| **Lastgrenze C** | **27,5 t ★** |
| **Eigengewicht** | **11300 / 10800 kg** |
| **ohne Kübel** | **6600 / 6100 kg** |
| **Bremse** | **KE-G, z.T. Hbr** |

51 →

Oben der Facns 133 694 8 400 am 30.9.1995 im Rbf Hamburg-Alte Süderelbe.
Rechts der Facns 133 694 8 630 – Versuchswagen mit hydraulischer Rundschieberbetätigung, daher keine außen liegenden Schieberbetätigungswellen – am 29.5.1997 in Wörth.
*Foto: Willi Rosumek*

DB 1994

# Facns 133

916 ↑

| | |
|---|---|
| Bj. 1994 ff. | 694 8 000 – ... 599 |
| Bj. 1996 ff. | 694 8 600 – ... 999 |
| LüP | 16000 mm |
| Drehgestell | Y 25 Lsd 1 - 628 |
| Drehzapfenabst. | 10960 mm |
| Länge d. Beladeöffn. | 11000 mm |
| Laderaum | 55,0 m³ |
| Lastgrenze DS | 68,0 t ★★ |
| Eigengewicht | 22000 kg |
| Bremse | KE-GP, z.T. Hbr |
| | ab Bj. 1996: KE-GP-A, z.T. Hbr |

Bei der DB hatte man keinen Bedarf für vierachsige Selbstentladewagen mit dosierbarer Entladung. Es blieb bei der Beschaffung eines (1971 gebauten und 1991 ausgemusterten) Facs 105-Prototyps.

Erst durch den Zusammenschluß von DB und DR entstanden neue Einsatzmöglichkeiten für Facs-Wagen. Daher erhielt LHB 1993 den Entwicklungsauftrag für einen Drehgestell-Trichter-Seitenentladewagen mit drei durch Rundschieber verschlossenen Auslauftrichtern. Die erste Serie von 600 Facns 133 lieferte LHB von 1994 bis 1996 in herkömmlicher, rotbrauner Farbgebung. Die Drehgestelle stammen von Poprad.

Ab 1996 werden weitere 400 verkehrsrote Wagen vom Werk Leipzig-Engelsdorf gebaut.

Oben der Fac [6843] 684 1 247 am 3.5.1995 im Bf Reinbek, links der Fac [6841] 684 1 207 mit einer Ladung Schotter einen Tag später ebenfalls im Bf Reinbek fotografiert. Alle ehemaligen DR-Schotterwagen sind inzwischen an Kirow verkauft und werden dort mit der Bezeichnung Fac und der DB-Dienstgüterwagenbauartnummer 263 – 265 eingesetzt.

## OOtv 83 Fac [6841, 6842, 6843] Fac 135

1963 **DR**

Ab 1963 beschaffte die DR verschiedene Serien vierachsiger Schotterwagen. Die ältesten OOtv 83 (ab 1978 Fac [6842]) baute die Waggonfabrik in Sarajevo.

Weitere OOtv 83 wurden zwischen 1965 und 1970 von den Wgf. Brügge und Sarajevo – letztere mit höherem, oben eingezogenen Wagenkasten und KE-GP-Bremse – gebaut. Die Wagen erhielten 1978 die Bauartbezeichnung Fac [6841] und Fac [6843].

Für den Einsatz als Bahndienstwagen haben die Wagen vom FEW Blankenburg entwickelte Schotterverteileinrichtungen. 1993 waren 395 Fac [6841], 97 Fac [6842] und 185 Fac [6843] im Bestand, für die die DBAG-Bauartbezeichnung Fac 135 vorgesehen war. 1996 wurden sie an Kirow Leipzig verkauft.

| | |
|---|---|
| | **684 1 035 – 684 1 734** |
| | **Fac [6841] / Fac [6843]** |
| **LüP** | **13300 mm** |
| **Drehgestell** | **Niesky** |
| **Drehzapfenabst.** | **7500 mm** |
| **L. d. Beladeöffn.** | **7700 / 7800 mm** |
| **Laderaum** | **31,0 / 32,0 m³** |
| **Lastgrenze C** | **58,0 t** |
| **Eigengew.** | **i.M. 22000 kg** |
| **Bremse** | **KE-G, Hbr / KE-GP, z.T. Hbr** |

| | |
|---|---|
| | **abw. Daten für Fac [6842]** |
| **LüP** | **12800 mm** |
| **Drehzapfenabst.** | **7000 mm** |
| **L. d. Beladeöffn.** | **7900 mm** |
| **Laderaum** | **30,0 oder 32,0 m³** |
| **Bremse** | **KE-G, Hbr** |

**1996 verkauft**



**Fbs 134 →**

Der Fbs 134 626 0 000 am 3.2.1998 im Werk Magdeburg.
*Foto: Harald Westermann*

Der Fas 137 673 5 000 am 9.9.1997 im Werk Paderborn. Da ursprünglich ein Mietvertrag mit der schwedischen Firma Avesta-Sheffield vorgesehen war (der jedoch nicht zustande kam), wurde der Wagen in Enzianblau lackiert. *Foto: Rolf Sepinski*

DB 1994

# Fbs 134

| | 626 0 000 |
|---|---|
| LüP | 14020 mm |
| Achsstand | 8000 mm |
| Ladelänge | 12720 mm |
| Laderaum | 95,0 m³ |
| Lastgrenze CS | 24,0 t |
| Eigengewicht | 16000 kg |
| Bremse | KE-GP |

1 ↗

1994 baute das Werk Magdeburg als Prototyp einen Gbs 258 für den Transport von Holzspänen um. Hierzu wurde das Dach entfernt und zur Vergrößerung des Laderaums ein Kastenaufbau aufgeschweißt. Die Schiebetüren wurden festgelegt, auf einer Wagenseite wurde eine Schlupftür eingebaut.

Der Fbs 134 ist nach der Erprobung seit 1995 im Werk Magdeburg abgestellt.

DB 1995

# Fas 137

| | 673 5 000 |
|---|---|
| LüP | 14040 mm |
| Drehgestell | 661 |
| Drehzapfenabst. | 9000 mm |
| Ladelänge | 12800 mm |
| Laderaum | 80,0 m³ |
| Lastgrenze CS | 53,0 t ★★ |
| Eigengewicht | 25580 kg |
| Bremse | KE-GP |

1 ↗

Als Prototyp für 60 geplante offene Güterwagen mit heraushebbaren Seitenwänden für den Schrott- und Stahltransport baute das Werk Paderborn 1996 einen Rmms 663 um.

Die vom Eanos 052 abgeleiteten Stirnwände und die Mittelsäulen sind fest mit dem Untergestell verbunden. Die Seitenwände werden in je zwei Führungen an den Stirnwänden bzw. Mittelsäulen sowie in je vier Taschen am Untergestell gehalten.

Ein Serienbau ist nicht mehr vorgesehen.

← Fac 135

Oben der Faals 150 666 4 258 am 31.5.1997 im Rbf Duisburg-Ruhrort. Links der Peine-Salzgitter-(P+S) Faals 666 4 023 [P] (die Wagen haben gleiche Nummern, wie die DB-Faals 150, unterscheiden sich jedoch im Austauschcode) am 21.8.1996 im Erzverladebahnhof Hansaport.

# Faals 150

1975 DB

Die WU Siegen baute für den Erzverkehr 1975 einen sechsachsigen Versuchswagen Fad 150 mit hydraulischer Klappenbetätigung. Dieser Wagen erhielt bei der DB die interne Bauartbezeichnung Faals 150.1.

Noch im gleichen Jahr gaben die Stahlwerke Peine-Salzgitter bei LHB 180 Wagen in Auftrag, die sich von dem Prototypen u.a. durch die mechanische Klappenbetätigung und die automatische Kupplung (AK) unterscheiden. Sie erhielten, obwohl Privatwagen, DB-intern die Bauartnummer 150.0 und werden zwischen Hamburg und Peine eingesetzt.

1978 bis 1983 beschaffte die DB bei LHB und der WU 362 Faals 150 (150.2), die ebenfalls AK erhielten. Von den P+S-Wagen unterscheiden sie sich durch beidseitig angeordnete Bühnen und Drehgestelle mit Parabelfedern. Eingesetzt werden die Faals 150 (zeitweise als Faalns bezeichnet), u.a. zwischen Emden und Duisburg bzw. dem Saargebiet.

| | |
|---|---|
| **P+S [P]** | **666 4 000 – 666 4 179** |
| **Serie** | **666 4 000 – 666 4 299** |
| **Prototyp** | **666 4 300** |
| **Serie** | **666 4 301 – 666 4 362** |

| | |
|---|---|
| **LüP*** | **15050 mm** |
| **Drehgestell** | **711, 711.5, 713** |
| **Drehzapfenabst.** | **8000 mm** |
| **Länge d. Beladeöffn.** | **12892 mm** |
| **Laderaum** | **60,0 m³** |
| **Lastgrenze D4 S** | **72,5 t ★★** |
| **DB CE 100** | **87,5 t** |
| **Tragfähigkeit** | **102,5 t** |
| **Eigengewicht** | **31200 kg** |
| **Bremse** | **KE-GP, z.T. Hbr** |

***Länge über Kupplungszentrum**

**technische Daten gelten für DB Serien-Faals 150 (150.2)**

362 →

Der zwei Monate alte Faals 151 666 2 003 am 25.1.1997 (Abnahme am 24.11.1996) in einem 4.700-t-Erzzug bei der Ausfahrt aus dem Hamburger Erzverladebahnhof Hansaport.

DB 1996

# Faal(n)s 151

| | |
|---|---|
| Prototypen | 666 2 000 – ... 2 004 |
| ab 1998 Faalns: | |
| Serie | 666 5 000 – ... 5 149 |
| Prototypen | 666 5 150 – ... 5 154 |

| technische Daten für Protoypen | |
|---|---|
| LüP* | 15050 mm |
| Drehgestell (Serie) | 715 / 716 |
| Drehzapfenabst. | 8000 mm |
| Länge d. Beladeöffn. | 12760 mm |
| Laderaum | 70,0 m³ |
| Lastgrenze D4 S | 68,0 t ★★ |
| DB D4 100 | 113,0 t |
| Tragfähigkeit | 113,0 t |
| Eigengewicht | 36800 kg |
| Bremse | KE-GP-A, Hbr |

*Länge über Kupplungszentrum

Als Ersatz für die abgefahrenen Peine-Salzgitter-Erzwagen entwickelten ADtranz Siegen (Wagenkasten) und LHB (Drehgestelle) 1996 einen neuen Erzwagen für eine Radsatzlast von 25 t.

Die fünf Prototypen wurden Ende 1996 als Faals 151 ausgeliefert und laufen – seit 1997 zeitweise als Faalns bezeichnet – im Erzverkehr zwischen dem Hansaport in Hamburg-Waltershof und den Stahlwerken in Peine.

Von den Faals 150 unterscheiden sie sich nicht nur durch die DB Cargo-Farbgebung, sondern auch durch den deutlich höheren Wagenkasten – immerhin ist der Laderaum um 10 m³ und damit rund 15 % vergrößert – sowie die neu entwickelten Drehgestelle.

Ab Frühjahr 1998 sollen in Gemeinschaftsproduktion von ADtranz Siegen, Graaff und LHB 150 Faalns 151 geliefert werden.

5 ↗

Der Fal [6551] 655 1260 am 15.3.1993 in Werdau. *Foto: Harald Westermann*

# OOt 47 Fal [6551] Fal 161

1956 **DR**

Die ältesten Selbstentladewagen der DR, deren Übernahme von der DB AG geplant war, waren rund 300 1956/57 bei Waggonbau Gotha gebaute OOt 47.

Sie hatten einen 69 m³ großen Laderaum. Die mechanisch betätigten Entladeklappen konnten paarweise geöffnet werden und waren durch Daumenwellenverschlüsse gesichert. Die Wagen liefen auf Niesky-Drehgestellen und hatten Hik-G-Bremsen.

Die OOt 47 waren ursprünglich mit Bremserhäusern ausgerüstet, die bereits zu DR-Zeiten abgebaut wurden. Die UIC-Bauartbezeichnung lautete bei der DR Fad (mit Wagennummern ab 677 0001). Ab 1980 wurden die Wagen in Fal [6551] umgezeichnet.

82 Wagen kamen noch zur DB AG, der letzte Fal [6551] wurde 1997 ausgemustert.

| | |
|---|---|
| **DR** | **655 1 108 – 655 1 399** |
| **LüP** | **12740 mm** |
| **Drehgestell** | **965 - Niesky** |
| **Drehzapfenabst.** | **6700 mm** |
| **Länge d. Beladeöffn.** | **11306 mm** |
| **Laderaum** | **69,0 m³** |
| **Lastgrenze C** | **52,5 t** |
| **Eigengewicht** | **27000 kg** |
| **Bremse** | **Hik-G, Hbr** |
| **Höchstgeschw.** | **80 km/h** |

**1996 ausgemustert**

Der Fal [6556] 655 8360 (ohne Heizeinrichtung) am 1.5.1996 im Bf Ebeleben. *Foto: Bernd Schröder*

**DR** 1962

# OOt 47 Fal-zz [6556] Fal, Fal-zz 162

655 8 166 – 655 8 975

| | |
|---|---|
| LüP | 12850 mm |
| Drehgestell | Niesky - 962 |
| Drehzapfenabst. | 6700 mm |
| Länge d. Beladeöffn. | 11306 mm |
| Laderaum | 69,0 m³ |
| Lastgrenze C | 53,0 t |
| Eigengewicht | 26700 kg |
| Bremse | KE-GP, Hbr |
| Höchstgeschw. | 80 km/h |

16

↓

Von 1962 bzw. 1964 bis 1970 wurden die OOt 47 von Waggonbau Niesky und Waggonbau Gotha mit unverändertem Wagenkasten nachgebaut.

Die rund 800 Wagen laufen ebenfalls auf Niesky-Drehgestellen, haben jedoch KE-GP-Bremsen. Am Nichthandbremsende wurde das Untergestell gegenüber der Vorgängerbauart um 110 mm verlängert, der Wagenkasten stützt sich hier jetzt auf dem Kopfstück ab. Die Wagen wurden ohne Bremserhäuser geliefert, erhielten aber z.T. nachträglich Schutzdächer über den Bremserbühnen.

Fast alle der ab 1972 als Fad (Wagennummern ab 677 0271), seit als 1980 Fal oder Fal-zz [6556] eingereihten Wagen haben eine Dampfheizeinrichtung für den Laderaum.

Zum Jahresende 1993 waren 490 Fal und Fal-zz [6556] im Bestand der DR, die von der DB AG als Fal(-zz) 162 übernommen wurden.

Der Fal [6559] 655 9048 am 15.3.1993 in Werdau. *Foto: Harald Westermann*

# OOtu 47 Fal [6559] Fal 163

1958 **DR**

Vorwiegend für den Transport von Kohle und Erz beschaffte die DR von 1958 bis 1960 bei Ostrowiec Swietokrc (Polen) rund 550 OOtu 47.

Die Wagen hatten einen 69 m³ großen Laderaum, waren mit einer Höhe von nur 3,57 m aber deutlich niedriger als die übrigen Fal-Bauarten der DR. Die Entladeklappen, die einzeln oder paarweise geöffnet werden konnten, wurden durch Daumenwellenverschlüsse gesichert. Der Verriegelungen befanden sich an den Wagenstirnseiten, sie konnten auch von einem Kanal unterhalb des Wagens ausgelöst werden.

Die UIC-Bezeichnung lautete ab 1972 Fad (mit Wagennummern ab 677 0981). Ab 1980 wurden die Wagen als Fal [6559] bezeichnet.

Zur DB AG kamen 1994 noch 131 Wagen, die jedoch nicht mehr in Fal 163 umgezeichnet und 1994 ausgemustert wurden.

| | |
|---|---|
| DR | 655 9 002 – 655 9 548 |
| LüP | 14600 mm |
| Drehgestell | Niesky |
| Drehzapfenabst. | 8450 mm |
| Länge d. Beladeöffn. | 12382 mm |
| Laderaum | 69,0 m³ |
| Lastgrenze C | 54,0 t |
| Eigengewicht | 25600 kg |
| Bremse | Hik-G, Hbr |
| Höchstgeschw. | 80 km/h |

1994 ausgemustert

Oben der Fals 164 [6650] 665 6 849 am 1.6.1997 im Rbf Wanne-Eickel. Rechts der Fals-zz [6650] 665 0808 am 16.4.1993, noch mit Handrädern für die Klappenbetätigung, im RAW Zwickau. *Foto: Frank Naumann*

**DR** 1976

# Fadrrs Fals-zz [6650] Fals 164

**665 6 000 – 665 7 149**

| | |
|---|---|
| **LüP** | **13500 mm** |
| **Drehgestell** | **Y 25 Cs - 851** |
| **Drehzapfenabst.** | **7200 mm** |
| **Länge d. Beladeöffn.** | **11954 mm** |
| **Laderaum** | **75,0 m³** |
| **Lastgrenze CS** | **51,0 t ★★** |
| **Eigengewicht** | **29000 kg** |
| **Bremse** | **KE-GP, Hbr** |

Mit rund 1.120 Wagen stellten die 1976/77 bei UV Arad gebauten Fadrrs (Nummern ab 678 9000), ab 1980 als Fals-zz [6650] bezeichnet, den größten Teil der DR-Fal-Wagen.

Die Betätigung der Ladeklappen erfolgt pneumatisch über Lenkerstangen und die unter dem Längssattel liegende Zentralwelle oder bei Ausfall der Pneumatik manuell über ein in Wagenmitte befindliches Handrad.

Alle Wagen sind mit Handbremsen und Bühnen ausgerüstet, die z.T. mit Blechdächern vor herunterfallender Ladung geschützt sind. Um ein Festfrieren der Ladung – z.B. feuchter Braunkohle – und Entladeklappen zu verhindern, können Sattelboden und Schließkanten mit Dampf beheizt werden.

Zur DB AG kamen 1.110 Wagen, bei denen die Handräder für die manuelle Betätigung der Ladeklappen abgebaut wurden. Sie wurden in Fals (tw. in Fals-zz) 164 umgezeichnet.

**1.017**

**➡**

Oben der Falns 165 [6636] 664 2 109 am 1.6.1997 – noch mit der DR-Kennzeichnung für 22,5-t-Radsatzlast – im Rbf Wanne-Eickel.
Links der Falns [6635] 663 6 337 am 15.8.1991, mit Handrädern für die Klappenbetätigung, im RAW Leipzig-Engelsdorf. *Foto: Willi Rosumek*

# Falns [6635, 6636] Falns 165

1987 **DR**

1987/88 beschaffte die DR bei der Waggonfabrik Arad (Rumänien), vorwiegend für den Transport von Braunkohle, insgesamt 460 Falns [6636]. Sie laufen auf Y 25 Ls-Drehgestellen und sind 300 mm höher als die Fals-zz [6650], der Laderaum beträgt 83 m³.

Die auf ganzer Höhe ebenen Entladeklappen können pneumatisch oder ggf. von Hand mittels eines in Wagenmitte befindlichen Handrades bedient werden. Die Klappenbetätigung erfolgt über Lenkerstangen sowie die unter dem Längssattel liegende Zentralwelle und den unter dem Quersattel angeordneten Kurbeltriebverschluß.

Ab 1991 erhielten die Wagen mit Handbremse, bislang 135, die Gattungsschlüsselnummer [6635]. Bei der DB AG werden die Wagen in Falns 165 umgezeichnet und die Handräder für die manuelle Betätigung der Ladeklappen abgebaut.

**663 6 042 – 663 6 099**
**664 2 000 – 664 2 399**

| | |
|---|---|
| **LüP** | **13500 / 13250 mm** |
| **Drehgestell** | **Y 25 Ls - 868** |
| **Drehzapfenabst.** | **7200 mm** |
| **Länge d. Beladeöffn.** | **12000 mm** |
| **Laderaum** | **83,0 m³** |
| **Lastgrenze D4 S** | **61,5 t ★★** |
| **Eigengewicht** | **28600 kg** |
| **Bremse** | **KE-GP, z.T. Hbr** |

457 ➡

Der Fals 166 [6665] 666 6 053, noch mit Handrad für die Klappenbetätigung, am 22.6.1995 in Hagenwerder. *Foto: Hans Ulrich Diener*

DR 1989

# Fals [6665, 6666] Fals 166

666 6 000 – 666 6 070

| | |
|---|---|
| LüP | 13250 mm |
| Drehgestell | Y 25 Rs - 864 |
| Drehzapfenabst. | 7200 mm |
| Länge d. Beladeöffn. | 11900 mm |
| Laderaum | 78,0 m³ |
| Lastgrenze CS | 53,0 t ★★ |
| DB D | 55,7 t |
| Eigengewicht | 27100 kg |
| Bremse | KE-GP |

1989/90 baute die rumänische Waggonfabrik UV Arad für die DR weitere 70 Selbstentladewagen mit 78 m³ Laderaum für den Transport von Rohbraunkohle.

Alle Teile der Wagenkästen, die mit dem Ladegut in Berührung kommen, wurden aus korrosionsträgem Stahl gebaut. Die Wagen entsprechen bis auf die 300 mm niedrigeren Oberkästen den Falns [6636], laufen jedoch auf Y 25 Rs-Drehgestellen.

Die Entladeklappen werden mit Druckluft über einen Kurbeltrieb betätigt. Im geschlossenen Zustand werden sie durch die Lenkerstangen und einen Sperrhebel im Kurbeltriebverschluß gesichert.

Zwar wurden die Wagen in den Bestandslisten der DR als Fals [6665] geführt, bis 1994 war jedoch an den Wagen [6666} angeschrieben. Bei der DB AG wurden sie zu Fals 166 [6665] umgezeichnet.

71 ➡

Oben der Fal 167 655 3 239,
links der mit einer AK ausgerüstete
Fal 167 655 4 201.
Beide Aufnahmen entstanden am
4.5.1993 im Duisburger Hafen auf der
Erzinsel. *Fotos: Bernd Pluntke*

## OOtz 50 Fad 167 Fal 167

1954 **DB**

Die ältesten noch vorhandenen Erz-Wagen der DB AG sind die zwischen 1952 (Prototyp) bzw. 1954 und 1965 gebauten OOtz 50.

Der Wagenkasten besteht aus dem sattelförmigen Boden, den Seitenwänden mit vier Entladeklappen, die durch Daumenwellen verschlossen werden, und dem Quersattel mit aufgesetzter Schottwand, durch die der Laderaum in zwei gleich große Kammern unterteilt wird. Der sattelförmige Boden ist eine Fachwerkträgerkonstruktion, deren Untergurte die Langträger bilden, der Obergurt liegt unter dem Sattelfirst. 1.500 Wagen wurden für den Einbau der AK vorbereitet und mit Hochleistungspuffern ausgerüstet.

1975 sind 60 Fad 167 mit AK ausgerüstet worden, wobei 20 Wagen als Endwagen („Schmetterlingswagen") die Seitenpuffer behalten haben. Ab 1980 wurden alle Wagen von Fad 167 in Fal 167 umgezeichnet.

| | |
|---|---|
| **Fal 167** | **655 0 000 – 655 4 199** |
| **AK** | **655 4 200 – 655 4 259** |

| | |
|---|---|
| | **ohne / mit AK-Vorbereitung** |
| **LüP** | **11500 / 11560 mm** |
| **Drehgestell** | **931/932** |
| **Drehzapfenabst.** | **6100 mm** |
| **Länge d. Beladeöffn.** | **10548 mm** |
| **Laderaum** | **75,0 m³** |
| **Lastgrenze C4** | **56,5 / 56,0 t ★★** |
| **Eigengewicht** | **22600 / 23800 kg-** |
| **Bremse** | **(Hik-G) KE-G, Hbr** |

**abweichende Daten f. Wagen mit AK**

| | |
|---|---|
| **LüP** | **12000 mm** |
| **Drehgestell** | **932** |
| **Lastgrenze C4** | **55,0 t ★★** |
| **Eigengewicht** | **26700 kg** |
| **Bremse** | **KE-GP, Hbr** |

14

Oben der Fal 168 655 5 120 mit Drehgestellen der Bauart 661 am 13.8.1994 in Hamm Rbf.
*Foto: Harald Westermann*
Rechts der im Bf Reden Grube beheimatet Fal 171 655 5 657 am 16.4.1993 im AW Duisburg-Wedau.
*Foto: Bernd Pluntke*

➡

# DB 1965 — OOt 168 Fad 168 Fal 168

| | |
|---|---|
| DG-BA 931 | 655 4 500 – ... 4 579 |
| DG-BA 661 | 655 4 580 – ... 5 328 |
| LüP | 11940 mm |
| Drehgestell | 931 |
| Drehzapfenabst. | 6400 mm |
| Länge d. Beladeöffn. | 10688 mm |
| Laderaum | 75,0 m³ |
| Lastgrenze C4 | 56,5 t ★★ |
| Eigengewicht | 23300 kg |
| Bremse | KE-G, Hbr |
| | abweichende Daten für Wagen ab Baujahr 1967 |
| LüP | 12000 mm |
| Drehgestell | 661 |

1997 ausgemustert

Die OOt/Fad 168 entstanden 1965 als Weiterentwicklung der OOtz 50. Die wesentlichen Änderungen sind: auf 10688 mm verlängerte Beladeöffnung, um 110 mm auf 570 mm vergrößerte Bühnenbreite, größerer Drehzapfenabstand, verlängerte LüP und auf die Pufferträger aufgesetzte Stirnwände.

Während die Wagen der ersten Baujahre wie die Vorgänger noch Minden-Dorstfeld-Drehgestelle erhielten, wurden ab 1967 Drehgestelle der Bauart 661 verwendet.

Bis 1969 haben die Firmen Talbot, SEAG, Credé und O&K insgesamt 1.490 Fad 168 gebaut, von denen 1981 20 zu Fal 169 sowie zwischen 1977 und 1982 1.000 Wagen zu Fad/Fal 181 umgebaut wurden.

Von den verbliebenen Wagen kamen 1994 noch 374 in den Bestand der DB AG.

Der Fal 169 655 4 407 am 8.7.1987 in Braunschweig. *Foto: Willi Rosumek*

## Fal 169

1981 DB

Für den Kalksteintransport zu den Stahlwerken Salzgitter wurde 1981 bei 20 Fal 168 der obere Teil des Wagenkastens abgeschnitten. Die Beladeöffnung der Fal 169 wurde dadurch von 10688 x 1955 mm auf 11188 x 2818 mm vergrößert. Der Laderaum verringerte sich von 75 m³ auf 59 m³.

Zwei weitere Wagen wurden 1985 aus Fal 175 hergerichtet (intern Fal 169.1).

Die in Münchehof (Harz) beheimateten Fal 169 werden ausschließlich für den oben genannten Kalksteintransport eingesetzt.

| | |
|---|---|
| **Fal 169** | **655 4 400 – 655 4 419** |
| **Fal 169.1** | **655 4 420 – 655 4 421** |

| | **Fal 169 / Fal 169.1** |
|---|---|
| **LüP** | **11940 / 11950 mm** |
| **Drehgestell** | **931 / 664** |
| **Drehzapfenabst.** | **6400 mm** |
| **Länge d. Beladeöffn.** | **11188 mm** |
| **Laderaum** | **59,0 m³** |
| **Lastgrenze C4** | **57,0 / 55,0 t ★★** |
| **Eigengewicht** | **22700 / 24230 kg** |
| **Bremse** | **KE-G, Hbr / KE-G** |

10 ↘

## OOtz 71 Fad 171 Fal 171

1961 DB

1961 baute O&K die ersten 60 Selbstentladewagen mit hydraulischer Klappenbetätigung. Diese OOtz 71 haben die Abmessungen der OOtz 50, jedoch unten versteifte Klappen mit Lenkerstangenverschlüssen.

1975 erhielten die Fad 171 Einheitsklappen mit zusätzlichen Daumenwellen, da die alten Klappen durch die Ladung so stark verformt waren, daß sie nicht mehr dicht schlossen. Zur DB AG kamen noch 45 Fal 171.

| | **655 5 600 – 655 5 659** |
|---|---|
| **LüP** | **11560 mm** |
| **Drehgestell** | **931/932** |
| **Drehzapfenabst.** | **6100 mm** |
| **Länge d. Beladeöffn.** | **10548 mm** |
| **Laderaum** | **75,0 m³** |
| **Lastgrenze C4** | **55,5 t ★★** |
| **Eigengewicht** | **24400 kg** |
| **Bremse** | **KE-G, Hbr** |

2 ↓

Oben der Fal 172 655 5 772 am 31.5.1997 im Duisburger Hafen auf der Erzinsel.
Rechts der Fals 174 665 4 341 (SNCB-Type 1000 F5) sowie ein weiterer belgischer Fals am 13.12.1997 im Rbf Seelze. Foto: Rolf Sepinski

→

**DB** 1964

# OOtz 74 Fad 172 Fal 172

**655 5 700 – 655 5 799**

| | |
|---|---|
| LüP | 11940 mm |
| Drehgestell | 931/932 |
| Drehzapfenabst. | 6400 mm |
| Länge d. Beladeöffn. | 10688 mm |
| Laderaum | 75,0 m³ |
| Lastgrenze C4 | 55,5 t ★★ |
| Eigengewicht | 24500 kg |
| Bremse | KE-G, Hbr |

**abweichende Daten für Wagen mit verstärkten Klappen**

| | |
|---|---|
| Lastgrenze C4 | 54,5 t ★★ |
| Eigengewicht | 25300 kg |

Als Weiterentwicklung der OOtz 71 lieferte O&K zwischen 1964 und 1966 90 Fad/OOtz 74 mit elektrischer Fernbedienung der Hydraulik über Steuerkabel. Der Wagenkasten entspricht dem der Fad 168.

Die Lenkerstangenverschlüsse der Klappen wurden vom OOtz 71 übernommen, hatten jedoch von vornherein mittlere Daumenwellen, so daß die Klappen leichter ausgeführt werden konnten. Die Wagen verfügen über nur einen Arbeitszylinder, so daß die Klappen nur gemeinsam betätigt werden können.

Ab 1976 wurden bei einem Teil der Fad 172 die Daumenwellen entfernt, die Klappen durch die verstärkte Bauform ersetzt und die Fernbedienung ausgebaut.

Bis auf einen Wagen kamen alle Fal 172 1994 noch zur DB AG.

7 ↘

Der Fal 173 655 5 918 mit einfachen Seitenwandklappen am 16.4.1993 im AW Duisburg-Wedau.
*Foto: Bernd Pluntke*

## OOt 173 Fad 173 Fal 173

1965 **DB**

Zeitgleich mit dem OOtz 74 wurde für den Kohleverkehr 1965 ein Selbstentladewagen mit hydraulischer Klappenbetätigung ohne Fernbedienung entwickelt, dessen Wagenkasten dem des Fad 168 entspricht. Die verstärkten Seitenwandklappen haben Lenkerstangenverschlüsse mit Daumenwellen und können nur gleichzeitig betätigt werden.

Von O&K und der WU Siegen wurden 1965/66 140 Fad 173 mit Minden-Dorstfeld-Drehgestellen (BA 931) geliefert. 1968 folgten 61 Wagen mit Drehgestellen der BA 661.

Ein Teil der Wagen wurde nachträglich mit einfachen Seitenwandklappen ausgerüstet. Zur DB AG kamen 1994 noch 168 Fal 173.

| | |
|---|---|
| Bj. 1965 | 655 5 800 – 655 5 939 |
| Bj. 1968 | 655 5 940 – 655 6 000 |
| LüP | 11940 mm |
| Drehgestell | 931 |
| Drehzapfenabst. | 6400 mm |
| Länge d. Beladeöffn. | 10688 mm |
| Laderaum | 75,0 m³ |
| Lastgrenze C4 | 55,5 t ★★ |
| Eigengewicht | 24500 kg |
| Bremse | KE-G, Hbr |
| abw. Daten für Wagen Bj. 1968 | |
| Drehgestell | 661 |
| Eigengewicht | 24100 kg |

24 ↘

## Fals 174

**SNCB**

Ende 1997 bildeten die DB Cargo und die PKP einen gemeinsamen Selbstentladewagen-Pool für Kohleverkehre von Polen nach Westdeutschland. Hierfür mietete die DB Cargo von der SNCB bislang 233 Wagen der Type 1000 F4, F5 und F6. Diese in den Bestandslisten ohne die Bauartnummer 174 geführten Fals sind in Hoyerswerda beheimatet.

| | |
|---|---|
| | 665 4 000 – 665 4 021 |
| | 665 4 100 – 665 4 359 |
| techn. Daten für Type 1000 F5 | |
| LüP | 14540 mm |
| Drehgestell | Y 25 |
| Laderaum | 90,0 m³ |
| Lastgrenze CS | 55,5 t |
| Eigengewicht | 24000 kg |

233 ↗

Der Fals 175 665 0 860 am 16.10.1997 im Hamburger Erzverladebahnhof Hansaport.

DB 1970

# Fads 175 Fals 175

665 0 100 – 665 2 199

| | |
|---|---|
| **LüP** | **11950 mm** |
| **Drehgestell** | **664 oder 664.1** |
| **Drehzapfenabst.** | **6400 mm** |
| **Länge d. Beladeöffn.** | **10688 mm** |
| **Laderaum** | **75,0 m3** |
| **Lastgrenze C4 S** | **55,0 t ★★** |
| **Eigengewicht** | **24200 kg** |
| **Bremse** | **KE-GP-A, z.T. Hbr** |

**abweichende Daten für Wagen mit neuem Oberkasten**

| | |
|---|---|
| **Länge d. Beladeöffn.** | **11188 mm** |
| **Laderaum** | **75,4 m³** |

Als erste Drehgestell-Selbstentladewagen der DB nach den Richtlinien des UIC-Merkblattes 571.3 wurden die Fads 175 gebaut. Wesentliche Forderungen aus diesem Merkblatt sind: vereinheitlichte Merkmale, AK-Vorbereitung, größere Freiräume unter dem Quersattel und 100 km/h Höchstgeschwindigkeit.

Äußerlich unterscheiden sich die zwischen 1970 und 1976 von der WU Siegen gebauten 2.085 Fads 175 mit mechanischen Klappenverschlüssen kaum von den Fad 168.

Die meisten Wagen sind mit 59-t-Hochleistungspuffern ausgerüstet, 232 Wagen der ersten Lieferungen mit 35-t-Puffern.

Standardmäßig wurden Drehgestelle der BA 664 und 664.1 mit KE-GP-A-Bremse verwendet. 1973 erhielten 110 Wagen Drehgestelle der BA 684, die inzwischen gegen Drehgestelle der BA 664 getauscht wurden.

1.445 ➡

Der mit Hochleistungspuffern ausgerüstete Fals 175 665 1 287 mit neuem Oberkasten am 1.6.1997 im Rbf Wanne-Eickel.

Der trotz der höchsten Lastgrenze von über 60 t nicht als Falns bezeichnete Fals 175 665 2 177 mit Drehgestellen der Bauart 666 (Versuchsbauart für Drehgestell-Serienbauart 665), ebenfalls am 1.6.1997 im Rbf Wanne-Eickel.

Der mit AK ausgerüstete „Schmetterlingswagen" Fals 175 665 0 353 am 4.9.1993 im Duisburger Hafen.

*Foto: Bernd Pluntke*

1976 wurden zehn Wagen mit Drehgestellen der BA 666 und KE-GP-Bremse (ohne automatischer Lastabbremsung) ausgerüstet. Bei diesen Wagen konnte die höchste Lastgrenze um 10 t angehoben werden.

51 Fads 175 haben für den Erzverkehr Emden – Saargebiet mit 4.000-t-Zügen 1975 AK erhalten, davon elf Endwagen („Schmetterlingswagen") mit zusätzlichen Seitenpuffern.

Nach der Hälfte der Nutzungszeit wurden bei vielen Fals 175 die Wagenkästen erneuert. Dabei erhielten die Oberkästen senkrechte Stirnwände, der Laderaum vergrößerte sich um 0,4 m³ auf 75,4 m³, die Beladelänge um 500 mm auf 11188 mm.

Ab 1989 wurde ein Teil der 18 bis 20 Jahre alten Wagen für den Weiterbetrieb hergerichtet und zur Unterscheidung von den übrigen Fals 175 in Fals 185 umgezeichnet.

**Fals 175 mit Sonderausstattungen**

| | |
|---|---|
| **AK m. P.** | **665 0 345 – 665 0 357** |
| **AK o. P.** | **665 0 358 – 665 0 398** |
| **DG 666** | **665 2 171 – 665 2 180** |

**abweichende Daten f. Wagen mit AK**

| | |
|---|---|
| **LüP** | **11950 mm*** |
| **L. ü. Kupplungszentrum** | **12000 mm** |
| **Lastgrenze C4 S** | **54,5 t ★★** |
| **Eigengewicht** | **25300* / 24700 kg** |
| **Bremse** | **KE-GP-A, Hbr** |

***Wagen mit Puffer**

**abweichende Daten für Wagen mit Drehgestell Bauart 666**

| | |
|---|---|
| **Lastgrenze D4** | **65,0 t ★★** |
| **D4 S** | **55,0 t** |
| **Eigengewicht** | **23100 kg** |
| **Bremse** | **KE-GP** |

Oben der Fals 176 665 2 271 am 31.5.1997 auf der Erzinsel im Duisburger Hafen.
Rechts der Fals 176 665 2 808 mit neuem Oberkasten einen Tag später im Rbf Wanne-Eickel.

**DB** 1969

# Fads 176 Fals 176

**665 2 200 – 665 2 764**

| | |
|---|---|
| **LüP** | **11950 mm** |
| **Drehgestell** | **664** |
| **Drehzapfenabst.** | **6400 mm** |
| **Länge d. Beladeöffn.** | **10688 mm** |
| **Laderaum** | **75,0 m³** |
| **Lastgrenze C4 S** | **54,5 t ★★** |
| **Eigengewicht** | **24500 kg** |
| **Bremse** | **KE-GP-A, Hbr** |

**abweichende Daten für Wagen mit neuem Oberkasten**

| | |
|---|---|
| **Länge d. Beladeöffn.** | **11188 mm** |
| **Laderaum** | **75,4 m³** |

387 ↘

Zwischen 1969 und 1976 baute die WU Siegen 565 Fads 176, die sich von den Fads 175 nur durch die hydraulischen Klappenverschlüsse unterscheiden. Diese waren bei den Fads 176 als Daumenwellenverschlüsse ausgeführt, anstelle der bislang verwendeten Lenkerstangenverschlüsse mit zusätzlicher Daumenwelle.

In den Jahren 1973 und 1976 wurden insgesamt 56 Fads 176 auf magnet-hydraulische Klappenbetätigung umgebaut und zu Fals 178 umgezeichnet.

Die verbliebenen Wagen erhielten, wie die Fals 175, z.T. neue Wagenkästen. 56 Wagen wurden zwischen 1990 und 1993 zum Weiterbetrieb hergerichtet und in Fals 186 umgezeichnet.

Oben der Fals 177 665 2 864 am 4.5.1993 im Duisburger Hafen auf der Erzinsel.
Links der Fals 178 665 3 114 (mit neuem Oberkasten) am 20.2.1998 im Übergabebahnhof Duisburg-Walsum.
*Fotos: Bernd Pluntke*

## Fads 177 Fals 177

1972 DB

1972 und 1974 baute die WU Siegen insgesamt 85 Fads 177. Sie entsprechen den Fads 175, haben jedoch für den Einsatz unter niedrigen Beladeeinrichtungen keinen Oberkasten und nur 35 m³ Laderaum.

Die seit 1980 als Fals 177 bezeichneten Wagen werden ausschließlich im Erzverkehr (vom Duisburger Hafen) eingesetzt. Hierfür reicht der Laderaum, wegen des hohen spezifischen Gewichtes von Eisenerz (3 t/m³), aus.

**665 2 800 – 665 2 899**

| | |
|---|---|
| **LüP** | **11950 mm** |
| **Drehgestell** | **664** |
| **Drehzapfenabst.** | **6400 mm** |
| **Länge d. Beladeöffn.** | **10624 mm** |
| **Laderaum** | **35,0 m³** |
| **Lastgrenze C4 S** | **56,5 t ★★** |
| **Eigengewicht** | **22800 kg** |
| **Bremse** | **KE-GP-A, Hbr** |

52 ↘

## Fads 178 Fals 178

1973 DB

Für den Verkehr von der Zeche Walsum zum STEAG-Kraftwerk Mölln (Niederrhein) rüstete die WU Siegen 1973 und 1976 56 Fads 176 mit einer elektromagnetisch ausgelösten hydraulischen Klappensteuerung aus. Die Entladung in Bunkeranlagen wird während der Überfahrt durch Elektromagnete gesteuert.

Diese Fals 178 sind inzwischen in Ensdorf (Saar) beheimatetet und erhielten – wie die Fals 176 – z.T. neue Wagenkästen.

**665 3 100 – 665 3 155**

| | |
|---|---|
| **Eigengewicht** | **25400 kg** |
| **übrige Daten identisch mit Fals 176** | |

53 →

Zwei Falns 180 am 19.9.1997 im Erzverladebahnhof Hansaport. Oben der Wagen 663 6 675 mit Drehgestellen der Bauart 642 und ausgeschalteter Magnetsteuerung. Rechts der Falns 180 664 4 459 mit Drehgestellen der Bauart 665.

DB 1980

# Fals 180 Falns 180

| | |
|---|---|
| Falns | |
| Bj. 1980 ff. | 663 6 100 – ... 6 688 |
| Bj. 1989 | 663 9 900 – ... 9 949 |
| Bj. 1992 | 664 0 800 – ... 0 891 |
| U 1993* | 664 4 250 – ... 4 611 |
| Fals** | 665 3 801 – ... 4 186 |

*DG-BA 665, Wagen zum Weiterbetrieb hergerichtet
**(bis 1995) DG-BA 665

| | |
|---|---|
| LüP | 12540 mm |
| Drehgestell | 665, 642, 652 |
| Drehzapfenabst. | 7500 mm |
| Länge d. Beladeöffn. | 11594 mm |
| Laderaum | 85,0 m³ |
| Lastgrenze | |
| DG-BA 665 D4 | 64,5 t ★★ |
| D4 S | 54,5 t |
| 642, 652 D4 S | 64,5 t ★★ |
| Eigengewicht | 25300 kg |
| Bremse | KE-GP, z.T. Hbr |

1976 baute die WU Siegen einen Fals 180-Prototyp (intern: Fals 180.0) mit Drehgestellen der Bauart 666 und 75 m³ Laderaum.

Zwischen 1980 und 1992 wurden von der WU Siegen und LHB 731 Falns 180 (intern: Falns 180.2) mit größerem Oberkasten in Serie gebaut. Sie haben Drehgestelle der Bauart 665, ab Baujahr 1986 DG-BA 642 oder 652.

Das Öffnen und Schließen der Entladeklappen erfolgt magnethydraulisch über ein Kurbelgetriebe mit gekoppelten Daumenwellenverschlüssen, die Hydraulik für die Klappensteuerung kann auch manuell bedient werden.

Die Wagen werden überwiegend im Kohleverkehr zu Kraftwerken eingesetzt, die über Tiefbunkeranlagen mit Elektromagneten zur Steuerung des Entladevorgangs verfügen.

Zwischen 1993 und 1995 wurden 339 Falns 180 im AW Duisburg-Wedau zum Weiterbetrieb hergerichtet und umgenummert.

731 →

Oben der Fal 181 655 6 933 am 31.5.1997 im Rbf Duisburg-Wedau mit Drehgestellen der Bauart 661. Links der Fal 181 655 6 466 mit Minden-Dorstfeld-Drehgestellen am 1.7.1994 im Duisburger Hafen auf der Erzinsel. *Foto: Bernd Pluntke*

# Fad 181 Fal 181

**1977** DB

Von 1977 bis 1982 erhielten in den AW Duisburg-Wedau und Kaiserslautern insgesamt 1.000 Fal 168 einen um 10,5 m³ vergrößerten Wagenkasten, der das Fahrzeugumgrenzungsprofil II ausnutzt.

Die als Fad 181, ab 1980 als Fal 181 bezeichneten Wagen haben zwar den gleichen Oberkasten wie die Falns 182, unterscheiden sich von diesen aber u.a. durch die kürzeren Untergestelle, den geringeren Drehzapfenabstand, die Verwendung der alten Drehgestelle der Ausgangsbauart, und die Höchstgeschwindigkeit von nur 90 km/h.

Wegen der mit 20 t relativ geringen zulässigen Achslast werden die Wagen vorwiegend für Koksverkehre eingesetzt, da nur bei spezifisch leichtem Ladegut der Laderaum voll ausgenutzt werden kann.

| | |
|---|---|
| DG-BA 931 | 655 6 200 – ... 6 859 |
| DG-BA 661 | 655 6 860 – ... 7 199 |

| | |
|---|---|
| LüP | 12260 mm |
| Drehgestell | 931 oder 661 |
| Drehzapfenabst. | 6400 mm |
| Länge d. Beladeöffn. | 11494 mm |
| Laderaum | 85,5 m³ |
| Lastgrenze C4 | 56,0 t ★★ |
| Eigengewicht | 22500 kg |
| Bremse | KE-G, Hbr |

101 ↘

Zwei zum Weiterbetrieb hergerichtete Falns 183 mit Drehgestellen der BA 665 im Erzverladebahnhof Hansaport: Oben der Falns 183 664 4 034 (REV 18.1.96) am 19.9.1997, rechts der Falns 183 664 3 687 (REV 7.7.95) am 9.10.1995.

DB 1981

# Fals 183 Falns 183

| | |
|---|---|
| Falns | 663 7 000 – ... 9 869 |
| Bj. 1989 ff. | 664 0 000 – ... 0 757 |
| U 1992* | 664 2 756 – ... 4 249 |
| Fals | 665 5 000 – ... 6 696 |
| | *DG-BA 665, Wagen zum Weiterbetrieb hergerichtet |

| | |
|---|---|
| LüP | 12540 mm |
| Drehgestell | 665, 642, 652 |
| Drehzapfenabst. | 7500 mm |
| Länge d. Beladeöffn. | 11594 mm |
| Laderaum | 85,0 m³ |
| Lastgrenze | |
| DG-BA 665 D4 | 65,0 t ★★ |
| D4 S | 55,0 t |
| 642, 652 D4 S | 65,0 t ★★ |
| Eigengewicht | 24900 kg |
| Bremse | KE-GP, z.T. Hbr |

Zwischen 1981 und 1992 bauten LHB, O&K, Talbot und die WU Siegen insgesamt 3.623 Fals 183 (ab 1987 Falns 183). Sie entsprechen wagenbaulich den Fals 180 und 182 und laufen wie diese auf Drehgestellen der Bauart 665. Ab 1986 gebaute Wagen haben Drehgestelle der Bauart 642 oder 652.

Die Fals 183 haben (nur manuell bedienbare) hydraulische Daumenwellen-Klappenverschlüsse. Ab 1989 wurden die Wagen mit verbessertem Korrosionsschutz (Dichtbereiche aus Edelstahl, Innendickschichtanstrich) geliefert.

Von 1992 bis 1997 richtete das AW Kaiserslautern bislang 1.418 Fals 183 im Zuge einer Instandsetzung G 7.0 zum Weiterbetrieb her. Dabei wurden sie zu Falns 183 umgezeichnet und ab 1996 verkehrsrot lackiert.

3.620 →

Der Falns 183 664 0 501 mit Drehgestellen der BA 652 am 31.5.1997 im Duisburger Hafen auf der Erzinsel.

Der Falns 183 663 9 290 mit Drehgestellen der BA 642 am 26.3.1993 im Rbf Maschen.

Der Versuchswagen Falns 184 663 9 999 im November 1993 im Düsseldorfer Hafen. Durch die im unteren Bereich ebenen Seitenwandklappen unterscheidet er sich deutlich von den Falns 183.

*Foto: Bernd Pluntke*

## Fals 184 Falns 184

1983 DB

1983 baute die WU Siegen im Auftrag des BZA Minden einen Versuchswagen in den Abmessungen der Fals 183, jedoch mit hydraulischen Lenkerstangenverschlüssen anstelle der Daumenwellenverschlüsse.

Der als Fals 184 eingereihte Wagen erhielt im unteren Bereich sehr steife Seitenwandklappen mit einer schweren Verstärkung, so daß diese auch ohne zusätzliche Daumenwellen ausreichend dicht schlossen. Der Wagen war durch die schwere Klappenausführung rund 1 t schwerer als die Falns 183. Die Entwicklung wurde nicht weiterverfolgt und der Falns 184 1996 ausgemustert.

| | |
|---|---|
| | **663 9 999** |
| **LüP** | **12540 mm** |
| **Drehgestell** | **665** |
| **Drehzapfenabst.** | **7500 mm** |
| **Länge d. Beladeöffn.** | **11594 mm** |
| **Laderaum** | **85,0 m³** |
| **Lastgrenze D4** | **63,5 t ★★** |
| **D4 S** | **53,5 t** |
| **Eigengewicht** | **25820 kg** |
| **Bremse** | **KE-GP** |

**1996 ausgemustert**



**Falns 182 ➡**

Der Falns 182 664 4 666 am 16.10.1997 im Erzverladebahnhof Hansaport.

DB 1981

# Fals 182 Falns 182

| | |
|---|---|
| Fals* | 665 4 300 – ... 599 |
| Falns* | 663 6 700 – ... 999 |
| U 1992 ** | 664 2 400 – ... 755 |
| U 1993 ** | 664 4 630 – ... 929 |

*bis 1994 (Fals) bzw. 1997
**zum Weiterbetrieb hergerichtet

| | |
|---|---|
| LüP | 12540 mm |
| Drehgestell | 665 |
| Drehzapfenabst. | 7500 mm |
| Länge d. Beladeöffn. | 11594 mm |
| Laderaum | 85,0 m³ |
| Lastgrenze D4 | 65,5 t ★★ |
| D4 S | 57,5 t |
| Eigengewicht | 24500 kg |
| Bremse | KE-GP, z.T. Hbr |

1981/82 bauten die WU Siegen und LHB 300 Fals 182 mit mechanischer Klappenbetätigung.

Die wesentlichen Merkmale, die sie mit den Fals 180 und 183 gemeinsam haben, sind 22,5 t Achslast, ein das Fahrzeugumgrenzungsprofil II ausnutzender, 85 m³ großer Laderaum (sie sind daher nicht RIV-fähig) sowie die zulässige Höchstgeschwindigkeit von beladen 100 km/h bzw. leer 120 km/h. Die Fals 182, die vorwiegend im Kohleverkehr eingesetzt werden, haben jedoch an beiden Wagenenden Bühnen (für die Betätigung der mechanischen Klappenverschlüsse).

Alle inzwischen als Falns 182 bezeichneten Wagen wurden im AW Kaiserslautern zwischen 1992 und 1997 zum Weiterbetrieb hergerichtet.

296 →

← Falns 183

Oben der Fals 185 665 8 234 am 31.5.1997 im Rbf Duisburg-Wedau. Links der Fals 186 665 9 001 am 1.6.1997 im Rbf Wanne-Eickel.

## Fals 185

1989 DB

Ab 1989 wurden 273 der 18 bis 20 Jahre alten Fals 175 im AW Kaiserslautern zum Weiterbetrieb hergerichtet und zur Unterscheidung von den Fals 175 ohne Nutzungszeitverlängerung in Fals 185 umgezeichnet.

Die Wagen erhielten neue Oberkästen mit senkrechten Stirnwänden, Edelstahl-Dichtleisten an den Klappen und zusätzlich Eckauskleidungen. Innen wurden sie mit einem neuen Dickschicht-Schutzanstrich versehen.

**665 8 000 – 665 8 299**

| | |
|---|---|
| LüP | 11950 mm |
| Drehgestell | 664 oder 664.1 |
| Drehzapfenabst. | 6400 mm |
| Länge d. Beladeöffn. | 11888 mm |
| Laderaum | 75,4 m³ |
| Lastgrenze C4 S | 55,0 t ★★ |
| Eigengewicht | 24000 kg |
| Bremse | KE-GP-A, z.T. Hbr |

273 ➡

## Fals 186

1990 DB

Analog zu der Aufarbeitung der Fals 175 richtete das AW Kaiserslautern im Rahmen einer G 7 ab 1990 56 Fals 176 für den Weiterbetrieb her. Dabei erhielten die Wagen u.a. neue Oberkästen und einen verbesserten Korrosionsschutz.

Die so aufgearbeiteten Wagen erhielten die neue Bauartbezeichnung Fals 186.

**665 9 000 – 665 9 099**

| | |
|---|---|
| Drehgestell | 664 |
| Lastgrenze C4 S | 54,5 t ★★ |
| Eigengewicht | 25500 kg |
| Bremse | KE-GP-A, Hbr |

**übrige Daten identisch mit Fals 185**

56 ➡

# G – Gedeckte Wagen in Regelbauart

### mit wenigstens 8 Lüftungsöffnungen

Wagen mit 2 Radsätzen:
Lastgrenze $\geq 25$ t / $\leq 30$ t
Ladelänge $\geq 9$ m / < 12 m

**Kennbuchstaben stehen für folgende Abweichungen:**

**b** bei großräumigen Wagen mit Einzelradsätzen: Ladelänge ≥ 12 m, Laderaum ≥ 70 m³
**l** mit weniger als 8 Lüftungsklappen
**o** Ladelänge < 12 m und Laderaum ≥ 70 m³
**q** mit elektrischer Heizleitung für alle zugelassenen Stromarten
**r** (alt) mit Dampfheizleitung
**s** geeignet für Züge bis 100 km/h
**ss** geeignet für Züge bis 120 km/h
**t** (nur DR) als Küchenwagen verwendbar
**u** mit Dampfheizleitung
**v** mit elektrischer Heizleitung für 1000 bzw. 1500 V
**w** mit durchgehender Funkenschutzabdeckung
**z** (nur DR) mit Dampfheizleitung

Die gedeckten Wagen in Regelbauart gehören – neben den offenen Wagen in Regelbauart – zu den klassischen Güterwagen der Eisenbahn, verlieren heute aber immer mehr an Bedeutung. Als Folge der Änderung der Lade- und Versandtechnik – Stichwort „Palettierung“ – werden heute für viele angestammte Ladegüter im Wagenladungsverkehr Schiebewandwagen eingesetzt. Diese zählen zu den gedeckten Wagen in Sonderbauart und sind mit Gabelstaplern einfacher zu be- und entladen.

Heute werden G-Wagen vorwiegend für die Beförderung von Stückgut verwendet. Dies können sowohl in Säcken, Kartons oder sonstigen Gefäßen verpackte als auch unverpackte Güter aller Art sein. Für den Transport von Obst und Gemüse sowie Vieh haben die Wagen acht Lüftungsöffnungen, die durch Schieber verschlossen werden können. Vier Öffnungen sind reine Lüftungsöffnungen, die übrigen kombinierte Lüftungs- und Beladeöffnungen.

Durch den Zugang der DR-Wagen bestand 1994 ein hoher Überhang an Gbs-Wagen. Entsprechend viele Wagen wurden in den Folgejahren ausgemustert. Nicht nachvollziehbar ist, daß relativ moderne DR-Wagen – viele wurden erst in den achtziger Jahren neu gebaut – in großem Umfang verschrottet wurden, während die DB AG ehemalige DB-Gbs und Gos, die zum Teil noch aus den fünfziger Jahren stammen, nur zögernd ausmusterte. An den Stahlblechwänden kann es ebenso wenig gelegen haben wie an den „Splittergattungen“, das traf auf Wagen beider Bahnverwaltungen gleichermaßen zu.

Erst nachdem viele der ehemaligen DR-Wagen ausgemustert waren, wurden in den letzten Jahren auch DB-Wagen in großem Umfang abgestellt.

Der Gls 205 134 1 406 im Oktober 1987 im Rbf Hamburg-Rothenburgsort.

## Gms 54 Gls 205

1955 DB

Die Gms 54 entstanden zwischen 1955 und 1960 unter Verwendung von Teilen gedeckter Güterwagen der Verbandsbauart. Die Untergestelle wurden durch vorgefertigte 1,34 m lange Zwischenstücke auf UIC-Länge gebracht und durch ein Sprengwerk verstärkt.

Insgesamt wurden rund 13.950 Wagen gebaut. Die Laufwerke mit Gleitlagerradsätzen wurden beibehalten, die Federn jedoch in Doppelschaken aufgehängt. Gleichzeitig erhielten die Wagen neue KE-GP-Bremsen.

Die Wagenkästen wurden in Anlehnung an die UIC-Wagenkästen, jedoch mit nur zwei Lade- und Lüftungsöffnungen auf jeder Wagenseite neu aufgebaut. Die Wände bestanden aus unverdichteten Kunstharzholzplatten, die Dachdecke aus PVC.

In den siebziger Jahren erhielten die Gls 205 Stahlblechdachdecken und Rollenlagerradsätze. Später wurden bei vielen Wagen nach Änderungen an der Bremsanlage die Lastgrenzen im S-Verkehr heraufgesetzt.

**133 1 100 – 134 5 799**

| | |
|---|---|
| LüP | 11080 / 10580 mm |
| Achsstand | 5840 mm |
| Ladelänge | 9290 mm |
| Ladefläche | 25,3 m² |
| Laderaum | 63,2 m³ |
| Lastgrenze C | 28,5 t* ★ |
| CS | 24,5 t, z.T. 28,5 t* |
| Eigengewicht | 12000 / 11500 kg* |
| Bremse | (Hik-GP) KE-GP, z.T. Hbr |

*Wagen mit AK-Vorbereitung sind etwa 600 kg schwerer, die Lastgrenzen sind geringer.

1994 ausgemustert

Oben der Gls-w 208 134 7 531 am 10.10.1995 im Rbf Hamburg-Eidelstedt.
Rechts der Gls-w 208 134 7 298 mit einem neuen, die LüP nur um 185 mm verlängernden Handbremssteg aber noch der ursprünglichen, langen Trittstufe unter der Ladetür. Das Foto zeigt den Wagen am 14.10.1990 im Rbf Darmstadt-Kranichstein.

DB 1972

# Gls-w 208

**134 5 800 – 134 5 999**
**134 7 000 – 134 8 299**

| | |
|---|---|
| **LüP** | **11080 oder 10765/10580 mm** |
| **Achsstand** | **5840 mm** |
| **Ladelänge** | **9290 mm** |
| **Ladefläche** | **25,3 m²** |
| **Laderaum** | **63,2 m³** |
| **Lastgrenze CS** | **27,5 t / 28,0 t** |
| **Eigengewicht** | **12200 / 12000 kg** |
| **Bremse** | **KE-GP, z.T. Hbr** |

1972/73 wurden 1.499 Gls 205 zu Gls-w 208 umgebaut. Die Wagen erhielten besondere Funkenschutzbleche am Wagenboden über den Radsätzen. Gleichzeitig wurden die Gleitlagerradsätze gegen Rollenlagerradsätze und die zwölflagigen 1140 mm langen Blatttragfedern gegen 1200 mm lange Federn mit acht Blättern getauscht.

Durch den Umbau erhöhte sich das Eigengewicht der Wagen um rund 1 t, so daß die Lastgrenzen entsprechend reduziert werden mußten.

473 Wagen waren am 1.1.1994 noch im Bestand der DB AG.

34 ↓

Oben der Gs 210 120 5 989 mit Sprengwerk, zweiteiligen Seitenwandobergurten und PVC-Dach am 11.1.1998 im Rbf Maschen.
Links der Gs 210 120 8 514 mit einteiligen Seitenwandobergurten und PVC-Dach im Oktober 1987 im Gbf Hamburg-Altona.

# Gmms 40 Gs 210

1961 DB

Nach Ablauf des Gms 44-Umbauprogramms wurden die noch vorhandenen geschweißten G-Wagen (vorwiegend Gms 30) zerlegt und Teile ab 1961 für den Bau der UIC-Standard-Gmms-40 herangezogen.

Aus der Verwendung von Teilen unterschiedlicher Wagen resultieren die in vielen Details nicht einheitlichen Untergestelle der Gs 210 mit und ohne Sprengwerk.

Im wesentlichen kann man drei Bauformen zusammenfassen. Bauform A: zweiteilige Seitenwandobergurte, PVC-Dächer und bis unter das Dach reichende Stirnwandsäulen. Bauform B: einteilige Obergurte, PVC-Dächer und nur bis an die Stirnwandoberwinkel reichende Stirnwandsäulen. Bauform C: wie Bauform B, jedoch Stahlblechdächer.

Von insgesamt rund 4.750 bis 1966 gebauten Wagen kamen noch 1.407 zur DB AG.

| | |
|---|---|
| **Bauf. A** | **120 5 000 – 120 7 511** |
| **Bauf. B** | **120 7 512 – 120 8 954** |
| **Bauf. C** | **120 8 955 – 120 9 759** |

| | |
|---|---|
| **LüP** | **10580 mm** |
| **Achsstand** | **5700 mm** |
| **Ladelänge** | **9280 mm** |
| **Ladefläche** | **25,2 m²** |
| **Laderaum** | **63,3 m³** |
| **Lastgrenze C** | **28,5 t* ★** |
| **CS** | **24,5 t, z.T. 28,5 t*** |
| **Eigengewicht** | **11200 kg*** |
| **Bremse** | **(Hik-GP) KE-GP** |

***Wagen mit AK-Vorbereitung sind etwa 600 kg schwerer, die Lastgrenzen sind geringer.**

87 ↓

Oben der Gs 211 123 0 965 mit Stahlblechdach und 500 mm langer Handbremsbühne am 23.2.1992 im Bf Brake. *Foto: Klaus Kirsch*
Rechts der Gs 211 123 0 139 mit PVC-Dach im Januar 1990 in Bebra. *Foto: Rudolf Ossig*

# DB 1959

# Gms 44 Gs 211

**123 0 000 – 123 1 139**

| | |
|---|---|
| **LüP** | **11080 oder 10765/10580 mm** |
| **Achsstand** | **5700 mm** |
| **Ladelänge** | **9280 mm** |
| **Ladefläche** | **25,2 m²** |
| **Laderaum** | **63,5 m³** |
| **Lastgrenze CS** | **24,0 / 24,5 t*** |
| **Eigengewicht** | **11800 / 11300 kg*** |
| **Bremse** | **(Hik-GP) KE-GP, z.T. Hbr** |

***Wagen mit AK-Vorbereitung sind etwa 500 kg schwerer, die Lastgrenzen sind geringer.**

17

In den Jahren 1959/60 wurden viele der aus den vierziger Jahren stammende Pwghs 44 und Gmhs 35 zerlegt und wiederverwendbare Teile zum Neubau von insgesamt 1.140 UIC-Standard-G-Wagen herangezogen.

Die Gms 44 besitzen durch Sprengwerke verstärkte Untergestelle. Die Hik-GP-Bremsen stammen von den Ausgangswagen, die Laufwerke waren neu. Ein Teil der Wagen bekam eine 500 mm lange Handbremsbühne.

Der Wagenkasten besteht aus unverdichteten Kunstharzholzplatten. Das Dach erhielt eine PVC-Decke, die in den siebziger Jahren bei vielen Wagen durch eine Stahlblecheindeckung ersetzt wurde. Außerdem wurden KE-GP-Bremsen eingebaut und die Gs 211 z.T. für den AK-Einbau vorbereitet. Einige Handbremswagen erhielten kürzere Bühnen. 226 Wagen kamen noch zur DB AG.

Oben der Gs 212 125 4 217 am 9.10.1995 im Gbf Hamburg-Kai rechts. Links der für den AK-Einbau vorbereitete Gs 212 125 2 745 mit einem die LüP um 185 mm verlängernden Handbremssteg am 14.10.1990 im Rbf Darmstadt-Kranichstein.

## Gmm(e)hs 56 Gs, Grs-v 212 Gs, Gs-uv 212

1957 **DB**

Die ersten gedeckten Neubauwagen der DB in UIC-Standard-Abmessungen, die 1953/54 beschafften Gmhs 53/Gs 204, hatten 1,80 m breite Laderaumtüren.

Noch während der Fertigung legte die UIC die Türbreite für Standard-G-Wagen auf 2 m fest. Daher erhielten die ab 1957 gebauten Gmmhs 56 2,00 m breite Türen. Bis auf die daraus resultierende geringfügig geänderte Seitenwandaufteilung entsprachen sie den Gmhs 53. Wie diese erhielten sie Aluminiumdächer. Etwa die Hälfte der Wagen wurde für den Einsatz in Expressgutzügen mit einer Handbremsbühne und elektrischer Heizleitung ausgerüstet (Gmmehs 56).

Insgesamt wurden bis 1959 2.663 Wagen gebaut, von denen 1994 noch 671, bis auf zwei inzwischen alle ohne Heizleitung, in den Bestand der DB AG kamen.

| | |
|---|---|
| **Gs** | **125 2 000 – 125 4 749** |
| **Gs-uv** | **131 2 000 – 131 2 220** |

| | |
|---|---|
| **LüP** | **11080 oder 10765 / 10580 mm** |
| **Achsstand** | **5700 mm** |
| **Ladelänge** | **9280 mm** |
| **Ladefläche** | **25,2 m²** |
| **Laderaum** | **63,5 m³** |
| **Lastgrenze CS** | **24,0 / 24,5 t*** |
| **CS** | **z.T. 28,0 / 28,5 t*** |
| **Eigengewicht** | **11800 / 11300 kg*** |
| **Bremse** | **(Hik-GP) KE-GP, z.T. Hbr** |

***Wagen mit AK-Vorbereitung sind etwa 400 kg schwerer, die Lastgrenzen sind geringer.**

13 ↓

Oben der Gs 213 123 6 291 mit zweiteiligem Obergurt und Sprengwerk (Bauform A, jedoch Dachdecke aus Stahlblech) sowie 500 mm langer Handbremsbühne im Juni 1990 im Gbf Hamburg-Tiefstack.
Rechts der Gs 213 123 6 752 (Bauform A mit PVC-Dach) im September 1988 im Gbf Hamburg-Altona.

**DB** 1959

## Gmm(eh)s 60 Gs, Grs-v 213 Gs, Gs-uv 213

| | |
|---|---|
| Gs U (A) | 123 2 000 – 123 2 638 |
| Gs U (B) | 123 2 639 – 123 2 649 |
| Gs U (C) | 123 2 650 – 123 3 499 |
| Gs U (D) | 123 3 500 – 123 4 599 |
| Gs U* | 123 4 600 – 124 0 286 |
| Gs N | 125 0 000 – 125 1 649 |
| Gs-uv** | 132 0 000 – 132 0 899 |

*unterschiedliche Bauformen, z.T. ehemalige Grs
**Umbauwagen (Bauform A – C)

1.108 ↘

Die nach Ablauf des Gms 54-Umbauprogramms 1959 noch vorhandenen Verbandsbauart-G-Wagen (G 10) wurden bis 1965 zerlegt und wiederverwendbare Teile für den Bau von knapp 9.800 UIC-Standard-G-Wagen Gmm(eh)s 60 verwendet (Bauform A–D). Die Wagen bekamen Sprengwerke und PVC-Dachdecken (A – C). Als Bremsanlagen wurde neue KE-GP-Bremsen eingebaut, die Laufwerke erhielten Rollenlagerradsätze.

Ab 1961 wurden Gmm(eh)s 60 auch vollständig aus Neumaterial gebaut. Diese Wagen sind an den selbsttragenden Stahlblechdächern und den einteiligen Seitenwandobergurten aus einem U-Profil zu erkennen.

Der Gs 213 123 4 514 mit einteiligem Obergurt und selbsttragendem Stahlblechdach (Bauform D) am 9.10.1995 im Gbf Hamburg-Kai rechts.

Der Gs-uv 213 132 0 330 mit einteiligem Obergurt und nur bis an die Stirnwandoberwinkel reichenden Stirnsäulen, Stahlblechdach (Bauform C) und 500 mm langer Handbremsbühne im Juni 1990 im Gbf Hamburg-Tiefstack.

Der Gs 213 123 7 798 entspricht ebenfalls der Bauform C, hat jedoch für die AK-Vorbereitung einen die LüP nur um 185 mm verlängernden Handbremsstand erhalten. Das Foto entstand am 27.1.1989 im Gbf Hamburg-Altona.

Gleichzeitig ging man auch bei den Umbauwagen dazu über (anstelle zweiteiliger) einteilige Seitenwandobergurte (Bauform C, D) und Blechdächer (Bauform D) zu verwenden.

Rund 2.000 Wagen wurden mit Dampf- und Elektroheizleitungen sowie mit 500 mm langen Handbremsbühnen ausgerüstet.

Ab 1965 wurden die Wagen zu Gs, Grs oder Grs-v 213 umgezeichnet, letztere, nach Änderung der internationalen Kennbuchstaben im Jahr 1980, in Gs-uv 213.

Ein Teil der Handbremswagen besitzt inzwischen nur noch 185 mm lange, „abnehmbare“ Handbremsbühnen. Zur DB AG kamen 1994 5.732 Gs 213 und 23 Gs-uv 213.

| | | |
|---|---|---|
| **LüP** | | **11080 oder 10765 / 10580 mm** |
| **Achsstand** | | **5700 mm** |
| **Ladelänge** | | **9280 mm** |
| **Ladefläche** | | **25,2 m²** |
| **Laderaum** | | **64,0 m³** |
| **Lastgrenze C** | | **27,5 / 28,0 t ★** |
| | **CS** | **23,5 / 24,0 t** |
| | **CS** | **z.T. 27,5 / 28,0 t** |
| **Eigengewicht** | | **12000 / 11800 kg** |
| **Bremse** | | **KE-GP, z.T. Hbr** |

Oben der Gs 216 124 1 885 am 21.8.1997 im Rbf Hamburg Süd. Rechts Gs 216 124 4 441 am 9.10.1995 im Gbf Hamburg-Kai rechts. Deutlich ist aus dieser Perspektive das selbsttragende Stahlblechdach zu erkennen.

DB 1966

# Gmms 216 Gs 216

124 1 000 – 124 9 999

| | |
|---|---|
| **LüP** | **10580 mm** |
| **Achsstand** | **5700 mm** |
| **Ladelänge** | **9280 mm** |
| **Ladefläche** | **25,2 m²** |
| **Laderaum** | **64,0 m³** |
| **Lastgrenze CS** | **28,0 t** |
| **Eigengewicht** | **11300 kg** |
| **Bremse** | **KE-GP** |

Ab 1966 wurden neu gebaute UIC-Standard Gs-Wagen der DB von vornherein für den Einbau der automatischen Kupplung vorbereitet. Diese Wagen erhielten bei der DB die Bauartbezeichnung Gs 216, anfangs die Doppelbezeichnung Gs 216/Gmms 216.

Äußerlich unterscheiden sie sich nicht von den Neubau-Gs 213 der letzten Lieferjahre. Wie diese haben sie einteilige Seitenwandobergurte und selbsttragende spritzkorkisolierte Stahlblechdächer.

Insgesamt wurden bis 1972 8.760 Wagen gebaut. Auf den Anbau von Handbremsbühnen verzichtete man ebenso wie auf den Einbau von Dampf- und elektrischen Heizleitungen; für den ohnehin rückläufigen Einsatz in Reisezügen waren genügend Grs-v 212 und Grs-v 213 vorhanden.

Zur DB AG kamen 1994 8.475 Wagen.

2.140 ➘

Oben der Gos-uv 245 141 2 656 am 17.1.1995 im Rbf Hamburg-Eidelstedt (mit Zusatzlastgrenzraster für den befristeten Einsatz in DB-Reisezügen mit 23,5 t Last und 120 km/h). Links der aus einem Hes 358 umgebaute Gos 245 140 9 995 am 27.1.1989 im Gbf Hamburg-Altona.

## Glm(e)hs 50 Gbs, Gbrs-v 245 Gos, Gos-uv 245

1953 DB

Zwischen 1953 und 1960 beschaffte die DB rund 13.000 Glm(e)hs 50. Ein Viertel der Wagen erhielt eine Handbremsbühne.

Die Konstruktion entspricht den kürzeren Gmhs 53. Die ersten Glm(e)hs 50 hatten Bretterwände, 1954 ging man zu kunstharzverleimten Sperrholzplatten über. Die weiteren Baumerkmale – Untergestell mit überkritischem Laufwerk ohne Sprengwerk, vier Lade- und Lüftungsöffnungen auf jeder Wagenseite, Aluminiumdach und Hik-GP-, ab 1954 KE-GP-Bremse – entsprachen dem üblichen Neubau-Standard für G-Wagen.

1965 erhielten die Wagen die Bauartbezeichnung Gbs, Gbrs bzw. Gbrs-v 245, ab 1980 Gos bzw. Gos-uv 245.

Einige Gos 245 entstanden aus nicht mehr benötigten Verschlagwagen Hes 358. Sie sind an dem für „Umbauwagen" typischen PVC-Dach und dem Sprengwerk zu erkennen.

| | |
|---|---|
| Gos | **140 0 000 – 141 1 599** |
| Gos-uv | **141 1 600 – 141 3 399** |

| | | |
|---|---|---|
| **LüP** | | **13000 / 12500 mm** |
| **Achsstand** | | **6800 mm** |
| **Ladelänge** | | **11210 mm** |
| **Ladefläche** | | **30,5 m²** |
| **Laderaum** | | **78,0 m³** |
| **Lastgrenze C** | | **27,5 / 28,0 t* ★★** |
| | **CS** | **23,5 / 24,0 t*** |
| | | **z.T. 28,0 t*** |
| **Gos-uv im Reisezugverk. befristet** | | |
| | **DB C 120** | **23,0 / 23,5 t*** |
| **Eigengewicht** | | **12300 / 11900 kg*** |
| **Bremse** | | **(Hik-GP) KE-GP, z.T. Hbr** |

***Wagen mit AK-Vorbereitung sind etwa 500 kg schwerer, die Lastgrenzen sind geringer.**

35 ↓

Der Gbs 252 151 1 842 am 30.8.1995 im Rbf Hamburg-Eidelstedt.

DB 1965

# Glmms 252 Gbs 252

151 1 000 – 151 2 429

| | |
|---|---|
| LüP | 14020 mm |
| Achsstand | 8000 mm |
| Ladelänge | 12700 mm |
| Ladefläche | 33,0 m² |
| Laderaum | 86,6 m³ |
| Lastgrenze C | 26,5 t ★★ |
| CS | 22,5 t, z.T. 26,5 t |
| Eigengewicht | 13300 kg |
| Bremse | KE-GP |

Ab 1965 wurden die Gbs 254 (s.u.) in leicht veränderter Form beschafft. Diese Gbs 252, anfangs noch als Gbs/Glmms 252 bezeichnet, waren von vornherein für den AK-Einbau vorbereitet. Dementsprechend mußten die Kopfstücke der Untergestelle angepaßt werden. Außerdem wurde generell auf den Einbau von Handbremsen verzichtet und das Untergestell so modifiziert, daß das Sprengwerk entfallen konnte.

Bis 1968 wurden – incl. fünf Versuchswagen (z.T. noch mit Sprengwerk) – 1.433 Wagen gebaut, von denen am 1.1.1994 noch 572 im Bestand waren.

Wie auch andere Gbs- und Gs-Bauarten wurden die Wagen einer Sonderarbeit an der Bremsanlage unterzogen, so daß die Lastgrenze C auch im S-Verkehr von 22,5 t auf 26,5 t heraufgesetzt werden konnte.

61 ↘

Oben der Gos-uv 253 141 4 955 (ein ehemaliger Goss-uv) mit Handbremse und Doppel-Bremsklötzen am 25.7.1992 in Mannheim Rbf.
*Foto: Hans Ulrich Diener*
Links der Gos-uv 253 141 4 716 mit einfachen Bremsklötzen im Oktober 1988 im Gbf Hmb-Altona.

## Glmm(e)hs 57 Gbs, Gbrs-v 253 Gos, Gos-uv 253

1960 **DB**

Die zwischen 1960 und 1962 gebauten 1.315 Glmm(e)hs 57 haben die gleichen Hauptabmessungen wie die Glmhs 50, wurden jedoch konstruktiv so verstärkt, daß die Lastgrenzen um rund 5 t angehoben werden konnten. Sie unterscheiden sich von den Glmhs 50 äußerlich durch die UIC-Seilanker anstelle der bei den älteren Wagen verwendeten Seilösen.

200 Glmmehss 57 (ab 1968: Gbrss-v 253) erhielten eine selbsttätige Lastabbremsung und Doppel-Bremsklötze und wurden für den Einsatz in Reisezügen für 120 km/h Höchstgeschwindigkeit zugelassen.

Zur DB AG kamen noch 952 der ab 1980 als Gos(-uv) 253 bezeichneten Wagen sowie 38 Goss-uv 253. Ein Teil der Gos-uv wurde ebenfalls als Expressgutwagen (befristet mit 120 km/h) eingesetzt und mit „GEP I / II“ gekennzeichnet.

| | |
|---|---|
| Gos | 141 3 400 – 141 4 399 |
| Gos(-uv) | 141 4 400 – 141 4 999 |
| Goss-uv | 171 6 000 – 171 6 199 |

| | | |
|---|---|---|
| LüP | | 13000 / 12500 mm |
| Achsstand | | 6800 mm |
| Ladelänge | | 11210 mm |
| Ladefläche | | 30,5 m² |
| Laderaum | | 78,1 m³ |
| Lastgrenze C | | 27,5 t ★★ |
| CS | | 23,5 t |
| Goss-uv CS | | 26,5 t ★★ |
| Goss-uv CSS | | 18,5 t |
| Gos-uv im Reisezugverk. befristet | | |
| | DB C 120 | 23,0 / 23,5 t |
| Eigengewicht | | 12500 / 12200 kg |
| Gos(s)-uv | | 12700 / 12500 kg |
| Bremse | | KE-GP, z.T. Hbr |
| | | Goss-uv: KE-GP-A |

184 ↘

Oben der Gbs 254 150 0 403 mit zweiteiligem Obergurt und PVC-Dach (Umbau Bauform A) am 4.8.1997 im Rbf Hamburg-Hohe Schaar.
Rechts der Gbs-uv 254 152 9 441 mit Stahldach und einteiligem Obergurt (Neubau Bauform D) am 29.10.1995 im Rbf Hamburg-Eidelstedt.

**DB** 1961

## Glmm(eh)s 61 Gbs, Gbrs-v 254 Gbs, Gbs-uv 254

| | |
|---|---|
| Gbs U (A) | 150 0 000 – ... 0 850 |
| Gbs U (C)* | 150 0 851 – ... 1 909 |
| Gbs U (D)* | 150 1 910 – ... 3 999 |
| Gbs N (D)** | 150 4 000 – ... 4 557 |
| Gbs N (B)** | 150 4 558 – ... 7 550 |
| Gbs N (D) | 150 7 551 – ... 7 880 |
| Gbs N (D) | 150 7 900 – ... 9 934 |
| Gbs N (D) | 151 0 000 – ... 0 439 |
| Gbs-uv (D) | 152 9 000 – ... 9 999 |

***vereinzelt andere Bauformen**
****mit Stahlblechdach, abweichend:**

| | |
|---|---|
| Polyesterd. | 150 4 150 – ... 4 249 |
| | 150 4 948 – ... 4 967 |
| PVC-Dach | 150 5 027 – ... 6 350 |
| | 150 6 651 – ... 7 150 |

1.046 ↘

Nachdem 1960 die NS und die ÖBB die Standardisierung von Gl-Wagen vorangetrieben hatten, beschaffte die DB Gl-Wagen nur noch in den UIC-Standardabmessungen.

Als erste Bauart entstanden zwischen 1961 und 1966 etwa 10.660 Glmms 61/Gbs 254, die z.T. in AW – unter Verwendung der aus Zerlegung älterer Gl-Wagen gewonnenen Profile – neu aufgebaut wurden. Das Untergestell mit Laufwerk und Bremsanlage bestand komplett aus Neumaterial. Zu erkennen sind diese ersten „Umbauwagen“ (Bauform A) bis zur Nummer 150 0 850 an den zweiteiligen Obergurten und den Dächern mit PVC-Dachdecke.

Alle folgenden Wagen erhielten einteilige Obergurte und bis auf wenige Ausnahmen bis zur Wagennummer 150 1 909 PVC-Dächer (Bauform C). Ab Wagennummer 150 1 910 (Bauform D) wurden auch die Umbauwagen

Der Gbs 254 150 5 252 (Neubau Bauform B) mit Handbremsbühne und PVC-Dach am 30.8.1995 im Rbf Hamburg-Eidelstedt.

Der Gbs 254 150 4 158 (Neubau Bauform B) mit Polyesterdach und -türen am 24.7.1985 im Hafen von Brake. *Foto: Klaus Kirsch*

Der Gbs 254 150 1 396 (Umbau Bauform C) mit Handbremsbühne, einteiligem Obergurt und PVC-Dach am 14.11.1987 im Gbf Hannover-Linden. *Foto: Rolf Sepinski*

mit Stahlblechdächern abgeliefert. Die meisten ab 1962 gebauten Neubauwagen (Bauform B und D mit unterschiedlichen Türlaufschienen, Nummern ab 150 4 000) haben einteilige Obergurte und selbsttragende spritzkorkisolierte Stahlblechdächer. 120 Wagen erhielten Polyesterdächer und -türen.

Allen Glmms 61 gemeinsam ist das Trapezsprengwerk. Rund 940 Glmmehs 61 (ab 1965 Gbrs-v 254) erhielten für den Einsatz in Reisezügen Dampf- und elektrische Heizleitungen. 1980 erfolgte die Umzeichnung zu Gbs-uv 254, wobei – gemäß Kennbuchstaben – die Wagen bis heute noch Dampfheizleitungen besitzen. Sie dürfen in Reisezügen befristet mit 120 km/h eingesetzt werden.

Zur DB AG kamen 1994 noch 5.190 Gbs und 832 Gbs-uv 254 sowie 59 Gbs [1518] der DR (die diese 1986 von der DB gekauft hatte), letztere wurden nicht mehr umgezeichnet.

| | | |
|---|---|---|
| **LüP** | | **14520 / 14020 mm** |
| **Achsstand** | | **8000 mm** |
| **Ladelänge** | | **12700 mm** |
| **Ladefläche** | | **33,0 m²** |
| **Laderaum** | | **86,6 m³** |
| **Lastgrenze** | **C** | **26,0 / 26,5 t* ★★** |
| | **CS** | **22,0 / 22,5 t*** |
| | **CS** | **z.T. 26,0 / 26,5 t*** |
| **Gbs-uv im Reisezugverk. befristet** | | |
| | **C 120** | **22,0 / 22,5 t*** |
| **Eigengewicht** | | **13800 / 13400 kg*** |
| **Bremse** | | **KE-GP, z.T. Hbr** |

***Wagen mit AK-Vorbereitung sind etwa 500 kg schwerer, die Lastgrenzen sind geringer.**

Oben der Gbs 256 151 5 235 am 30.8.1995 im Rbf Hamburg-Eidelstedt. Rechts der Gbs 257 151 7 010 am 19.10.1989 in Eppelborn.
*Foto: Frank Naumann*

DB 1963

6

## Glmms 64 Gbs 256

**151 5 000 – 151 5 300**

| | |
|---|---|
| **LüP** | **14020 mm** |
| **Achsstand** | **8000 mm** |
| **Ladelänge** | **12730 mm** |
| **Ladefläche** | **33,1 m²** |
| **Laderaum** | **86,8 m³** |
| **Lastgrenze CS** | **27,0 t ★★** |
| **Eigengewicht** | **12800 kg** |
| **Bremse** | **KE-GP** |

1963/64 beschaffte die DB bei der Waggonfabrik Uerdingen (als einzige DB-Bauart in Ganzstahlbauweise) nach einem Prototyp eine Serie von 300 Glmms 64 Sie haben spritzkorkisolierte, gerippte Stahlblechwände.

Trotz der durch die Korkisolierung bedingten höheren Unterhaltungskosten haben sich die Gbs 256 bewährt und wurden erst ab 1993 in größerem Umfang ausgemustert. Die DB AG übernahm 220 Wagen.

DB 1964

4

## Glmms 65 Gbs 257

**151 7 000 – 151 7 059**

| | |
|---|---|
| **Ladelänge** | **12730 mm** |
| **Ladefläche** | **33,3 m²** |
| **Laderaum** | **87,4 m³** |
| **Lastgrenze CS** | **26,5 t ★★** |
| **Eigengewicht** | **13000 kg** |

**übrige Daten identisch mit Gbs 256**

Da die Gbs 256 für Viehtransporte nur bedingt geeignet waren, erhielten weitere 60 von der Waggonfabrik Uerdingen 1964 gebaute Glmms 65 Wagenkästen in herkömmlicher Bauweise mit Plattenbekleidung.

Von den UIC-Standardwagen unterscheiden sie sich in der Anordnung der Lade- und Lüftungsöffnungen und der Diagonalstreben. Zur DB AG kamen 1994 noch 40 Gbs 257.

Oben der Gbs 261 [1517] 151 7 126 am 22.10.1995 in Darmstadt-Kranichstein. *Foto: Hans Ulrich Diener*
Links der Gbs [1505] 150 6 386 mit Handbremse und geflickten Plattenwänden im September 1992 im Rbf Bebra. *Foto: Rudolf Ossig*

## Glmms 14.04 Gbs [1505] Gbs 260

1974 DR

Die 800 Glmms, ab 1978 Gbs [1505], wurden 1974 bei UV Arad in Rumänien gebaut. Ein Teil der Wagen, die die Abmessungen des UIC-Typ 1 hatten, erhielt eine 500 mm lange Handbremsbühne. Die Seitenwände waren bei diesen Wagen im zweiten Feld von unten nach oben diagonal ausgesteift.

Zur DB AG kamen 1994 noch 45 Wagen, die nicht mehr in Gbs 260 umgezeichnet und noch im gleichen Jahr ausgemustert wurden.

| | |
|---|---|
| DR | 150 5 722 – 150 6 521 |
| LüP | 14520 / 14020 mm |
| Achsstand | 8000 mm |
| Ladelänge | 12700 mm |
| Ladefläche | 33,0 m² |
| Laderaum | 86,9 m³ |
| Lastgrenze C | 25,0 / 25,5 t |
| CS | 21,0 / 21,5 t |
| Eigengewicht | 15000 / 14500 kg |
| Bremse | KE-GP, z.T. Hbr |

1994 ausgemustert

## Gbs [1517] Gbs 261

1983 DR

Die rund 100 1983/84 im RAW Leipzig gebauten Gbs [1517] entsprechen ebenfalls dem UIC-Typ 1 ohne Handbremse.

Von den übrigen im RAW Leipzig gebauten Wagen unterscheiden sie sich durch die Verwendung von Hartfaserplatten für die Seiten- und Stirnwände. Lediglich die Schiebetüren sind aus gesickten Blechen. In den Bestand der DB AG kamen 1994 noch 97 Wagen.

| | |
|---|---|
| | 151 7 060 – 151 7 163 |
| LüP | 14020 mm |
| Achsstand | 8000 mm |
| Ladelänge | 12720 mm |
| Ladefläche | 33,2 m² |
| Laderaum | 84,3 m³ |
| Lastgrenze CS | 27,0 t |
| Eigengewicht | 13000 kg |
| Bremse | KE-GP |

3 ↓



Gbs 258 →

Oben der Gbs 258 [1500] 152 5 463 am 9.6.1995 im Bf Westerland zwischen zwei Gbs [1553] – deutlich sind die unterschiedlichen Sicken und Dachsegmente zu erkennen. Rechts der der Gbs-t [1530] 153 0096 am 26.7.1993 im Bf Magdeburg-Elbbahnhof. *Foto: Willi Rosumek*

**DR** 1968

# Glmms 14.05 Gbs [1500] Gbs 258 Gbs-t [1530] Gbs-t 258

| | |
|---|---|
| [1500] | 151 3 000 – 151 4 732 |
| | 151 6 022 – 151 6 721 |
| | 151 9 522 – 151 9 999 |
| | 152 0 301 – 152 5 999 |
| [1530] | 153 0 001 – 153 0 300 |

| | |
|---|---|
| LüP | 14020 mm |
| Achsstand | 8000 mm |
| Ladelänge | 12720 mm |
| Ladefläche | 33,0 m² |
| Laderaum | 84,1 m³ |
| Lastgrenze CS | 26,0 t |
| DR CS | 26,0 t ★★* |
| Eigengewicht | 13800 kg |
| Bremse | KE-GP |

* ★★ bei DB AG gelöscht

1.255 ↘

Die ältesten Gbs-Wagen der DR in den Abmessungen des UIC-Typ 1 sind die ab 1968 fast ausschließlich im RAW „Einheit" Leipzig gebauten Glmms, ab 1978 Gbs [1500]. Sie wurden bis 1983 in verschiedenen Baulosen in rund 13.500 Exemplaren gebaut.

Die Gbs [1500] haben innen mit Holz verkleidete Stahlblechwände mit sieben Sicken; die ab 1982 gebauten etwa 900 Wagen haben zehn Sicken.

1974 bis 1976 richtete das RAW Leipzig 300 Gbs [1500] für den Einsatz als Küchenwagen her. Dabei erhielten sie u.a. drei Rauchabzüge im Dach. Die Bauartbezeichnung wurde in Gbs-t [1530] geändert.

Zur DB AG kamen 6.999 Gbs [1500], die in Gbs 258 umgezeichnet wurden. Die noch vorhandenen 136 Gbs-t [1530] erhieltenen nur noch intern die Bezeichnung Gbs-t 258.1.

← Gbs 260, 261

Oben der Gbs 258 [1553] 155 4 073 am 29.8.1995 im Rbf Hamburg-Eidelstedt.
Links der Gbs 258 [1515] 151 5 763 am 5.6.1997 im Bf Bamberg.

## Gbs [1515, 1553]    Gbs 258

1984 **DR**

1984/85 baute das RAW Leipzig 650 Gbs mit geteilten Zugeinrichtungen. Äußerlich unterscheiden sich diese als Gbs [1515] eingereihten Wagen nicht von den zuletzt gebauten Gbs [1500], lediglich die Ausführung des Dachsegmentes in der Stirnwand entspricht bei vielen Wagen bereits den Gbs [1553].

Mit gleichem Äußeren (jedoch generell mit der neueren Form des Stirnwand-Dachsegmentes) wurden 1985/86 vom RAW Leipzig 1.080 Gbs [1553] gebaut. Technisch unterscheiden sie sich von den Gbs [1515] durch verstärkte Bremsen, eine zusätzliche Federlage und die generelle Verwendung von Puffern mit rechteckigen Puffertellern.

Zur DB AG kamen 631 Gbs [1515] und 1.001 Gbs [1553], die ab 1994 ebenfalls zu Gbs 258 (interne Bauartnummer 258 bzw. 258.2) umgezeichnet wurden.

| | |
|---|---|
| **[1515]** | **151 5 301 – 151 5 948** |
| **[1553]** | **155 3 000 – 155 4 081** |

| | |
|---|---|
| **LüP** | **14020 mm** |
| **Achsstand** | **8000 mm** |
| **Ladelänge** | **12720 mm** |
| **Ladefläche** | **33,0 m²** |
| **Laderaum** | **84,1 m³** |
| **Lastgrenze CS** | **26,5 t ★★** |
| **Eigengewicht** | **13500 kg** |
| **Bremse** | **KE-GP** |

**1.014** ➘

Oben der Gbs 262 [1543] 154 3 345 mit Handbremsbühne am 29.8.1995 im Rbf Hamburg-Eidelstedt.
Rechts der Gbs 262 [1543] 154 3 506 ohne Handbremse am 5.6.1997 im Bf Bamberg.

**DR** 1981

# Gbs [1543] Gbs 262

154 3 000 – 154 3 999

| | |
|---|---|
| LüP | 14270 / 14020 mm |
| Achsstand | 8000 mm |
| Ladelänge | 12720 mm |
| Ladefläche | 33,0 m² |
| Laderaum | 86,9 m³ |
| Lastgrenze CS | 25,5 t ★★ |
| Eigengewicht | 14600 / 14400 kg |
| Bremse | KE-GP, z.T. Hbr |

1981 wurden von CAF, Ateinsa, Maquimera u.a. in Spanien für die DR rund 1.000 Gbs [1543], davon ein Teil mit Handbremse, gebaut.

Sie haben die Abmessungen des UIC-Typ 1 und Seiten- und Stirnwände aus kunstharzverleimten Sperrholzplatten sowie gesickte Blechtüren und ein selbsttragendes Stahlblechdach. Die zweiten Seitenwandfelder sind diagonal ausgesteift, zusätzlich sind unter den Lüftungsschiebern noch waagerechte Profile zur Aussteifung. Die Wagen mit Handbremse haben eine Bühne, durch die die LüP nur um 250 mm verlängert wird.

1994 übernahm die DB AG noch 968 Wagen, die als Gbs 262 eingereiht wurden. 668 wurden bereits 1994 ausgemustert.

267 →

Oben der Gbs 263 [1550] 155 0 082 am 29.8.1995 im Rbf Hamburg-Eidelstedt.
Links der Gbs 263 [1556] 155 6 048 mit Handbremsbühne am 14.9.1994 im Gbf Hamburg-Tiefstack.

## Gbs [1550, 1556] Gbs 263

1982 **DR**

1982/83 baute die WU Siegen für die DR 1.120 Gbs-Wagen. Sie wurden als Gbs [1550] (ohne Handbremse) und Gbs [1556] (Wagen mit 250 mm langer Handbremsbühne) eingereiht sowie 120 Expressgutwagen mit Heizleitungen als Gbqrss [1743] (s. Gbqss-z 267).

Sie entsprechen in den Abmessungen dem UIC-Typ 1, jedoch sind die Lade- und Lüftungsschieber in dem jeweils ersten und dritten (üblich im ersten und vierten) Wandfeld angeordnet; die anderen beiden Felder sind diagonal ausgesteift. Die Wände bestehen aus kunstharzverleimten Sperrholzplatten, die Schiebetüren sind aus Wellblech.

Gebaut wurden 720 Gbs [1550] und 280 Gbs [1556] von denen 1994 640 bzw. 224 in den Bestand der DB AG kamen und fast vollständig in Gbs 263 umgezeichnet wurden.

| | |
|---|---|
| [1550] | 155 0 000 – 155 0 719 |
| [1556] | 155 6 000 – 155 6 279 |

| | |
|---|---|
| **LüP** | **14270 / 14020 mm** |
| **Achsstand** | **8000 mm** |
| **Ladelänge** | **12720 mm** |
| **Ladefläche** | **33,3 m²** |
| **Laderaum** | **85,9 m³** |
| **Lastgrenze CS** | **25,5 / 26,0 t ★★** |
| **Eigengewicht** | **14000 / 13700 kg** |
| **Bremse** | **KE-GP, z.T. Hbr** |

727 ➡

Oben der Gbs 265 [1555] 155 5 002 am 29.8.1995 im Rbf Hamburg-Eidelstedt,
rechts der Gbs 264 [1554] 154 4 269 ohne Handbremse am 15.3.1996 in Schweinfurt Hbf.

**DR** 1986

## Gbs [1554, 1557] Gbs 264

| | |
|---|---|
| [1554] | 155 4 082 – 155 4 616 |
| [1557] | 155 6 300 – 155 6 379 |

| | |
|---|---|
| LüP | 14270 / 14020 mm |
| Achsstand | 8000 mm |
| Ladelänge | 12720 mm |
| Ladefläche | 33,2 m² |
| Laderaum | 84,4 m³ |
| Lastgrenze CS | 26,5 t ★★ |
| Eigengewicht | 13400 kg |
| Bremse | KE-GP, z.T. Hbr |

407 ➡

Als letzte Gbs in UIC-Typ-1-Abmessungen baute das RAW Leipzig von 1986 bis 1988 rund 540 Gbs [1554] und 80 Gbs [1557], letztere mit 250 mm langen Handbremsbühnen.

Von den Gbs [1553] unterscheiden sich die Wagen nur durch die AK-Vorbereitung und die Laufwerke mit Radsätzen mit 920 mm Laufkreisdurchmesser (anstelle 1000 mm).

397 Gbs [1554] und 75 Gbs [1557] kammen 1994 in den Bestand der DB AG und wurden in Gbs 264 umgezeichnet.

**DR** 1987

## Gbs [1555] Gbs 265

155 5 000 – 155 5 499

| | |
|---|---|
| LüP | 14270 mm |
| Achsstand | 8000 mm |
| Ladelänge | 12720 mm |
| Ladefläche | 33,0 m² |
| Laderaum | 87,0 m³ |
| Lastgrenze CS | 25,0 t ★★ |
| Eigengewicht | 14700 kg |
| Bremse | KE-GP, Hbr |

470 ➡

Die jüngsten Gbs der DR nach UIC-Typ 1 waren die 500 Gbs [1555], die 1987 bis 1989 von Ferrovial in Algerien gebaut wurden.

Alle Wagen haben eine 250 mm lange Handbremsbühne. Die Stirn- und (nur waagerecht ausgesteiften) Seitenwände bestehen aus kunstharzverleimten Sperrholzplatten, die Türen aus Stahlblech. Der Laufkreisdurchmesser der Radsätze beträgt 920 mm.

1994 übernahm die DB AG 498 Wagen.

Der Gbqss-z [1742] 174 2221 am 31.8.1993 in Pasewalk. *Foto: Harald Westermann*

# Gehlmmss 14.051 Gbqrss [1742] Gbqss-z 266

1969 DR

1969/70 wurden 1000 Gbs-Wagen nach dem UIC-Merkblatt 571-1 Typ 1 bei der Waggonfabrik Gotha gebaut. Die Wagen besaßen innen mit Holz verkleidete Blechwände mit sieben Sicken.

Außer 300 als Gbs [1500] gelieferten Wagen (s. Gbs 258) erhielten alle Handbremsen und 400 mm lange Bühnen. Für den Einsatz als Expressgutwagen in Reisezügen waren die Gehlmmss, ab 1978 als Gbqrss [1742] bezeichnet, lauf- und bremstechnisch für eine Höchstgeschwindigkeit von 120 km/h ausgelegt. Außerdem besaßen sie durchgehende Dampf- und elektrische Heizleitungen für 3000 V. 1980 wurde die Bauartbezeichnung in Gbqss-z [1742] geändert.

1994 kamen noch 216 Gbqss-z [1742] zur DB AG, die nicht mehr in Gbqss-z 266 umgezeichnet wurden. Die letzten 44 Wagen wurden 1996 ausgemustert.

| | |
|---|---|
| DR | 174 2 000 – 174 2 695 |
| LüP | 14420 mm |
| Achsstand | 8000 mm |
| Ladelänge | 12720 mm |
| Ladefläche | 33,0 m² |
| Laderaum | 84,1 m³ |
| Lastgrenze C | 25,0 t ★★ |
| CS | 21,0 t, z.T. 25,0 t |
| CSS | 17,0 t |
| Eigengewicht | 15000 kg |
| Bremse | KE-GP-A, Hbr |

1996 ausgemustert

Der Gbqss-z 267 [1743] 174 3116 mit dem Eigentumsmerkmal „50 DR" und dem alten „Reisegepäck/Expressgut"-Zeichen der DR, aber mit DB AG-Bauartnummer am 17.1.1995 im Rbf Hamburg-Eidelstedt.

DR 1983

# Gbqrss, Gbqss-z [1743] Gbqss-z 267

**174 3 000 – 174 3 119**

| | |
|---|---|
| **LüP** | **14020 mm** |
| **Achsstand** | **8000 mm** |
| **Ladelänge** | **12720 mm** |
| **Ladefläche** | **33,3 m²** |
| **Laderaum** | **85,9 m³** |
| **Lastgrenze CS** | **25,5 t ★★** |
| **CSS** | **21,5 t** |
| **Eigengewicht** | **14500 kg** |
| **Bremse** | **KE-GP-A** |

Von den insgesamt 1.120 Gbs-Wagen, die die Waggon Union Siegen 1982/83 an die DR lieferte (s. auch Gbs 263), waren 120 Wagen vorwiegend für die Verwendung als Expressgutwagen in Reisezügen vorgesehen.

Die als Gbqss-z [1743] eingereihten Wagen gleichen wagenbaulich den Gbs [1550]. Für den Einsatz in Reisezügen erhielten sie eine KE-GP-A-Bremsanlage und sind somit sowohl lauf- als auch bremstechnisch für eine Höchstgeschwindigkeit von 120 km/h geeignet. Außerdem haben sie durchgehende Dampf- und elektrische Heizleitungen für 3000 V Gleich- oder 1000 V Wechselspannung und zusätzliche Hauptluftbehälterleitungen.

Die DB AG übernahm 1994 noch 116 Wagen und zeichnete diese zu Gbqss-z 267 um.

22 ↘

# H – Gedeckte Wagen in Sonderbauart

Das Erscheinungsbild der gedeckten Wagen in Sonderbauart hat sich in den letzten Jahrzehnten grundlegend gewandelt.

Während diese zum Zeitpunkt der Einführung der UIC-Kennzeichnung tatsächlich Sonderbauarten gedeckter Wagen waren – z.B. Wagen mit Stirntüren, Leig-Einheiten und gedeckte Fährbootwagen – sind mit Ausnahme der ehemaligen Mannschaftstransportwagen (Hbs) der DR und der letzten 1997 noch vorhanden Hbcs mit Stirntüren alle heutigen H-Wagen der DB AG mit Schiebewänden ausgerüstet.

Insbesondere die zweiachsigen Hbis-Wagen mit ihren Unterbauarten haben den klassischen gedeckten Güterwagen aus vielen Bereichen inzwischen nahezu vollständig verdrängt. Ein großer Teil der Wagen ist mit Transportschutzeinrichtungen zur Ladungssicherung ausgestattet.

Die älteste Bauform sind die „Daberkow"-Transportschutzeinrichtungen, bei denen der Laderaum durch Sperrholzwände unterteilt und der Leerraum durch ein Luftkissen ausgefüllt wird. In den achtziger Jahren wurden die in Lochschienen verriegelbaren Trennwände eingeführt, die schließlich bei vielen Wagen durch verstärkte Ausführungen abgelöst wurden.

Während die DB in den letzten Jahrzehnten eine große Anzahl zweiachsiger Schiebewandwagen beschaffte, ist das Marktsegment der großräumigen Drehgestell-Wagen mit Schiebewänden eine Domäne von Privateinstellern. Zwar beschaffte die DB 1987 100 solcher Wagen, es blieb jedoch bei dieser vergleichsweise geringen Stückzahl.

Nach der Privatisierung der DB drängt die DB Cargo auch auf den Markt der Großraumwagen. Bislang werden aber erst 315 Privatwagen der AAE von der DB Cargo disponiert, d.h. wie eigene Wagen eingesetzt. Diese Wagen tragen jedoch weiterhin das Eigentumsmerkmal „68 AAE".

Wagen mit 2 Radsätzen:
Lastgrenze ≥ 25 t / ≤ 28 t
Ladelänge ≥ 9 m / < 12 m

Wagen mit 4 Radsätzen:
Lastgrenze ≥ 50 t / ≤ 60 t
Ladelänge ≥ 15 m / < 18 m

**Kennbuchstaben stehen für folgende Abweichungen:**

| | |
|---|---|
| a | mit 4 Radsätzen |
| b | bei Wagen mit 2 Radsätzen: Ladelänge ≥ 12 m / < 14 m, Laderaum ≥ 70 m³ |
| bb | bei Wagen mit 2 Radsätzen: Ladelänge ≥ 14 m mit 4 Rads.: ≥ 22 m |
| c | mit Stirnwandtüren |
| f | Fährbootwagen |
| i | mit Schiebewänden |
| kk | bei Wagen mit 2 Radsätzen: Lastgrenze ≥ 20 t / < 25 t, mit 4 Rads.: ≥ 40 t / < 50 t |
| l | (bis 30.4.1994: t) mit beweglichen Trennwänden |
| ll | (bis 30.4.1994: tt) mit verriegelbaren Trennwänden |
| n | bei Wagen mit 2 Radsätzen: Lastgrenze > 28 t |
| q | mit elektr. Heizleitung |
| s | für Züge bis 100 km/h |
| ss | für Züge bis 120 km/h |
| u | mit Dampfheizleitung |
| v | mit elektr. Heizleitung für 1000 V oder 1500 V |
| w | mit durchgehender Funkenschutzabdeckung |
| ww | mit UIC-Funkenschutzblech |
| x | mit 2 verstärkten verriegelbaren Trennwänden |
| y | lauf- und bremstechnisch bis 160 km/h geeignet |
| z | (DR) mit Dampfheizleitung |

Oben der Hbs [2311] 231 1541 bei einem GUS-Truppentransport im Mai 1991 im Bf Ebeleben.
Rechts der Hbs-u [2301] 230 2224 am 27.1.1991 ebenfalls im Bf Ebeleben. *Fotos: Bernd Schröder*

**DR** 1985

# Hbs [2302, 2305, 2311] Hbs 292
# Hbs-u [2301] Hbs-u 292

| | |
|---|---|
| [2302] | 230 0 220 – 230 0 399 |
| [2305] | 230 0 500 – 230 1 249 |
| [2301] | 230 1 300 – 230 2 259 |
| [2311] | 231 1 000 – 231 1 599 |

| | Daten für Hbs [2311] |
|---|---|
| LüP | 14270 / 14020 mm |
| Achsstand | 8000 mm |
| Ladelänge | 12720 mm |
| Ladefläche | 30,2 m² |
| Laderaum | 65,0 m³ |
| Lastgrenze CS | 25,0 t ★★ |
| Eigengewicht | 14900 kg |
| Bremse | KE-GP, z.T. Hbr |

| | abweichende Daten für Hbs [2301, 2302, 2305] |
|---|---|
| Lastgrenze CS | 26,0 t ★★ |
| Eigengewicht | 13700 kg |

13 ↓

Die vom RAW Leipzig für die DR ab 1979 gebauten Mannschaftstransportwagen basieren auf der Konstruktion der Gbs [1500] bzw. sind z.T. aus diesen umgebaut (Hbs [2300, 2311]). Sie haben ein oder zwei Rauchabzüge im Dach und, wegen der an den Wänden angebrachten Liegerahmen, rechts neben den Türen keine Lade- und Lüftungsöffnungen.

Folgende Bauarten kamen noch zur DB AG, wurden jedoch nicht mehr in Hbs 292 umgezeichnet: 343 Hbs [2311] (Umbau 1985/87 – Seitenwände mit sieben oder zehn Sicken), 893 Hbs-u [2301] (mit Handbremse, Neubau 1988/90), 574 Hbs [2302, 2305] (mit Radsätzen mit 920 mm Laufkreisdurchmesser, z.T. mit Handbremse, Neubau 1987/88).

1996 wurden für Privateinsteller insgesamt 27 Hbs(-u) mit Bremserstand zu Hbbkks mit 90 m³ Laderaum für Kleidertransporte umgebaut. Zum Jahresende 1997 waren nur noch 13 Hbs(-u) [2301] im Bestand.

Oben der Hbs [2300] 230 0698 am 10.4.1993 im Bf Seelow. Wagennummer und Handbremsbühne lassen die Zuordnung als Hbs [2305] richtiger erscheinen. *Foto: Willi Rosumek*
Links der Hbqs-z [2312] 231 2003 am 23.5.1994 bei Waren/Müritz. *Foto: Dr. Rudo von Cosel*

## Hbs [2300] Hbs 293
## Hbqs-z [2312] Hbqs-z 293

1979 DR

Eine Reihe von Mannschaftstransportwagen der DR war für die Beförderung in Reisezügen mit einer Dampfleitung und einer elektrischer Heizleitung für 3000 V Wechsel- oder 1500 V Gleichspannung ausgerüstet.

Die im 1984/85 RAW Leipzig gebauten Wagen wurden bei der DR als Hbqs-z [2312] eingereiht. Die sieben 1994 noch vorhandenen Wagen wurden im gleichen Jahre ausgemustert. Die Umzeichnung zu Hbqs-z 293 (interne BA-Nr. 293.1) unterblieb.

Nicht eindeutig ist die Zuordnung der ohne Heizleitung gebauten Hbs [2300]. Von ihnen kamen noch 165 zur DB AG. Zum einen handelte es sich hierbei um 1979 umgebaute Gbs [1500], die zu Hbs 292 werden sollten, zum anderen um Neubauwagen der Baujahre 1984/85 (DB-Bauartnummer Hbs 293). Die Ausmusterung erfolgte 1997.

| | |
|---|---|
| [2300] | 230 0 000 – 230 0 219 |
| | 230 0 400 – 230 0 499 |
| [2312] | 231 2 000 – 231 2 099 |

| | |
|---|---|
| **LüP** | **14020 mm** |
| **Achsstand** | **8000 mm** |
| **Ladelänge** | **12720 mm** |
| **Ladefläche** | **30,2 m²** |
| **Laderaum** | **65,0 m³** |
| **Lastgrenze CS** | **25,0 t ★★** |
| **Eigengewicht** | **14800 kg** |
| **Bremse** | **KE-GP** |

**1994 / 1997 ausgemustert**

Oben der mehrfach, in unterschiedlichen Farben, geflickte Hbills-x 294 227 5 039 am 29.8.1995 im Rbf Hamburg-Eidelstedt.
Rechts der Hbills 294 227 4 284 am 2.6.1997 im Gbf Mainz-Bischofsheim.

DB 1977

# Hbis, Hbis-t 294 Hbills-x, Hbi(kk)lls 294

| | | | |
|---|---|---|---|
| Hbills | | | 227 4 000 – 227 4 399 |
| Hbills-x | | | 227 5 000 – 227 5 096 |
| Hbikklls | | | 237 9 000 – 237 9 399 |
| LüP | | | 14470 / 14220 mm |
| Achsstand | | | 9000 mm |
| Ladelänge | | | 12776 mm* |
| Ladefläche | | | 34,1 m²* |
| Laderaum | | | 76,7 m³* |
| Lastgrenze | Hbills | CS | 25,0 t ★★ |
| | Hbills-x | CS | 26,0 t ★★ |
| Eigengew. | Hbills | | 15500 kg |
| | Hbills-x | | 14400 kg |
| Bremse | | | KE-GP, z.T. Hbr |

*Abmessungen ohne Trennwände

Die 500 1977/78 beschafften Hbis 294 entsprechen den Hbis 295, haben – anders als diese – jedoch keine automatische Lastabbremsung, hingegen z.T. Handbremsen.

400 ab 1980 als Hbis-t eingereihte Wagen (alle ohne Handbremse) wurden mit „Daberkow"-Transportschutzeinrichtungen abgeliefert. Diese Hbis-t wurden ab etwa 1984 auf verriegelbare Trennwände umgebaut und zu Hbikks-tt, ab 1987 zu Hbikklls, ab 1989 zu Hbills umgezeichnet.

Die restlichen 100 Hbis (ab 1985 Hbis-ww) erhielten ab 1989 zwei verstärkte, verriegelbare Trennwände und wurden zu Hbills-x.

1994 waren noch 485 Wagen im Bestand: 394 Hbikklls/Hbills sowie 91 Hbills-x 294.

480 →

Oben der Hbills-x 295 227 6 035 am 25.9.1995 an der Stückguthalle in der Ortsgüteranlage des Bf Hamburg-Altona,
links der Hbills-x 295 227 5 851 am 21.8.1997 im Rbf Hamburg Süd.

## Hbis, Hbis-t 295 Hbis-ww, Hbills-x, Hbi(kk)lls 295

1973 DB

Nach einem in vielen Details abweichenden Prototyp (einziger Hbis 295 mit Handbremse) aus dem Jahr 1973 wurden 1975/76 1.520 Hbis 295 in Serie beschafft. Die Wagen haben 2,07 m lichte Schiebewandhöhe.

100 Wagen hatten „Daberkow"-Transportschutzeinrichtungen (ab 1980 Hbikks-t). Diese wurden ab 1985 durch in Lochschienen verriegelbare Trennwände ersetzt (Hbikks-tt, ab 1987 Hbikklls). Die meisten Hbis 295 (ab 1985 Hbis-ww) wurden ab 1989 im AW Kaiserslautern mit zwei verstärkten, verriegelbaren Trennwände als Transportsicherung ausgerüstet und zu Hbills-x umgezeichnet.

Die 1.501 Wagen, die zur DB AG kamen, gliedern sich wie folgt: 105 Hbikklls/Hbills, 1.153 Hbills-x und 243 Hbis-ww 295. 235 geleaste Hbis schieden 1997 aus dem Bestand.

| | |
|---|---|
| **Hbis-ww** | **225 0 100 – ... 1 519** |
| **Hbills** | **227 4 400 – ... 4 509** |
| **Prototyp** | **227 4 508** |
| **Hbills-x** | **227 5 100 – ... 6 505** |
| **Hbikklls** | **237 9 400 – ... 9 499** |

| | | | |
|---|---|---|---|
| **LüP** | | | **14220 mm** |
| **Achsstand** | | | **9000 mm** |
| **Ladelänge** | | | **12776 mm*** |
| **Ladefläche** | | | **34,1 m²*** |
| **Laderaum** | | | **76,7 m³*** |
| **Lastgrenze** | **Hbills** | **CS** | **25,0 t ★★** |
| | **Hbills-x** | **CS** | **26,0 t ★★** |
| **Eigengew.** | **Hbills** | | **15800 kg** |
| | **Hbills-x** | | **15100 kg** |
| **Bremse** | | | **KE-GP-A** |

***Abmessungen ohne Trennwände**

1.155 ↘

Der Hbis-ww 297 225 1 755 am 21.9.1995 im Rbf Hamburg-Eidelstedt.

DB 1970

# Hbis, Hbis-t 297 Hbis-ww, Hbils, Hbi(q)ss 297

| | |
|---|---|
| Hbis-v | 225 1 550 – 225 1 555 |
| Hbis-ww | 225 1 600 – 225 3 499 |
| Hbils | 235 0 400 – 235 0 669 |
| Hbiss | 245 0 000 – 245 0 011 |
| Hbiqss | 247 9 000 – 247 9 029 |

| | | | |
|---|---|---|---|
| LüP | | | 14020 mm |
| Achsstand | | | 8000 mm |
| Ladelänge | | | 12774 mm* |
| Ladefläche | | | 34,1 m²* |
| Laderaum | | | 76,7 m³* |
| Lastgr. | Hbis-ww | CS | 25,5 t ★★ |
| | Hbils | CS | 25,0 t ★★ |
| | Hbiqss | CSS | 17,5 t |
| | alle DB | C | 26,0 t |
| Eigengew. | Hbis-ww | | 14030 kg |
| | Hbils | | 14900 kg |
| Bremse | | | KE-GP-A |

*Abmessungen ohne Trennwände

Parallel zu den Hbis 299 wurden zwischen 1970 und 1972 2.100 wagenbaulich gleiche, jedoch mit automatischer Lastabbremsung ausgerüstete Hbis 297 gebaut. Sie haben UIC-Funkenschutzbleche und wurden ab 1984 in Hbis-ww umgezeichnet.

250 Wagen der Baujahre 1970/71 erhielten „Daberkow"-Transportschutzeinrichtungen (ab 1979 Hbis-t, ab 1987 Hbils).

1974 wurden zwölf, 1979 weitere 30 Wagen für eine Geschwindigkeit von 120 km/h umgebaut (Hbiss), letztere für den Einsatz als Postwagen in Reisezügen mit Heizleitungen für 1000/1500 V und Hauptluftbehälterleitungen (Hbiqss). Außerdem erhielten sechs als Hbis-v eingereihte Wagen ab 1980 eine elektrische Heizleitung für alle Stromarten.

Am 31.12.1993 waren im Bestand: 1.807 Hbis-ww 297, 235 Hbis-t/Hbils, 29 Hbiqss, zwölf Hbiss und sechs Hbis-v 297. Die letzten Hbi(q)ss sind nach dem Abschied der Post von der Schiene 1997 ausgemustert worden.

1.071 ↘

Der Wärmeschutzwagen Hbikks-t 298 237 8 000 (Zweitbelegung) als Mietwagen der Rhein-Main-Industrie-Spedition Hanau am 4.7.1987 in Minden. *Foto: Rolf Sepinski*

Der von der SEAG 1971 gebaute Hbis 298 war seit 1979 mit der Wagennummer 237 8 000 eingereiht. Das Foto zeigt den ausgemusterten (aber noch immer erhaltenen) Wagen im April 1989 in der Hafenfachschule in Hamburg.

## Hbis, Hbikks-t 298 Hbis-w, Hbikkls 298

1973 DB

Ab 1967 beschaffte die DB unterschiedliche Prototypen von Schiebewandwagen mit zwei, drei oder vier Schiebewandsegmenten je Wagenseite und reihte sie als Hbis 298 ein. Die ältesten stammten von der SEAG und Waggonfabrik Uerdingen.

1970/71 wurden von der Waggonfabrik Uerdingen, SEAG und Talbot drei Wagen mit 10,0 m Achsstand und dreiteiligen Schiebewänden geliefert. Alle Wagen sind inzwischen ausgemustert bzw. verkauft.

1973 baute die WU Siegen einen Wagen, der weitestgehend den Hbis 294 entspricht, jedoch mit 2,20 m Wandhöhe um 130 mm höher war. Dieser Wagen ist als Hbis-w 298 mit der Nummer 225 3 500 noch im Bestand.

Schließlich wurden 1975/77 insgesamt fünf Hbikks-t(t) 298 mit verstärkten Außenlangträgern gebaut, von denen heute noch ein Hbikkls sowie zwei Hbikks – zu Wärmeschutzwagen umgebaut – für die Firma Dunlop eingesetzt sind.

| | | |
|---|---|---|
| **Hbis-w** | | **225 3 500** |
| **Hbikkls** | | **237 6 104** |
| **Hbikks** | | **237 8 000, 237 8 002** |
| **LüP** | | **14470 / 14220 mm** |
| **Achsstand** | | **9000 mm** |
| **Ladelänge** | | **12776 mm*** |
| **Ladefläche** | | **34,1 m²*** |
| **Laderaum** | | **75,0 m³*** |
| **Lastgrenze** | **Hbis-w CS** | **26,0 t ★★** |
| | **Hbikkls CS** | **25,5 t ★★** |
| | **Hbikks CS** | **24,0 t ★★** |
| **Eigengew.** | **Hbis-w** | **14670 kg** |
| | **Hbikkls** | **15490 kg** |
| | **Hbikks** | **16640 kg** |
| **Bremse** | **Hbis-w** | **Hbr, KE-GP** |
| | **Hbikk(l)s** | **KE-GP-A** |

***Abmessungen ohne Trennwände**

4

→

Oben der Hbils 299 235 3 760 am 5.6.1997 im Bf Schwandorf.
Rechts der Hbills-x 299 227 7 363 – verstärkte Ausführung mit größeren Ecktritten, mittleren Trittstufen und weiter vorstehenden Seilankern – am 5.6.1997 im Bf Bamberg.

DB 1966

# Klmmgs / Hbis 299 Hbils, Hbills-x, Hbis-ww 299

| | |
|---|---|
| Hbis-w | 225 3 510 – 225 3 514 |
| Hbis-ww | 225 3 600 – 226 0 899 |
| Hbills-x | 227 6 600 – 227 7 479 |
| Hbils | 235 0 800 – 235 5 276 |

| | | |
|---|---|---|
| LüP | | 14020 mm |
| Achsstand | | 8000 mm |
| Ladelänge | | 12774 mm* |
| Ladefläche | | 34,1 m²* |
| Laderaum | | 76,7 m³* |
| Lastgr. Hbis-ww | CS | 26,0 t ★★ |
| Hbils | CS | 25,5 t ★★ |
| Hbills-x | CS | 25,0 t ★★ |
| Hbills(-x) | DB D | 26,0 t |
| Eigengew. Hbis-ww | | 13800 kg |
| Hbils | | 14400 kg |
| Hbills-x | | 14800 kg |
| Bremse | | KE-GP |

*Abmessungen ohne Trennwände

3.935 ↘

Die ältesten Schiebewandwagen der DB sind die ab 1966 beschafften Klmmgs/Hbis 299, deren Konstruktion mit der der Tbis 869 verwandt ist. Durch die Verringerung der Säulenbreiten konnten bei den Hbis 299 „tote Ecken“ im Laderaum vermieden werden.

Bis 1975 wurden ca. 8.450 Hbis 299 gebaut, von denen anfangs etwa 4.400 ab 1979 als Hbis-t, ab 1987 als Hbils, bezeichnete Wagen „Daberkow“-Transportschutzeinrichtungen besaßen. Ab 1974 wurden die Wagen mit Funkenschutzblechen geliefert (ältere Wagen erhielten diese nachträglich), ab 1984 erfolgte die Umzeichnung in Hbis-ww 299.

In den achtziger Jahren wurden bei vielen Wagen die „Daberkow“-Transportschutzeinrichtungen ausgebaut. Ab 1991 erhielten 754 Hbis verstärkte verriegelbare Trennwände und wurden zu Hbills-x 299 umgezeichnet.

Zur DB AG kamen 1994 5.906 Hbis-ww, 1.739 Hbils, alle Hbills-x sowie vier Hbis-w mit durchgehender Funkenschutzabdeckung.

Der Hbcs-uv 300 233 0 656 am 22.8.1989 in Hannover Hgbf. *Foto: Rolf Sepinski*

## Gltmms 62 Hbcs, Hbcrs-v 300 Hbcs, Hbcs-uv 300

1963 DB

Unter Zugrundelegung der Konstruktion der Glmms 61 wurden zwischen 1963 und 1965 600 Serienwagen in den gleichen Abmessungen, jedoch mit Stirntüren, gebaut und als Gltmms 62, ab 1965 als Hbcs 300 eingereiht.

Sie unterscheiden sich in der Seitenansicht nur geringfügig von den Glmms 61, haben aber einteilige Obergurte und PVC-Dächer. An beiden Stirnseiten haben die Wagen dreiteilige, rechteckige Falttüren, deren Oberkante bis zur Unterkante des Dachaufsatzes reicht.

Für den Einsatz in Reisezügen wurden 152 Wagen mit elektrischen Leitungen und Dampfheizleitung ausgerüstet und als Gltmmehs 62 bzw. ab 1965 als Hbcrs-v 300, ab 1980 als Hbcs-uv 300 eingereiht.

1994 kamen noch 115 Hbcs 300 und 94 Hbcs-uv 300 in den Bestand der DB AG. Ende 1997 waren bis auf zehn Hbcs-uv 300 alle Wagen ausgemustert.

| | |
|---|---|
| Hbcs | 233 0 000 – 233 0 444 |
| Hbcs-uv | 233 0 600 – 233 0 751 |

| | | |
|---|---|---|
| | | Hbcs / Hbcs-uv |
| LüP | | 14020 mm |
| Achsstand | | 8000 mm |
| Ladelänge | | 12680 mm |
| Ladefläche | | 33,0 $m^2$ |
| Laderaum | | 86,4 $m^3$ |
| Lastgrenze C | | 26,0 / 25,5 t ★★ |
| | CS | 22,0 / 21,5 t |
| Hbs-uv im Reisezugverk. befristet | | |
| | C 120 | 21,5 t |
| Eigengewicht | | 13900 / 14200 kg |
| Bremse | | KE-GP |

10

↓

Oben der Hbillns 302 247 2 670 mit nur wenige Tage alter DB Cargo-Lackierung am 4.8.1997 im Rbf Hamburg Süd.
Rechts der Hbillns 302 247 3 117 am gleichen Tag im Rbf Hamburg-Hohe Schaar.

DB 1978

## Hbis-tt 302, Hbikks-tt 304 Hbillns 302

Von 1978 bis 1982 beschaffte die DB insgesamt 1.196 Hbis-tt 302, 1981/82 weitere 250 baugleiche Hbikks-tt 304 mit (anfangs) etwas geringeren Lastgrenzen.

Die Wagen haben die gleichen Laderaumabmessungen wie die älteren Bauarten (Hbis 295, 299 u.a.), jedoch auf 2,20 m Höhe vergrößerte Wandöffnungen. Außerdem besitzen sie ein neu entwickeltes Wandverschlußsystem, bei dem die Schiebewände in Parallelführungen vom Ladegut wegschwenken. Alle Wagen haben sechs verriegelbare Trennwände.

Zwischen 1987 und 1992 wurden nahezu alle Wagen beider Bauarten zu Hbillns 302 umgezeichnet, In den Bestand der DB AG kamen 1.435 Hbillns und drei Hbikks.

**Hbillns** 247 2 000 – 247 3 499

| | |
|---|---|
| **LüP** | **14220 mm** |
| **Achsstand** | **9000 mm** |
| **Ladelänge** | **12776 mm*** |
| **Ladefläche** | **34,1 m²*** |
| **Laderaum** | **76,7 m³*** |
| **Lastgrenze DS** | **29,0 t ★★** |
| **Eigengewicht** | **15800 kg** |
| **Bremse** | **KE-GP** |

***Abmessungen ohne Trennwände**

**1.433 →**

Der in Bitburg beheimatete Hbillns 302 247 4 603 mit isolierten Schiebewänden im Juli 1997 in Bremen Rbf.
*Foto: Harald Westermann*

Der von der Rhein-Main-Industrie-Spedition Hanau angemietete, in Wittlich beheimatete Hbikks 302 237 8 012 mit verkleideten Schiebewänden am 15.5.1997 in Frankfurt/M. Hgbf – Ladegut: „Halbzeuge aus Gummi".
*Foto: Dr. Rudo von Cosel*

Der Hbins 302 247 2 793 mit dreiteiligen Schiebewänden am 12.8.1996 in København Gbf.
*Foto: Per Topp Nielsen*

Eine Reihe beheimateter bzw. als Privatwagen eingestellter Hbillns 302, Hbins 302 und Hbikks 302 ist nachträglich mit isolierten Schiebewänden bzw. ebenen Schiebewandverkleidungen ausgerüstet worden. Ein Hbillns 302 wurde 1982 mit dreiteilige Schiebewänden geliefert.

1997 erhielt ein Teil der Hbillns 302 (wie auch einige Hbbillns 305 und Hbbins 306) in einer Sonderaktion einen verkehrsroten Anstrich und DB Cargo-Beschriftung in unterschiedlichen Ausführungen, wobei das Erscheinungsbild der Buchstaben deutlich von den Richtlinien der DB AG abweicht.

**Wagen mit Isolierung etc.**

| | |
|---|---|
| **Hbins** | **226 2 000 – 226 2 003** |
| **Hbikks** | **237 8 010 – 237 8 012** |
| **Hbillns „Transa"** | **247 2 520** |
| **dreiteilige Wände** | **247 2 793** |
| **Hbillns** | **247 4 600 – 247 4 611** |

**abweichende Daten für Wagen mit Isolierung**

| | |
|---|---|
| **Ladelänge** | **12776 mm*** |
| **Ladefläche** | **34,1 m²*** |
| **Laderaum** | **76,7 m³*** |
| **Lastgrenze DS** | **23,5 – 28,5 t ★★** |
| **Eigengewicht** | **16400 – 17200 kg** |

Oben der Hbillns 303 247 4 321 am 29.10.1995 im Rbf Hamburg-Eidelstedt.
Rechts der DB Cargo-Musterwagen Hbillns 303 247 4 393 am 30.9.1995 im Rbf Hamburg-Alte Süderelbe.

DB 1981

# Hbikks-tt 303 Hbillns 303

Hbillns 247 3 500 – 247 4 599

| | |
|---|---|
| LüP | 14220 mm |
| Achsstand | 9000 mm |
| Ladelänge | 12776 mm* |
| Ladefläche | 34,1 m²* |
| Laderaum | 76,7 m³* |
| Lastgrenze DS | 29,0 t ★★ |
| Eigengewicht | 15200 kg |
| Bremse | KE-GP |

*Abmessungen ohne Trennwände

Als „abgespeckte" Version der Hbis-tt 302 gab die DB 1981 bei der Waggonfabrik Uerdingen und der Waggon Union Siegen 1.099 Hbikks-tt 303 in Auftrag. So wurde z.B. bei der Konstruktion eine geringere Auflaufstoß-Geschwindigkeit zugrunde gelegt.

Das Untergestell der, zwischen 1987 und 1992 zu Hbillns 303 umgezeichneten, Wagen ist aus Abkant- und Walzprofilen zusammengeschweißt. Die äußeren Langträger sind als geschlossene Fischbauchträger (bei den Hbillns 302 als Sprengwerk) ausgeführt. Außerdem weichen die Hbillns 303 in der Form der Stirnwände (mit geraden Verstärkungssäulen) von der Vorgängerbauart ab.

Wie die Hbillns 302 sind die Hbillns 303 mit sechs verriegelbaren Trennwänden ausgerüstet. Ende 1993 waren 1.079 Wagen im Bestand.

1.075 →

Oben der Hbbillns 305 [2458] 245 9 106 am 22.2.1995, kurz nach der Umzeichnung von DR zu DB, im Rbf Hamburg-Rothenburgsort.
Links der Hbbillns 305 245 8 330 am 14.9.1994 im Gbf Hamburg-Tiefstack.

# Hbbikks-tt 305 Hbbillns 305
# Hbbillns [2458] Hbbillns 305

1984 DB
1984 DR

Nach einem Prototyp aus dem Jahr 1984 ließ die DB von 1985 bis 1989 bei der WU Siegen und LHB 1.156 Hbbikks-tt 305 bauen. Weitere 550 Hbbikks-tt/Hbbillns 305 (davon 300 in Italien) wurden ab 1991 gebaut.

Von den Hbbis 306 unterscheiden sie sich nur durch die sechs verriegelbaren Trennwände zur Ladungssicherung. Sie verringern die Ladelänge um 500 mm, so daß nur 38 Pool-Paletten befördert werden können.

1992/93 beschaffte die DR 1.750 Schiebewandwagen mit verriegelbaren Trennwänden nach den gleichen Zeichnungen. Die als Hbbillns 305 [2458] bezeichneten Wagen wurden von Waggonbau Niesky, Waggonbau Dessau, DUEWAG/Skoda und ABB Henschel (WU Siegen) gebaut.

Bei der DB AG erhielten sie ebenfalls die Bauartbezeichnung Hbbillns 305.

| | |
|---|---|
| **Hbbillns DB** | **245 7 000 – ... 8 550** |
| **Hbbillns DR** | **245 8 551 – ... 8 800** |
| | **245 9 000 – ... 9 999** |
| | **246 2 000 – ... 2 649** |
| **Hbbills** | **247 1 000 – ... 1 004** |

| | |
|---|---|
| **LüP** | **15500 mm** |
| **Achsstand** | **9000 mm** |
| **Ladelänge** | **14236 mm*** |
| **Ladefläche** | **41,0 m²*** |
| **Laderaum** | **98,5 m³*** |
| **Lastgrenze D** | **28,5 t ★★** |
| **DS** | **(24,5 t) 28,5 t**** |
| **Eigengewicht** | **16300 kg** |
| **Bremse** | **KE-GP, Fbr** |

***Abmessungen ohne Trennwände**
****ab 1995 auf 28,5 t heraufgesetzt**

3.453 →

Oben der Hbbins 306 247 0 037 in DB Cargo-Lackierung am 21.8.1997 im Hamburger Bezirksbahnhof Peute. Rechts der Hbbins 306 246 9 398 am 4.10.1995 im Rbf Hamburg-Eidelstedt.

DB 1986

# Hbbis 306 Hbbins 306

| | |
|---|---|
| Hbbis | 226 8 000 – 226 8 949 |
| Hbbins | 246 9 000 – 247 0 149 |
| | 247 0 250 – 247 0 962 |

| | |
|---|---|
| LüP | 15500 mm |
| Achsstand | 9000 mm |
| Ladelänge | 14236 mm |
| Ladefläche | 41,0 m² |
| Laderaum | 98,5 m³ |
| Lastgrenze D | 30,0 t ★★ |
| DS | (26,0 t) 30,0 t* |
| Eigengewicht | 14900 kg |
| Bremse | KE-GP, z.T. Fbr |

*ab 1995 auf 30,0 t heraufgesetzt

1.848 →

Parallel zu den Hbbikks-tt 305 beschaffte die DB ab 1986 auch Schiebewandwagen ohne Transportschutzeinrichtungen und reihte diese als Hbbis 306 ein.

Durch die Verlängerung des Laderaums gegenüber älteren Bauarten um 1460 mm auf 14236 mm und die Verbreiterung um 130 mm auf 2900 mm können maximal 40 Pool-Paletten (ältere Bauarten nur 30 Paletten) befördert werden. Außerdem wurde die lichte Beladehöhe nochmals vergrößert. Das Dach überdeckt nur den mittleren Wagenteil, die im oberen Bereich zweifach gekanteten Schiebetüren können daher eine Höhe von 2,60 m freigeben.

Die ersten 950 Hbbis 306 bauten DUEWAG und LHB 1986/87. Weitere 910 Wagen wurden zwischen 1991 und 1993 als Hbbins 306 von Niesky und der WU Siegen geliefert. Fast alle Hbbis erhielten bis 1993 die neue Bauartbezeichnung, die letzten drei erst 1997.

Der Hbillss-y 307 245 5 005 am 29.10.1995 abgestellt im Rbf Hamburg-Eidelstedt.

## Hbillss-y 307

1991 DB

1990 erhielt die Firma Talbot den Auftrag 13 Schiebewandwagen für 160 km/h herzurichten. Da die ursprünglich als Ausgangsbauart favorisierten Hbbins 306 bei hohen Geschwindigkeiten zu unruhig liefen, wurden 1991 als Basis für den Umbau Hbillns 303 herangezogen.

Die Laufwerke der Wagen wurden mit hydraulischen Schlingerdämpfern ausgerüstet. Als Bremsanlage erhielten die Wagen ep-Hochleistungsbremsen (KE-GPR-A) mit automatischer Lastabbremsung, Schnellbremsbeschleunigern und Gleitschutz.

Bremstechnisch sind die hellgrau/blau lackierten Hbillss-y 307 für 160 km/h auf LZB-Strecken bzw. 140 km/h auf sonstigen Strecken zugelassen. Der Einsatz erfolgte bis 1995 zusammen mit den Sgss-y 703 u.a. in der Relation Hamburg – München. Seit 1995 sind alle Hbillss-y 307 in Hamburg-Eidelstedt abgestellt.

**245 5 000 – 245 5 012**

| | |
|---|---|
| LüP | 14220 mm |
| Achsstand | 9000 mm |
| Ladelänge | 12776 mm* |
| Ladefläche | 34,1 m²* |
| Laderaum | 76,7 m³* |
| Lastgrenze DSS | 18,5 t |
| DB D 160 | 18,5 t |
| Eigengewicht | 16800 kg |
| Bremse | KE-GPR-A D |
| Höchstgeschw. | 160 km/h |

*Abmessungen ohne Trennwände

12

Der Hfs 312 214 0 053 am 4.5.1989 im Bf Nassau. *Foto: Hans Ulrich Diener*

DB 1953

# Gbmhs 51 Hfrs 312 Hfs, Hfs-u 312

1953 beschaffte die DB bei der Waggonfabrik Fuchs für den Verkehr mit Großbritannien 100 gedeckte Fährbootwagen und reihte diese als Gbmhs 51 ein. Die Wagen entstanden in Anlehnung an die Gmhs 53 und hatten (um den durch das kleinere britische Fahrzeugumgrenzungsprofil bedingten geringen Querschnitt des Laderaums auszugleichen) die gleiche Länge wie die Glmhs 50.

Die Gbmhs 51 hatten Bretterwände mit vier Lade- und Lüftungsöffnungen auf jeder Seite und, wie alle gedeckten Fährbootwagen, zwei gegenläufige Seitenwandtüren, die eine Öffnung von 4,00 m Breite freigaben. Die Wagen wurden mit Hik-GP-Bremsen sowie, für den Einsatz in Großbritannien, mit einer Vakuumbremsleitung und Handhebelbremsen ausgerüstet. 1961 beschaffte die DB weitere 150 Wagen mit KE-GP-Bremsen.

1968 wurden die Wagen zu Hfrs 312, 1980 zu Hfs-u 312 umgezeichnet, nach Ausbau der Heizleitung entfiel das Nebengattungszeichen „u". Zur DB AG kamen noch 41 Wagen des Baujahrs 1961.

**Bj. 1961 214 0 000 – 214 0 149**

| | |
|---|---|
| LüP | 12500 mm |
| Achsstand | 6800 mm |
| Ladelänge | 11180 mm |
| Ladefläche | 25,0 m² |
| Laderaum | 56,5 m³ |
| Lastgrenze C | 23,5 t, z.T. 27,0 t |
| CS | 23,5 t |
| Eigengewicht | 12400 kg |
| Bremse | (Hik-GP) KE-GP |

1995 ausgemustert

Oben der Habbills 346 277 7 038 am 24.9.1997 in Hedehusene (bei Kopenhagen). *Foto: Jan Lundstrøm*
Links der Habbis 345 276 7 011 am 29.2.1992 im Rbf Mannheim. *Foto: Hans Ulrich Diener*

# Habbis 345
# Habbikks-tt 346 Habbills 346

1987 (DB)

1987 baute die WU Siegen für die DB insgesamt 100 Drehgestell-Schiebewandwagen.

Das Dach besteht nur aus einem kräftigen Mittelholm. Die zweifach gekanteten Schiebewände geben zur Beladung die halbe Wagenlänge in ganzer nutzbarer Höhe frei.

50 Wagen erhielten neun verriegelbare Trennwände und wurden als Habbikks-tt 346 eingereiht (bis 1993 in Habbills 346 umgezeichnet), die übrigen 50 Wagen ohne Trennwände als Habbis 345.

1997 wurde ein Habbis 345 als Versuchswagen für den Transport von Papierrollen hergerichtet und erhielt als bislang einziger einen verkehrsroten Anstrich.

| | |
|---|---|
| **Habbis** | **276 7 000 – 276 7 049** |
| **Habbills** | **277 7 000 – 277 7 049** |

| | Habbis 345 / Habbills 346 |
|---|---|
| LüP | 24130 mm |
| Drehgestell | 641 |
| Drehzapfenabst. | 18590 mm |
| Ladelänge | 22866 / 21932 mm |
| Ladefläche | 62,5 / 60,5 $m^2$ |
| Laderaum | 165,6 / 159,8 $m^3$ |
| Lastgrenze DS | 60,0 / 58,0 t ★★ |
| Eigengewicht | 29800 / 31900 kg |
| Bremse | KE-GP, Fbr |

| | |
|---|---|
| 345 | 50 |
| 346 | 50 |
| | ➡ |

# I – Kühlwagen

**mit mittlerer thermischer Isolierung (Klasse IN), mit Luftumwälzung durch Windmotor, mit Fußbodenrost und Eiskästen (von ≥ 3,5 m²)**

Wagen mit 2 Radsätzen:
Lastgrenze ≥ 15 t / ≤ 25 t
Ladefläche ≥ 19 m² / < 22 m²

**Kennbuchstaben stehen für folgende Abweichungen:**

| | |
|---|---|
| **b** | **Ladefläche ≥ 22 m² / ≤ 27 m²** |
| **bb** | **mit sehr großer Ladefläche > 27 m²** |
| **d** | **für Seefische** |
| **h** | **mit starker thermischer Isolierung (Klasse IR)** |
| **l** | **Wärmeschutzwagen ohne Eiskästen** |
| **p** | **ohne Fußbodenroste** |
| **q** | **mit elektrischer Heizleitung** |
| **s** | **für Züge bis 100 km/h** |
| **ss** | **für Züge bis 120 km/h** |
| **t** | **mit beweglichen Trennwänden („Daberkow"-Transportschutzeinrichtungen)** |
| **z** | **mit „Coolvent-Einrichtung"** |

Kühlwagen – genauer gesagt: Wagen mit thermischer Isolierung – werden zur Beförderung temperaturempfindlicher Ladegüter wie z.B. Fisch, Fleisch, Gemüse oder Obst eingesetzt. Wegen der Besonderheit des Ladegutes und den damit verbundenen Transportanforderungen sind die meisten Kühlwagen nicht universell einsetzbar, sondern Spezialwagen für bestimmte Gruppen von Ladegütern.

Bis Ende der achtziger Jahre hatte die DB eine größere Zahl von Kühlwagen verschiedener Bauarten im Bestand. Diese Wagen waren, wie auch die Kühlwagen anderer europäischer Bahnverwaltungen, in den gemeinschaftlich betriebenen Interfrigo-Park eingestellt.

Da die Beförderung von temperaturempfindlichen Waren auf der Schiene nur teilweise möglich ist – die Verteilung bis zum Einzelhandel muß auf jeden Fall per LKW erfolgen – sind die Kühlverkehre nahezu restlos auf die Straße verlagert worden. Dementsprechend ist der Bestand an Kühlwagen ständig zurückgegangen. Die letzten neuen Kühlwagen beschaffte die DB 1974.

Da für die Wagen in den angestammten Beförderungsaufgaben kein Bedarf mehr bestand, wurden 1976 und 1981 insgesamt 53 Wagen für den Transport von Tiefkühlgütern umgebaut und an die „Transthermos" vermietet. Die verbliebenen Wagen wurden zum großen Teil umgebaut und erhielten größere Laderaumtüren, so daß sie insbesondere für den Bananentransport weiterhin wirtschaftlich eingesetzt werden können.

Neue Kühlwagenbauarten – am bekanntesten dürften die „Bananenwagen" sein – werden seit Mitte der neunziger Jahre von der Interfrigo direkt beschafft und nun als Privatwagen bei unterschiedlichen Bahnverwaltungen eingestellt.

Oben der Ibbhs 396 826 6 070 im Mai 1991 an der Ladestraße des Bf Bönningstedt, links der Ibbhs 397 826 6 221 im März 1989 im Rbf Maschen mit Türverschlüssen neuerer Bauform.

## Tmmos 396 Ibbhs 396

1967 DB

Für den Transport von Kühl- und Gefriergut aller Art außer Frischfisch ließ die DB 1967 die ersten 100 Ibbhs 396 bauen.

Das Untergestell entsprach den Gbs 252. Zu den wesentlichen technischen Merkmalen der Ibbhs 396 zählten die vorgefertigten Wände in Sandwichbauweise (gesicktes Stahlblech, Hartschaum-Isolierung, glasfaserverstärkte Kunststoffplatten).

Die Kühlung erfolgte mit Trockeneis, das über Stirnwand-Ladeluken eingefüllt wurde, oder mit Wassereis, für das vor den Stirnwänden mittels verschiebbarer Trennwände Kühlkammern abgetrennt werden konnten.

**826 6 000 – 826 6 099**

| | |
|---|---|
| LüP | 14570 / 14020 mm |
| Achsstand | 8000 mm |
| Ladelänge | 12060 (11052) mm |
| Ladefläche | 31,3 (28,7) m² |
| Laderaum | 67,4 (62,4) m³ |
| Lastgrenze CS | 25,3 / 25,6 t ★★ |
| Eigengewicht | 14700 / 14400 kg |
| Bremse | KE-GP, z.T. Hbr |

Für alle Kühlwagen gilt: Werte für Trockeneiskühlung, in Klammern für Wassereiskühlung

1997 ausgemustert

## Ibbhs 396 Ibbhs 397

1968 DB

Die 150 1968 gebauten Ibbhs 396 der zweiten Serie, erhielten Radsätze mit 920 mm Laufkreisdurchmesser sowie z.T. bereits den Ibbhs 398 entsprechende Türverschlüsse.

Zur Unterscheidung von den älteren Wagen wurden sie 1973 in Ibbhs 397 umgezeichnet.

**826 6 100 – 826 6 249**

| | |
|---|---|
| Laderaum | 69,1 (63,4) m³ |
| Lastgrenze CS | 24,9 / 25,2 t ★★ |
| Eigengewicht | 15100 / 14800 kg |

übrige Daten identisch mit Ibbhs 396

1997 ausgemustert

Oben der Ibbhlps-t 399 825 4 403 am 14.1.1989 im Bf Nürnberg-Ost.
*Foto: Hans Ulrich Diener*
Rechts der Ibbdhs 400 822 2 100 am 6.1.1990 im Rbf Seelze.
*Foto: Rolf Sepinski*

DB 1974

## Ibbhs, Ibbdhs 399 Ibbdhs, Ibbhlps-t 399

| | |
|---|---|
| Ibbdhs | 822 2 000 – 822 2 079 |
| Ibbhlps-t | 825 4 400 – 825 4 429 |
| LüP | 14570 / 14020 mm |
| Achsstand | 8000 mm |
| Ladelänge | 12064 (11060) mm |
| Ladefläche | 31,4 (28,7) m² |
| Laderaum | 70,0 (64,0) m³ |
| Lastgrenze CS | 24,6 / 24,8 t ★★ |
| Eigengewicht | 15400 / 15200 kg |
| Bremse | KE-GP-A, z.T. Hbr |

1997 ausgemustert

1974 beschaffte die DB als Nachfolgebauart der Ibbhs 398 (s. Ibbhlps 401) 50 Universalkühlwagen Ibbhs 399 und 30 Seefischkühlwagen Ibbdhs 399. Von den Ibbhs 398.1 unterschieden sich die Ibbhs 399 im wesentlichen nur durch die um 210 mm höhere Tür, die auch von innen geöffnet werden konnte.

Bis 1978 wurde die Mehrzahl der Wagen zu Ibbdhs hergerichtet, zwei wurden 1978 zu Ibbhs 411 umgebaut. Weitere 30 wurden 1981 zu Ibbhlps-t 399, 24 zu Ibbhlps-tz 410 umgebaut und an Transthermos vermietet.

DB 1974

## Ibbhs 400 Ibbdhs 400

| | |
|---|---|
| | 822 2 100 |
| LüP | 14270 mm |
| Achsstand | 9000 mm |
| Lastgrenze CS | 25,0 t ★★ |
| Eigengewicht | 15000 kg |
| Bremse | KE-GP-A, Hbr |
| übrige Daten identisch mit Ibbhs 399 | |

1995 ausgemustert

Der Ibbhs 400 wurde 1974 als Versuchswagen mit 9 m Achsstand und einer durch Schraubenfedern sehr weichen Abfederung gebaut.

1984 wurde er zum Seefischkühlwagen umgebaut und als Ibbdhs 400 eingereiht, nachdem bereits zuvor die Schraubenfedern ausgebaut worden waren.

Oben der Ibbhlps 401 826 4 111 am 5.2.1989 im Rbf Maschen. Links der Ibbhlps 401.1 mit Handbremsbühne (und engen Sicken) 826 4 275 am 15.10.1997 im Gbf Hamburg-Altona.

# Ibbhlps 401

1988 DB

Die zwischen 1971 und 1974 insgesamt gebauten 500 Ibbhs 398 entsprachen in ihrem grundsätzlichen Aufbau den Ibbhs 397. Unterschiede bestanden in der Bremsanlage, die Ibbhs 398 besaßen eine selbsttätige Lastabbremsung.

Ab 1973 wurden die Ibbhs 398, intern als Ibbhs 398.1 bezeichnet, mit geteilten Zugeinrichtungen, größeren Puffertellern, Einfahrschrägen an den Türen und enger gesickten Wänden geliefert.

Von 1988 bis 1990 erhielten alle noch vorhandenen Ibbhs 398 im AW Hamburg-Harburg für den palettierten Bananentransport auf 2,23 m lichte Höhe vergrößerte Ladetüren und wurden zu Ibbhlps 401 (Ibbhs 398.1 zu Ibbhlps 401.1) umgezeichnet. Gleichzeitig wurden die Fußbodenroste und die Wassereis-Kühleinrichtungen ausgebaut.

465 Wagen kamen 1994 noch zur DB AG.

**826 4 000 – 826 4 467**

| | |
|---|---|
| LüP | 14570 / 14020 mm |
| Achsstand | 8000 mm |
| Ladelänge | 12080, z.T. 12170 mm |
| Ladefläche | 31,4 m² |
| Laderaum | 64,2 m³ |
| Lastgrenze CS | 24,7 / 25,1 t ★★ |
| Eigengewicht | 15300 / 14900 kg |
| Bremse | KE-GP-A, z.T. Hbr |

95 ↘

Der Ibbhqss [8362] 836 2204 am 20.6.1992 im RAW Berlin. *Foto: Harald Westermann*

**DR** 1986

# Ibbhqss [8362] Ibbhqss 405

1986/87 baute Waggonbau Dessau für die DR 240 Eiskühlwagen für den Transport von leichtverderblichen Ladegütern außer Frischfleisch.

Ähnlich wie bei den DB-Kühlwagen wurde der Wagenkasten im Baukastenprinzip gefertigt. Die Wände bestanden aus gesicktem Stahlblech (außen), Polyurethanschaum (als Isolierung) und Aluminiumblech (innen). Als Kühlmittel konnte – je nach Ladegut – Wasser- oder Trockeneis verwendet werden.

Die Wagen waren für eine Höchstgeschwindigkeit von 120 km/h ausgelegt und wurden anfangs als Ibbhss [8366] bzw. nach Ausrüstung mit elektrischer Zugsammelschiene als Ibbhqss [8362] eingereiht.

Zum Jahresende 1993 waren – als einzige ehemalige DR-Kühlwagenbauart – noch 79 Ibbhqss [8362] vorhanden, für die die Vergabe der Bauartnummer 405 vorgesehen war.

| | |
|---|---|
| DR | 836 2 000 – 836 2 239 |
| LüP | 14020 mm |
| Achsstand | 8000 mm |
| Ladelänge | 10800 mm |
| Ladefläche | 27,5 m² |
| Laderaum | 55,0 m³ |
| Lastgrenze CS | 24,3 t ★★ |
| CSS | 20,3 t |
| Eigengewicht | 15700 kg |
| Bremse | KE-GP, z.T. Fbr |

1994 ausgemustert

Oben der Ibbhlps-tz 410 825 4 522 am 11.10.1994 am Ablaufberg in Mannheim Rbf.
*Foto: Hans Ulrich Diener*

Links der Ibbhlps-tz 411 825 4 601 am 20.11.1993 abgestellt im Bf Hohenebra. *Foto: Bernd Schröder*

## Ibbhs 410 Ibbhlps-tz 410

1981 (DB)

Für den Transport von Gütern, bei denen die Kühltemperatur genau eingehalten werden muß, erhielten (nach einem Prototyp aus dem Jahr 1978) 1981 26 Ibbhs 398 und 24 Ibbhs 399 eine „Coolvent-Anlage“, die es ermöglicht, die Temperatur zwischen - 20°C und + 15°C zu regeln, sowie zusätzlich „Daberkow“-Transportschutzeinrichtungen.

Alle 51 Ibbhlps-tz 410 waren an Transthermos vermietet und wurden vorwiegend für den Transport von tiefgefrorenen Lebensmitteln und Fertiggerichten eingesetzt.

**825 4 500 – 825 4 550**

| | |
|---|---|
| LüP | 14570 / 14020 mm |
| Achsstand | 8000 mm |
| Ladelänge | 12120 mm |
| Ladefläche | 31,5 m² |
| Laderaum | 66,6 m³ |
| Lastgrenze CS | 23,1 / 23,4 t ★★ |
| Eigengewicht | 16900 / 16600 kg |
| Bremse | KE-GP, z.T. Hbr |

1995 ausgemustert

## Ibbhs 411 Ibbhlps-tz 411

1978 (DB)

Als Versuchsträger für die Ibbhlps-tz 410 wurden 1978 zwei Ibbhs 399 mit einer „Coolvent-Anlage“ ausgerüstet und als Ibbhs 411 bezeichnet. Die Wagen waren wirtschaftlicher als Maschinenkühlwagen. 1981 wurde daher eine Serie von 51 Wagen zu Ibbhs 410 umgebaut (s.o.).

**825 4 600 – 825 4 601**

| | |
|---|---|
| Laderaum | 65,1 m³ |
| Lastgrenze CS | 23,9 t ★★ |
| Eigengewicht | 16100 kg |
| Bremse | KE-GP |

übrige Daten identisch mit Ibbhs 410

1994 ausgemustert

# K – Flachwagen mit zwei Radsätzen in Regelbauart

### mit klappbaren Borden und kurzen Rungen

Lastgrenze C ≥ 25 t / ≤ 30 t
Ladelänge ≥ 12 m

**Kennbuchstaben stehen für folgende Abweichungen:**

- **b** mit langen Rungen
- **g** für den Transport von Containern eingerichtet
- **kk** Lastgrenze ≥ 20 t / < 25 t
- **l** ohne Rungen
- **m** Ladelänge ≥ 9 m / < 12 m
- **p** (teilweise) ohne Borde
- **s** für Züge bis 100 km/h
- **x** Einsatz vorrangig im Baudienst (als Dienstgüterwagen)

Als Flachwagen mit zwei Radsätzen in Regelbauart werden bei der DB AG heute nur noch Rungenwagen mit niedrigen, umklapp- und befahrbaren Bordwänden eingesetzt. Bauarten ohne Bordwände (ehemalige Schienenwagen) oder mit aushebbaren Bordwänden (ältere Rungenwagen) sind schon seit längerem ausgemustert.

Eingesetzt werden K-Wagen, von denen rund die Hälfte mit hohen Stahlblech-Steckrungen ausgerüstet ist (Kbs), für alle witterungsunempfindlichen Ladegüter mit großem Raumbedarf wie z.B. Hölzer aller Art, Torf, Rohre, Walzdraht, Baustähle und Stahlkonstruktionen sowie Stückgut in großen Gebinden.

Etwa zehn Prozent der Wagen, die von der ehemaligen DR stammen, besitzen nur die auch bei den übrigen europäischen Bahnverwaltungen weit verbreiteten Drehrungen. Diese Wagen werden – ebenso wie die Kls, die zwar Rungentaschen aber keine Rungen haben – vorwiegend für den Transport von Steinen und Erden eingesetzt. Daneben sind sie für Einzellasten, für deren Beförderung keine oder nur niedrige Borde erforderlich sind, geeignet: z.B. Eisen- und Stahlerzeugnisse, Steine, Maschinen und Fahrzeuge.

Mit Ausnahme der älteren Wagen mit den Bauartnummern 439 bis 441 haben alle Bauarten UIC-Standardabmessungen. Die älteren Wagen wurden zuletzt – z.T. als U-x bezeichnet – nur noch für Baudienst-Zwecke eingesetzt. Die letzten Kkklms der DB für den öffentlichen Verkehr wurden als Schutzwagen für überlange Ladungen verwendet.

Als Ersatz für sie hergerichtet Klps 444, bei denen ein Teil der Bordwände abgebaut wurde, basieren auf UIC-Standardwagen.

Oben der Klm [3132] 313 2667 mit Blechbordwänden am 14.3.1993 in Chemnitz. *Foto: Harald Westermann*
Links der Klm 506 313 5 184 mit Holzbordwänden am 5.6.1980 in Hohenbudberg mit einer Ladung Bauschutt. *Foto: Viktor Schiffer*

## Xltmm(s) 33 Klm 506 Klm [3132, 3133] Klm 439

1942

Als erste Rungenwagen für 25 t Ladegewicht wurden im Zweiten Weltkrieg die Rmms Ulm gebaut. Sie hatten 600 mm hohe Blech-, bei späteren Lieferungen Holzbordwände.

Die DB zeichnete die Wagen zu Rmm(so) 33 um, 1965 zu Klm 441. Wagen, bei denen die Rungentaschen abgebaut waren, erhielten die Bezeichnung Xltmm(s) 33 bzw. ab 1965 Klm 506. Die letzten Klm 506 wurden 1987 ausgemustert oder für den Einsatz im Baudienst zu U-x 151 umgezeichnet.

Ein Teil der bei der DB nicht mehr benötigten Klm 506 wurde an die DR verkauft und hier als Klm [3132] und Klm [3133] eingereiht. 1949 direkt zur DR gekommene Wagen (Rmoo(s) 62.2 bzw. Klm [3130]/Klms [3430]) wurden vor 1993 ausgemustert.

Anfang 1994 waren noch 575 Klm [3132] und zehn Klm [3133] im Bestand, die nicht mehr umgezeichnet und bis 1996 ausgemustert wurden.

| | |
|---|---|
| **DR [3132]** | **313 2 000 – ... 2 997** |
| **DR [3133]** | **313 3 013 – ... 3 206** |
| **DR [3133]** | **313 5 000 – ... 5 182** |

| | |
|---|---|
| **LüP** | **12100 / 12000 mm** |
| **Achsstand** | **8000 mm** |
| **Ladelänge** | **10580 mm** |
| **Ladefläche** | **28,4 m²** |
| **Laderaum** | **17,0 m³** |
| **Lastgrenze C 80** | **25,5 t** |
| **z.T. CS** | **25,5 t** |
| **Eigengewicht** | **10900 / 10600 kg** |
| **Bremse** | **Hik-GP, z.T. Hbr** |
| **Höchstgeschw.** | **80 km/h** |

**1996 ausgemustert**

Oben der Kkklms 440 344 0 712 (Heimatbahnhof Dortmunderfeld) am 5.8.1989 in Darmstadt-Kranichstein.
*Foto: Hans Ulrich Diener*
Rechts der U-x 150 942 1 846 mit Handbremse und schwenkbarem Bühnengeländer im Mai 1988 im Gbf Hamburg-Sternschanze.

1938

# Rmso 31 Klms 440 Kkklms 440

Ab 1938 wurden geschweißte Rungenwagen mit 20 t Ladegewicht und für eine Höchstgeschwindigkeit von 100 km/h gebaut.

Die 400 mm hohen klappbaren Bordwände dieser Rms Stuttgart bestanden aus Stahlblech und besaßen aufgeschweißte Verstärkungsprofile. Das Geländer der Handbremsbühne war schwenkbar ausgebildet.

Zur DB kamen etwa 6.000 Wagen. Sie wurden als Rms 31, später auch als Rm(s)o 31 (Wagen ohne Rungen) oder Rmhso 31 (Wagen mit Heizleitung), eingereiht. Ab 1965 erhielten die Wagen die Bauartbezeichnung Klms 440, bei abweichenden Eigenschaften auch Klm, Kklm oder Klmrs.

Zwischen 1980 und 1987 erfolgte die Umzeichnung zu Kkklms 440. Ein Teil der Wagen wurde für den ausschließlichen Einsatz im Baudienst zu U-x 150. Zur DB AG kamen 1994 neun Kkklms 440, die nur noch als Schutzwagen eingesetzt wurden.

343 9 000 – 344 3 499

| | |
|---|---|
| LüP | 12800 / 12100 mm |
| Achsstand | 8000 mm |
| Ladelänge | 10660 mm |
| Ladefläche | 28,5 m² |
| Laderaum | 11,4 m³ |
| Lastgrenze CS | 21,0 t |
| Eigengewicht | 13000 / 12300 kg |
| Bremse | Hik-GP, z.T. Hbr |

1995 ausgemustert

Am 22.2.1995 stand im Rbf Hamburg-Eidelstedt eine lange Reihe K-Wagen. Oben der Kkklms 441 [3440] 344 3 975, links der Kkklms [3440] 344 3310, der abweichende Bordwände mit weniger Verstärkungen und noch seinen ursprünglichen Rungenkasten hat.

# R(a)moos, Rmos 62 Kkklms [3440] Kkklms 441

1938

Bei der DR erhielten die Rms Stuttgart die neue Bauartbezeichnung Ramoos (mit Handbremse), Rmoos bzw. Rmos 62. 1972 erfolgte die Umzeichnung zu Klm mit Nummern ab 313 0000 oder Klms(-z) (Wagennummern ab 343 0000), ab 1980 zu Kkklms [3440].

Während die DB die zuletzt als Kkklms 440 bezeichneten ehemaligen Rms Stuttgart bis 1994 fast restlos ausmusterte, waren bei Gründung der DB AG Anfang 1994 noch 1.052 Kkklms [3440] im Bestand der DR. Diese Wagen wurden anfangs – wie die noch als U-x 150 vorhandenen DB-Wagen – im Baudienst z.B. für den Transport von Schwellen oder Bettungsrückständen eingesetzt.

Zwar ist eine Umzeichnung auf „80 DB" nicht mehr erfolgt, die Bauartbezeichnung Kkklms 441 (2. Besetzung – s. S. 131) hat ein Teil der Wagen jedoch erhalten. Ende 1997 waren nur noch 15 Kkklms 441 vorhanden.

| | |
|---|---|
| **DR** | **344 0 306 – 344 0 770** |
| | **344 1 008 – 344 1 976** |
| | **344 2 000 – 344 4 943** |
| **LüP** | **12800 / 12100 mm** |
| | **12740 / 12040 mm*** |
| **Achsstand** | **8000 mm** |
| **Ladelänge** | **10660 mm** |
| **Ladefläche** | **28,5 m²** |
| **Laderaum** | **11,4 m³** |
| **Lastgrenze CS** | **21,0 t** |
| **Eigengewicht** | **13000 / 12300 kg** |
| **Bremse** | **Hik-GP, (z.T. Hbr)** |

***nach Ausrüstung mit UIC-Puffern**

15

↓

Oben der Kbs 442 334 5 349 im Gbf Hamburg-Tiefstack.
Rechts der mit einer historischen Feuerwehr beladene Kls 442 [3360] 336 9 432 am 2.11.1994 in Mannheim Rbf.
*Foto: Hans Ulrich Diener*

**DB** 1958

4.337 ↘

## Rlmms, Rlmmso 56 Kbs, Kbgs, Kls 442

| | |
|---|---|
| Kbs | 333 7 000 – 334 8 599 |
| Kbs mit Stirnwänden | |
| | 335 0 650 – 335 0 999 |
| Kbgs | 335 5 100 – 335 5 599 |
| Kls | 336 5 000 – 336 9 145 |
| Kls ex DR | 336 9 146 – 336 9 999 |

| | |
|---|---|
| LüP | 13960 / 13860 mm |
| Achsstand | 8000 mm |
| Ladelänge | 12500 mm |
| Ladefläche | 34,6 m² |
| Laderaum | 15,6 m³ |
| Lastgrenze CS | 27,0 / 27,5 t* ★★ |
| Eigengewicht | 12700 / 12300 kg |
| Kls | 12100 kg |
| Bremse | KE-GP, z.T. Hbr |

*mit AK-Vorbereitung Lastgrenzen 0,5 t geringer

Die DB beschaffte zwischen 1958 und 1967 über 14.200 Rlmms 56.

Diese von der UIC standardisierten Wagen haben sechs 450 mm hohe Seitenwandklappen aus Stahlblech auf jeder Seite, die durch Fallrungen an den Klappenstößen gesichert werden, sowie klappbare Stirnborde. Die 16 Seitenrungen bestehen aus Preßblech, die vier Stirnrungen aus I-Profilen.

Ein Teil der Wagen erhielt Handbremsbühnen mit umklappbaren Geländern (die inzwischen bei nahezu allen Wagen abgebaut wurden).

1965 wurden die Rlmms 56 zu Kbs 442 umgezeichnet. Rund 3.000 Wagen ohne Rungen (Rlmmso 56), erhielten die Bauartbezeichnung Kls 442.

Da kurzfristig nicht genügend neue Tragwagen für den aufkommenden Container-

Der Kbgs 442 335 5 387 mit einem „Open-Top"-Container am 19.5.1985 im Rbf Brake. *Foto: Klaus Kirsch*

Der in Frechen beheimatet Kbs 442 335 0 795 am 12.8.1985 mit einer Brikettladung im Bf Brake. *Foto: Klaus Kirsch*

Der mit Bettungsrückständen beladene Kls 442 336 7 448 am 10.10.1995 im Rbf Hamburg-Eidelstedt.

verkehr gebaut werden konnten, erhielten 1978/79 500 Kbs 442 Containerarretierungen und wurden zu Kbgs 442 umgezeichnet. Die letzten sieben wurden 1997 abgestellt.

Für die Beförderung palettierter Ziegel und Briketts wurden 350 Kbs 442 mit Gitteraufbauten und Stirnwänden ausgerüstet und beheimatet. Bis 1997 wurden die Aufbauten demontiert und die Wagen wieder in den EUROP-Park eingebracht.

Ab 1987 erhielten Kbs 442 und Kbs 443 z.T. neue Wenderungen (Bild s.S. 137) mit gleichbleibendem Querschnitt (anstelle der alten, konisch zulaufenden Rungen).

Die Kls 442, die die DR 1989 von der DB gemietet und zu Kls [3360] umgezeichnet hatte, wurden 1994 wieder als Kls 442 eingereiht, erhielten dabei jedoch neue Wagennummern.

Oben der Kbs 443 333 5 537 mit leeren „Flat"-Containern (Flach-Container mit klappbaren Stirnwänden) am 25.1.1998 im Hamburger Hafen-Bezirksbahnhof Mühlenwerder. Rechts der Kls 443 336 1 668 mit Kabeltrommeln am 9.10.1995 im Bezirksbahnhof Hamburg-Kai rechts.

**DB** 1959

## Rlmms, Rlmmso 58 Kbs, Kls 443

| | |
|---|---|
| **Kbs** | **333 0 000 – 333 6 785** |
| **Kbs mit Stirnwänden** | |
| | **335 1 000 – 335 1 199** |
| **Kbgs** | **335 5 000 – 335 5 099** |
| **Kls** | **336 0 000 – 336 3 402** |
| **Kls*** | **336 3 403 – 336 3 999** |
| | ***ehem. DR oder Stirnwände u.a.** |

| | |
|---|---|
| LüP | 13960 / 13860 mm |
| Achsstand | 8000 mm |
| Ladelänge | 12500 mm |
| Ladefläche | 34,6 m² |
| Laderaum | 15,6 m³ |
| Lastgrenze CS | 26,5 / 27,0 t ★★ |
| Eigengewicht | 13100 / 12600 kg |
| Kls | 12400 kg |
| Bremse | KE-GP, z.T. Hbr |

Um den Bedarf an modernen Rungenwagen zu decken, wurden ab 1959 auch ältere Rungenwagen zerlegt und die Teile für den Neuaufbau von etwa 10.000, dem UIC-Standard entsprechenden, Rlmms 58 verwendet. Sie sind wegen der Verwendung alter Profile geringfügig schwerer als die Neubauwagen, die Lastgrenzen sind entsprechend geringer.

Ein Teil der Rlmms 58 wurde mit Handbremsbühne mit umklappbarem Geländer ausgerüstet. 1965 wurden die Rlmms 58 zu Kbs 443 umgezeichnet, die über 3.000 Wagen ohne Rungen (Rlmmso 58) zu Kls 443.

100 Kbs 443 erhielten ab 1972 Containerarretierungen und wurden zu Kbgs 443 umgezeichnet, die letzten sieben wurden 1996 ausgemustert. 200 Kbs 443 hatten zeitweise Gitteraufbauten und Stirnwände.

Ein Teil der Kbs/Kls 443 wurde 1989 an die DR vermietet und hier als Kbs [3330, 3331] bzw. Kls [3360, 3361] eingereiht.

3.423 ↘

Oben der Klps 444 339 0 067 im Hamburger Hafen am Reiherstieg. Der mit Rohren beladene Wagen dient hier gleichzeitig als Schutzwagen.
Links der mit Stahlträgern beladene Kbs 443 333 6 386 mit Handbremsbühne am 4.7.1984 im Hafen von Brake. *Foto: Klaus Kirsch*

Der Kbs 443 333 0 090 mit Edelstahlrohren am 20.11.1997 im Hamburger Hafen am Reiherstieg.
Die beiden linken Rungen sind Wenderungen (s. Kbs 442).

# Klps 444

1989 DB

Da die als Schutzwagen für den Transport überlanger Güter auf Rs-Wagen eingesetzten Kkklms 440 das Ende ihrer Nutzungszeit erreicht hatten, wurden 1989 im AW Saarbrücken 130 Kls 442 als Ersatz hergerichtet und zu Klps 444 umgezeichnet.

Beim Einsatz als Schutzwagen müssen oftmals die Bordwände herabgeklappt werden. Da diese dann aber bei den Kls 442 die Fahrzeugumgrenzung überschreiten, wurden die jeweils äußeren Seitenklappen abgebaut.

**339 0 000 – 339 0 129**

| | |
|---|---|
| **LüP** | **13860 mm** |
| **Achsstand** | **8000 mm** |
| **Ladelänge** | **12500 mm** |
| **Ladefläche** | **34,6 m²** |
| **Lastgrenze CS** | **27,0 t ★★** |
| **Eigengewicht** | **11900 kg** |
| **Bremse** | **KE-GP** |

79 ↘

Der Ks 446 [3300] 330 0 156 am 29.10.1995 im Rbf Hamburg-Eidelstedt.

DR 1969

# Rlmms 62.03 Ks [3300] Ks 446

330 0 000 – 330 1 191

| | |
|---|---|
| LüP | 13860 mm |
| Achsstand | 8000 mm |
| Ladelänge | 12500 mm |
| Ladefläche | 34,5 $m^2$ |
| Laderaum | 15,5 $m^3$ |
| Lastgrenze CS | 27,5 t ★★ |
| Eigengewicht | 12600 kg |
| Bremse | KE-GP |

1969 beschaffte die DR bei UV Arad in Rumänien etwa 1.200 Rungenwagen nach UIC-Standard ohne Handbremse und reihte diese als Rlmms bzw. Ks mit Wagennummern ab 330 0000, ab 1978 als Ks [3300] ein.

Von den DB-Bauarten unterscheiden sich die Wagen verkehrlich durch die sechs Drehrungen auf jeder Wagenseite (anstelle der Steckrungen bei DB-Wagen) und den Außenrahmen.

Die ursprünglich hohen Stirnrungen wurden nachträglich soweit gekürzt, daß sie die Stirnborde nicht mehr überragen. Weitere Unterscheidungsmerkmale sind der massive Unterzug anstelle eines Sprengwerkes, der fehlende Rungenablagekasten und die abweichende Bordwandausführung.

In den Bestand der DB AG kamen 1994 noch 1.146 Wagen, die die Bauartbezeichnung Ks 446 erhielten.

1.120 →

Der Ks 447 [3301] 330 1 729 am 22.2.1995 ebenfalls im Rbf Hamburg-Eidelstedt.

# Ralmms 62.04 Ks [3301] Ks 447

1969 DR

Weitere 300 Rungenwagen – jedoch mit Handbremse – beschaffte die DR 1969/70 bei der Waggonfabrik Niesky. Die Wagen haben bis auf die LüP nahezu die gleichen Abmessungen wie die bei Arad gebauten Ks [3300] und wurden als Ralmms bzw. Ks-z mit Nummern ab 330 1500, ab 1978 als Ks [3301] bezeichnet.

Auch die Ks [3301] haben Außenrahmen und sechs Drehrungen auf jeder Wagenseite. Von den Ks [3300] unterscheiden sie sich durch das Sprengwerk, eine etwas andere Ausführung der Bordwände und der Fallrungen zu deren Abstützung sowie die von vornherein niedrigen Stirnrungen.

267 Wagen kamen 1994 noch zur DB AG und wurden hier – ohne Handbremse und Bühnengeländer – als Ks 447 eingereiht.

330 1 500 – 330 1 799

| | |
|---|---|
| **LüP** | 14230 mm |
| **Achsstand** | 8000 mm |
| **Ladelänge** | 12500 mm |
| **Ladefläche** | 34,5 m² |
| **Laderaum** | 15,5 m³ |
| **Lastgrenze CS** | 27,5 t ★★ |
| **Eigengewicht** | 12500 kg |
| **Bremse** | KE-GP, z.T. Hbr |

262 ➡

Oben der Kls-x 448 346 8 100 am 31.5.1997 im Rbf Duisburg-Wedau. Rechts der mit Scheibenbremsradsätzen beladene U-x 153 959 0 154 am 17.1.1995 im Rbf Hamburg-Eidelstedt.

# DB 1958

# U-x 152, 153 Kls-x 448

| | |
|---|---|
| Kls-x 448 | 346 7 000 – 346 8 361 |
| U-x 152 | 942 0 270 – 942 0 757 |
| U-x 153 | 959 0 000 – 959 0 999 |

| | |
|---|---|
| **LüP** | 13860 mm |
| **Achsstand** | 8000 mm |
| **Ladelänge** | 12500 mm |
| **Ladefläche** | 34,6 m² |
| **Laderaum** | 15,6 m³ |
| **Lastgrenze CS** | 28,0 t ★★ |
| **Eigengewicht** | 12000 kg |
| **Bremse** | KE-GP |

1.309 ↗

In den achtziger Jahren wurden 356 Kls 442 und 126 Kls 443 für den Einsatz ausschließlich als Dienstgüterwagen zu U-x 152 umgezeichnet. Ein Einsatz im „s-Verkehr" (mit 100 km/h) war nicht vorgesehen.

1993 wurden weitere Wagen beider Bauarten für den Einsatz im Bahndienst (auch mit 100 km/h) zu U-x 153 umgezeichnet. Zu erkennen waren die Wagen beider Bauarten an der gelben Fläche unter der Wagennummer – bei den U-x 152 über der linken Achse, bei U-x 153 in Wagenmitte.

Um die Wagen bedarfsgerecht sowohl für den öffentlichen Verkehr als auch als Dienstgüterwagen einsetzen zu können, wurden sie ab 1995 wieder zu Kls umgezeichnet, allerdings mit dem Zusatz „x", der sie für den Einsatz vorrangig im Baudienst ausweist.

Die Wagen behielten die gelbe Fläche, an deren Anordnung der Ursprung (U-x 152 oder U-x 153) zu erkennen ist.

# L – Flachwagen in Sonderbauart mit unabhängigen Radsätzen

Zu den Flachwagen in Sonderbauart zählen im wesentlichen Autotransportwagen sowie Container- und Behältertragwagen.

Die meisten Autotransportwagen, zweigliedrige Wagen mit drei Radsätzen oder zwei fest zu einer Einheit gekuppelte zweiachsige Wagen, sind Doppelstockwagen. Sie sind vorwiegend für den Transport von PKWs im Industrieverkehr bestimmt.

Daneben gibt es – neben Autotransportwagen in Reisezugwagenbauart (DDm 915) – Güterwagen für den Auto-Reisezug-Verkehr (ARZ). Diese Bauarten entstanden als Weiterentwicklung der für den Industrieverkehr genutzten Wagen. Dazu zählen auch die ausschließlich für den Verkehr zwischen Niebüll und Westerland eingesetzten, mehrgliedrigen Einheiten.

Zur Be- und Entladung kann die obere Ladeebene der meisten Bauarten stirnseitig abgesenkt werden. Zusätzlich können einige Bauarten auch mit teilweise abgesenkter oberer Ladeebene für die Beförderung von Transportern eingesetzt werden. Zur Sicherung der Kraftfahrzeuge während der Fahrt sind – mit Ausnahme der im Westerlandverkehr eingesetzten – alle Wagen mit Radvorlegern ausgerüstet.

Eine zweite Gruppe der Flachwagen in Sonderbauart sind die für den Transport von pa-Behältern oder Containern eingerichteten Wagen. Die meisten Behältertragwagenbauarten sind inzwischen ausgemustert, da für diese Verkehre kein Bedarf mehr besteht. Auch bei den Containertragwagen sind die Bestandszahlen rückläufig. Bedingt durch höhere Geschwindigkeiten gerade im Containerverkehr werden heute vorwiegend Drehgestellwagen eingesetzt.

Die Einordnung der Laakklps 608 als Flachwagen in Sonderbauart und nicht als Tiefladewagen ist unter dem Aspekt zu sehen, daß sie ursprünglich für den Transport von Fahrzeugen (LKWs) gedacht waren.

Einzelwagen mit 2 Radsätzen:

| | |
|---|---|
| Lastgrenze | ≥ 25 t / ≤ 30 t |
| Ladelänge | ≥ 12 m |

Gelenkwagen und Wageneinheiten mit 2 Elementen:

| | |
|---|---|
| Ladelänge | ≥ 22 m / < 27 m |

**Kennbuchstaben stehen für folgende Abweichungen:**

| | |
|---|---|
| a | Gelenkwagen (mit 3 Rads.) |
| aa | Wageneinheit (mit 4 Rads.) |
| b | Tragwagen für pa-Behälter |
| d | für Kraftfahrzeuge (Kfz) in einer Ladeebene |
| e | Doppelstockwagen für Kfz |
| f | Fährbootwagen |
| g | eingerichtet für Containerbeförderung |
| j | mit Stoßdämpfern |
| k | bei Einzelwagen (Gelenkwagen noch bis 30.6.1998): Lastgrenze C < 20 t |
| kk | bei Einzelwagen (Gelenkwagen noch bis 30.6.1998): Lastgrenze C ≥ 20 t / < 25 t |
| m | bei Einzelwagen: Ladelänge ≥ 9 m / < 12 m<br>Gelenkwagen / Wageneinh.: Ladelänge ≥ 18 m / < 22 m |
| n | bei Einzelwagen: Lastgrenze > 30 t |
| p | ohne Borde |
| q | mit elektrischer Heizleitung für alle Stromarten |
| r | Gelenkwagen / Wageneinh.: Ladelänge ≥ 27 m |
| s | für Züge bis 100 km/h |
| ss | für Züge bis 120 km/h |
| t | stirnseitige lichte Beladebreite < 2,45 m (bis 1980) |
| u | mit Dampfheizleitung |
| z | Niederflurwagen (bis 1980) |

Der Laekkqss 538 97 00 267 am 14.10.1990 im Rbf Darmstadt-Kranichstein.

DB 1961

# Offehss 68 Laeqrss 545 Laekkqss 538

97-00 200 – 97-00 278

| | | |
|---|---|---|
| LüP | | 23800 mm |
| Achsstand | | 2mal 8000 mm |
| Ladelänge | unten | 22420 mm |
| | oben | 22870 mm |
| Lastgrenze | CS | 20,0 t ★★ |
| | CSS | 16,0 t |
| Eigengewicht | | 24800 kg |
| Bremse | | KE-GP-A, Hbr |

1995 ausgemustert

Auf der Basis der Offs 60 (s. Laekks 546) baute Graaff zwischen 1961 und 1963 88 für den Autoreisezugverkehr (ARZ) bestimmte Offehss 68.

Die Ausgangsbauart war bereits lauftechnisch für 120 km/h geeignet. Die ARZ-Wagen wurden auch bremstechnisch entsprechend hergerichtet und erhielten für den Einsatz in Reisezügen durchgehende Dampfheiz- und elektrische Leitungen. Für die Beförderung von PKWs mit breiter Spur und geringer Bodenfreiheit hatten die Lademulden der unteren Ebene Holzeinlagen. Die obere Ladeebene der ab 1965 als Laeqrss 545 bezeichneten Wagen war geschlossen (bei Offs 60 nur Streckmetall zwischen den Fahrmulden).

Zwischen 1980 und 1982 wurden bei 79 Wagen die Kröpfungen der oberen Ladeebene entfernt und die Dampfheizleitung ausgebaut. Die Wagen wurden in Laekkqss 538 umgezeichnet, elf kamen noch zur DB AG.

Oben der mit vier VW-LT beladene Laadks 540 433 4 022 im Februar 1990 im Rbf Hamburg-Rothenburgsort.
Links der Laadks 540 433 4 019 am 14.10.1990 mit VW-Transportern im Rbf Darmstadt-Kranichstein.

# Laas 540 Laadks 540

1979 DB

Zur Beförderung größerer Transporter, die wegen ihrer Höhe nicht mehr doppelstöckig verladen werden können, wurden zwischen 1979 und 1981 416 Kls 442 zu 208 im Betrieb nicht lösbaren Laas 540-Einheiten (ab 1980 Laadks 540) gekuppelt.

Bei den Stirnborden an den Enden wurde der Mittelteil herausgeschnitten, so daß die verbleibenden Seitenteile nur noch die Fahrspuren überbrücken, der Kuppelraum hingegen frei bleibt. Die Stirnborde und die nicht geänderten, heruntergeklappten Borde in Einheitsmitte wurden mit angeschweißten Überfahrbrücken verlängert.

Auf den Holzfußböden wurden Rastlochschienen für 36 Radvorleger/Einheit montiert, die seitlichen Borde erhielten ein einfaches Schutzgeländer.

Ab 1991 disponierte die ATG den Einsatz aller 208 Einheiten, Ende 1993 waren noch 172 Laadks 540 im Bestand.

**433 4 000 – 433 4 207**

| | |
|---|---|
| LüP | 27720 mm |
| Achsstand | 2mal 8000 mm |
| Gesamtachsstand | 21860 mm |
| Ladelänge | 26150 mm |
| Lastgrenze CS | 30,0 t ★★ |
| Eigengewicht | 25000 kg |
| Bremse | KE-GP |

1

⬇

Der Laekkms 542 426 6 031 am 14.10.1990 im Rbf Darmstadt-Kranichstein.

**DB** 1955

# Offs 55 Laes 542 Laekkms 542

1955 entwickelte Graaff die erste dreiachsige Autotransporteinheit Offs 55 und baute bis 1959 insgesamt 1.200 Wagen.

Ab 1963 wurden 67 Wagen mit geschlossener oberer Ladeebene als Offehss 55 (ab 1965 Laeqrss 550) z.T. bis 1987 für den ARZ-Verkehr eingesetzt. Die 1981 noch vorhandenen 37 Wagen wurden zu Laekkmqss-u 539 umgezeichnet.

Ab 1988 wurden 150 Laekkms 542 für VW-Ganzzugverkehre (Einheiten aus je 25 Wagen) hergerichtet. Die Überfahrklappen, die auch während der Fahrt in der Überfahrstellung bleiben, wurden gekürzt und die Radvorleger ausgebaut. Bei weiteren Wagen, die ebenfalls nur in festen Zugverbänden eingesetzt werden, wurden für den Transport von PKWs mit breiter Spur die Fahrmulden aufgefüttert.

750 Laekkms 542 wurden 1991 von der ATG übernommen, von denen die meisten inzwischen ausgemustert sind.

**426 5 000 – 426 6 139**

| | |
|---|---|
| **LüP** | **22800 mm** |
| **Achsstand** | **2mal 8000 mm** |
| **Ladelänge unten** | **21870 mm** |
| **oben** | **21870 mm** |
| **Lastgrenze CS** | **20,0 t** |
| **Eigengewicht** | **18800 kg** |
| **Bremse** | **KE-GP, Hbr** |

53 ↘

Oben der für die neuen Westerland-einheiten blau gestrichene Lekks 544 418 8 027 am 2.8.1991 im Bf Westerland.
Links der Lekks 544 418 8 008 ohne seitliche Auffahrklappen am 9.6.1995 in Westerland – dahinter der 418 8 011 noch mit Auffahrklappen.

## Offs 66 Les, Lers 544 Lekks, Lekks-u 544

1961 DB

Als Endwagen („Portalwagen") für Westerlandeinheiten wurden zwischen 1961 und 1979 auf Untergestellen von Rlmms 58 insgesamt 30 Offs 66 / Le(r)s 544 (r = Wagen mit Dampfheizleitung) gebaut.

Zum Beladen an den Verladeanlagen in Niebüll und Westerland ist es erforderlich, daß die Wagen sowohl von den Stirnseiten als auch von der Seite befahren werden können. Hierzu haben sie auf jeder Seite sechs Klappen je Ladeebene, an den Stirnseiten je eine.

Aus Unfallverhütungsgründen wurden die Klappen der oberen Ladeebene nachträglich durch Geländer erhöht.

Alle Westerlandeinheiten sind an den Enden mit je einem Portalwagen fest gekuppelt. Da die Züge aus mehreren Einheiten gebildet werden und somit etliche Portalwagen keine Be- und Entladeaufgaben haben, wurden bei einem Teil der Wagen Anfang der neunziger Jahre die Seitenklappen abgebaut und durch Seilgeländer ersetzt.

**418 8 000 – 418 8 029**

| | | |
|---|---|---|
| **LüP** | | **13920 mm** |
| **Achsstand** | | **8000 mm** |
| **Ladelänge** | **unten** | **12500 mm** |
| | **oben** | **12500 mm** |
| **Lastgrenze** | **C** | **21,0 t ★★** |
| | **CS** | **17,0 t** |
| **Eigengewicht** | | **18400 kg** |
| **Bremse** | | **KE-GP** |

26 →

Oben der Laekks 543 425 3 655 im Oktober 1987 im Rbf Hamburg-Rothenburgsort,
rechts der Laekks 546 425 7 400 am 16.5.1995 im Rbf Hamburg-Hohe Schaar.

**DB** 1959

# Offs 60 Laes 543 Laekks 546

**425 7 000 – 425 7 499**

| | | |
|---|---|---|
| **LüP** | | **23800 mm** |
| **Achsstand** | | **2mal 8000 mm** |
| **Ladelänge** | **unten** | **22420 mm** |
| | **oben** | **22870 mm** |
| **Lastgrenze CS** | | **20,0 t** |
| **Eigengewicht** | | **21500 kg** |
| **Bremse** | | **KE-GP, Hbr** |

Da Ende der fünfziger Jahre die Produktion von Kleinbussen und Transportern anstieg, forderte die Industrie Wagen für die doppelstöckige Verladung dieser Kraftfahrzeuge.

Graaff entwickelte 1959 die Offs 60, bei denen die untere Ladeebene durch den Einbau kleinerer Radsätze stellenweise nur 660 mm über Schienenoberkante liegt. Bis 1964 wurden 1.924 Offs 60 / Laes 543 gebaut.

Bei insgesamt 461 seit 1980 als Laekks 543 bezeichneten Wagen wurden zwischen 1982 und 1987 die Auflagerkonsolen für die obere Ladeebene versetzt, so daß die Wagen (durch die Verringerung des Knickwinkels in der Beladestellung) auch mit PKWs mit geringer Bodenfreiheit befahren werden können. Die so geänderten Wagen erhielten die Bauartbezeichnung Laekks 546. Die verbliebenen Laekks 543 wurden bis 1990 ausgemustert.

407 Laekks 546 werden ab 1991 von der ATG eingesetzt, 313 kamen 1994 zur DB AG.

27 ↓

Oben der Laekks 547 425 4 667 mit für den Transport von Transportern teilweise abgesenkter oberer Ladeebene am 5.6.1997 im Bf Weiden/Opf. Links der Laekks 547 425 4 458 am 7.7.1997 im Rbf Hamburg-Hohe Schaar.

## Offs 547 Lae(q)s 547 Laekk(q)s 547

1964 DB

1964 wurden bei Graaff drei Prototypen einer dreiachsigen Autotransporteinheit gebaut. Diese Offs/Laes 547 sind etwa 2,5 m länger als die Laes 543.

Die oberen, ungeteilten Ladeebenen haben eine Tragfähigkeit von 10 t und sind nur an Endsäulen aufgehängt. Durch die in der Höhe variable Stellung der oberen Ladeebenen sind die Wagen auch für den Transport größerer Fahrzeuge geignet.

Von 1970 bis 1974 wurden bei Graaff und Talbot 1.052 Lae(kk)s 547-Serienwagen gebaut. Davon wurden 25 als Lae(kk)qs 547 bezeichnete Wagen für den Einsatz in Autoreisezügen im Saisonverkehr mit einer elektrischen Zugsammelschiene ausgerüstet.

Ab 1990 wurden die Laekks 547 durch kleinere Modifizierungen für die Beförderung der neuen VW-Transporter hergerichtet. Zur ATG kamen 1991 alle 25 Laekkqs 547 und 1.012 Laekks 547.

| | |
|---|---|
| **Laekks** | **425 4 003 – ... 5 029** |
| **Laekkqs** | **426 1 000 – ... 1 024** |

| | | |
|---|---|---|
| **LüP** | | **26240 mm** |
| **Achsstand** | | **2mal 9000 mm** |
| **Ladelänge** | **unten** | **25430 mm** |
| | **oben** | **25730 mm** |
| **Lastgrenze CS** | | **20,0 t ★★** |
| **Eigengewicht** | | **25400 kg** |
| **Bremse** | | **KE-GP-A, Hbr** |

**abweichende Daten für Laekks-Prototypen**

| | |
|---|---|
| **Eigengewicht** | **24600 kg** |
| **Bremse** | **KE-GP, Hbr** |

**1.031**

➡

Oben eine Laaes 549-Westerlandeinheit am 2.8.1991 im Bf Westerland. Rechts der Laekkqss 548 97-10 506 am 14.10.1990 im Rbf Darmstadt-Kranichstein.

DB 1964

## Offehss 548 Laeqrss 548 Laekkqss-u 548

22

| | | |
|---|---|---|
| | | 97-10 500 – 97-10 521 |
| LüP | | 26240 mm |
| Achsstand | | 2mal 9000 mm |
| Ladelänge | unten | 25360 mm |
| | oben | 25730 mm |
| Lastgrenze | CS | 20,0 t ★★ |
| | CSS | 16,0 t |
| Eigengewicht | | 25500 kg |
| Bremse | | KE-GP-A, Fbr, Hbr |

Vor dem Serienbau der Laekks 547 wurden 1964 22 Offehss 548 (ab 1965 Laeqrss 548) für den ARZ-Verkehr gebaut.

Neben der für 120 km/h ausgelegten Bremsanlage und den durchgehenden Heizleitungen unterscheiden sie sich auch durch die ebene obere Ladefläche und das Geländer mit zwei Seilen von den Laekkqs 547.

Die Wagen, die Reisezugwagenanschriften tragen, sind noch vollzählig im Bestand.

DB 1964

## Offs 549 Laaes 549

12

| | | |
|---|---|---|
| | | 435 2 000 – 435 2 011 |
| | | 435 2 020 – 435 2 023 |
| LüP | | 113.740 mm |
| Achsstand | | 2mal 9000 mm |
| | | 7mal 12500 mm |
| Ladelänge | unten | 112.860 mm |
| | oben | 113.230 mm |
| Lastgrenze | CS | 63,0 t |
| Eigengewicht | | 88270 kg |
| Bremse | | KE-GP-A, Fbr, Hbr |

Zeitgleich mit den Offehss 548 entstanden 1964 bei Graaff die ersten beiden neunteiligen Westerlandeinheiten Offs 549, weitere zehn Laaes 549 folgten 1966 und 1970.

Die Endteile entsprechen den Laekks 547. Zwischen diesen sind sieben gleiche Mittelwagen angeordnet, die sich an den Enden auf einer gemeinsamen Achse abstützen.

Die Einheit ist in beiden Ebenen mit dreizügigen Perlonseil-Geländern ausgestattet.

Oben der Laekks 551 425 5 493 am 7.7.1997 im Rbf Hamburg-Hohe Schaar.
Links der Laekks 551 425 5 803 mit teilweise abgesenkter oberer Ladeebene am 8.10.1997 am gleichen Aufnahmeort.

# Laes 551 Laekks 551

1967 DB

Weil 1967 die Bauhöhe der VW-Transporter vergrößert wurde, mußten in ausreichender Zahl Autotransportwagen mit einer größeren Ladehöhe auf der oberen Ladeebene zur Verfügung gestellt werden.

1967/68 erhielten daher 998 Laes 543 bei Graaff und im AW Darmstadt neue, ungeteilte, auf der ganzen Länge absenkbare obere Ladeebenen. Da diese nur an den Wagenenden an Seilen aufgehängt sind, konnten die Mittelstützen abgebaut werden.

Für die Beladung mit hohen Kraftfahrzeugen sind in der oberen Ladefläche 90 mm tiefe Mulden vorhanden, die bei Nichtbenutzung durch Klappen abgedeckt werden können. Die Bauartbezeichnung der umgebauten Wagen lautete Laes 551, ab 1980 Laekks 551.

Alle 988 Laekks 551 wurden 1991 von der ATG übernommen und als Mietwagen bei der DB eingestellt.

**425 5 100 – 425 6 099**

| | |
|---|---|
| **LüP** | **23800 mm** |
| **Achsstand** | **2mal 8000 mm** |
| **Ladelänge unten** | **22990 mm** |
| **oben** | **23400 mm** |
| **Lastgrenze CS** | **20,0 t ★★** |
| **Eigengewicht** | **24400 kg** |
| **Bremse** | **KE-GP, Hbr** |

976 →

Der Laekks 552 425 6 260 am 23.2.1998 im Rbf Hamburg-Hohe Schaar.

DB 1971

# Laes 552 Laekks 552

425 6 100 – 425 6 300

| | | |
|---|---|---|
| LüP | | 26240 mm |
| Achsstand | 2mal | 10000 mm |
| Ladelänge | unten | 25430 mm |
| | oben | 25730 mm |
| Lastgrenze C | | 20,0 t ★★ |
| | CS | 17,0 t |
| Eigengewicht | | 24200 kg |
| Bremse | | KE-GP, Hbr |

abweichende Daten für Laekks-Prototyp

| | |
|---|---|
| Lastgrenze CS | 20,0 t ★★ |
| Eigengewicht | 25200 kg |
| Bremse | KE-GP-A, Hbr |

Durch die großen Wagenüberhänge lassen sich die Laes 547 in engen Gleisbögen nur schwer kuppeln und können auch im Laufverhalten nicht befriedigen. Die DB entschloß sich daher 1971 einen Laes 552-Prototyp mit 2mal 10,0 m Achsstand zu beschaffen.

Obwohl der Achsstand damit über dem gemäß UIC-Richtlinien damals zulässigen Maß für feste Achsstände bei RIV-fähigen Wagen lag und daher die Wagen im internationalen Verkehr bis 1995 nur beschränkt einsetzbar waren, beschaffte die DB 1979/80 eine Serie von 200 Laekks 552.

Bis auf den geänderten Achsstand entspricht die Konstruktion der Wagen den Laekks 547. Ab 1990 wurden die Laekks 552 ebenfalls für die Beförderung der neuen VW-Transporter hergerichtet.

Seit 1991 sind die Wagen als Mietwagen der ATG bei der DB eingestellt.

199 →

Oben der Laaeks 553 436 7 623 im Februar 1990 im Rbf Hamburg-Rothenburgsort.
Links der Laaeks 553 436 7 478 mit etwas abweichenden Fahrzeugenden am 7.7.1997 im Rbf Hamburg-Hohe Schaar.

# Laaeks 553

1980 (DB)

1980 baute Graaff als Prototypen zwei Autotransportwagen, die aus zwei kurzgekuppelten Einzelwagen bestehen. Die obere, stirnseitig für die Beladung absenkbare einteilige Ladefläche ist eben.

Da die Einheit ausschließlich für den PKW-Transport konzipiert ist, beträgt die Ladehöhe der unteren Ebene nur 1,71 m. Wie auch schon die Laekks 547, 551, und 552 sind die Wagen mit Einschienenradvorlegern für die Sicherung von 14 PKW ausgerüstet, die in einer Führungsschiene verschoben und ausgeschwenkt werden können.

An der Serienfertigung zwischen 1986 und 1989 waren mehrere Firmen beteiligt. Insgesamt wurden 2.150 Wagen gebaut, die z.T. im Aussehen der Wagenenden leicht voneinander differieren.

Seit 1991 werden die Laekks 553 als Mietwagen der ATG eingesetzt.

**436 5 000 – 436 5 199**
**436 6 000 – 436 7 951**

| | | |
|---|---|---|
| **LüP** | | **27000 mm** |
| **Achsstand** | | **2mal 9000 mm** |
| **Gesamtachsstand** | | **22300 mm** |
| **Ladelänge** | **unten** | **26100 mm** |
| | **oben** | **26500 mm** |
| **Lastgrenze** | **C** | **20,0 t ★★** |
| | **CS** | **18,5 t** |
| **Eigengewicht** | | **26600 kg** |
| **Bremse** | | **KE-GP, Hbr** |

2.149 ➡

Oben die Westerlandeinheit Leks 554 417 8 000, Laaeks 555 436 7 960 – 436 7 963, Leks 554 417 8 001 am 2.8.1991 in Westerland.
Rechts der Leks 554 417 8 000 mit der gleichen Einheit am 2.6.1995 im Bf Westerland.

DB 1988

# Leks 554
# Laaeks 555

| | |
|---|---|
| Leks 554 | 417 8 000 – ... 8 005 |
| Laaeks 555 | 436 7 960 – ... 7 971 |

| | | |
|---|---|---|
| LüP | | 133.400 mm |
| Achsstand | | 10mal 9000 mm |
| Gesamtachsstand | | 128.700 mm |
| Ladelänge | unten | 133.000 mm |
| | oben | 133.000 mm |
| Lastgrenze CS | | 100,0 t |
| Eigengewicht | | 129.000 kg |
| | Portalwagen | 14500 kg |
| | Mitteleinheit | 25000 kg |
| Bremse | | KE-GP, Hbr |

3 Einh.

→

1988 wurden von Graaff drei zehnteilige Doppelstockwageneinheiten für den Westerlandverkehr ausgeliefert. Die Entwicklung der blau lackierten Wagengruppen erfolgte auf der Grundlage der Laaeks 553.

Jede Einheit ist fest gekuppelt und besteht aus je einem Leks 554-Endwagen an beiden Enden und vier zweiteiligen Laaeks 555-Mittelwagen.

Die Leks 554 sind als Portalwagen ausgebildet, haben aber keine Überfahrklappen an den Seiten. Die zweiteiligen Laaeks 555 sind – wie die Laaeks 553 – bremstechnisch als Einheit zusammengefaßt. Der jeweils vordere Wagen der an die Endwagen anschließenden Laaeks 555-Einheit hat, zum Ausgleich des Höhenunterschieds zu den Leks 554, eine leicht geneigte obere Ladeebene.

Ein Laaes 556 mit – wie fast bei allen Wagen – nur aus der Nähe lesbarer Wagennummer am 22.4.1996 im Rbf Hamburg-Hohe Schaar.

# Laaes 556

1992 ATG

1992 bauten Waggonbau Niesky und Linke-Hofmann-Busch im Auftrag der ATG Autotransportlogistic GmbH 200 Autotransporteinheiten. Da die Wagen nicht von der DB beschafft wurden, werden sie auch in den DB AG Bestandsverzeichnissen nicht geführt. Dennoch erhielten sie eine DB-Bauartnummer, eingereiht wurden sie als Laaes 556.

Sie bestehen aus zwei kurzgekuppelten Wagen und haben die gleichen Abmessungen wie die Laaeks 553.

Die Laaes 556 sind sowohl lauf- als auch bremstechnisch für eine Geschwindigkeit von 120 km/h geeignet. Bei der Bemessung der Konstruktion wurde, wegen des relativ geringen Gewichtes der Ladung, eine Radsatzlast von nur 16 t zugrunde gelegt.

**435 1 800 – 435 1 999**

| | |
|---|---|
| LüP | 27000 mm |
| Achsstand | 2mal 9000 mm |
| Gesamtachsstand | 22300 mm |
| Ladelänge unten | 26100 mm |
| oben | 26500 mm |
| Lastgrenze CS | 24,0 t ★★ |
| Eigengewicht | 29000 kg |
| Bremse | KE-GP-A, Hbr |

200

➡

Oben der Laadrs 557 435 4 067 am 21.8.1996 im Rbf Hamburg-Hohe Schaar.
Rechts der Leks [4180] 418 0229 am 8.6.1994 im Bf Martinroda.
*Foto: Harald Westermann*

DR 1977
DB 1995

# Leks [4180] Leks 557
# Laadrs 557

| | |
|---|---|
| Leks (DR) | 418 0 000 – ... 0 299 |
| Laadrs | 435 4 000 – ... 4 074 |

| | Leks 557 |
|---|---|
| LüP | 15840 mm |
| Achsstand | 9000 mm |
| Ladelg. u. / o. | 14600 / 15205 mm |
| Lastgrenze CS | 9,0 t |
| Eigengewicht | 17000 kg |
| Bremse | KE-GP, Hbr |

| | Laadrs 557 |
|---|---|
| LüP | 31000 mm |
| Gesamtachsstand | 24240 mm |
| Ladelänge | 30000 mm |
| Lastgrenze CS | 24,0 t ★★ |
| Eigengewicht | 28000 kg |
| Bremse | KE-GP |

1977 baute die Waggonfabrik Ceská Lipa/CS für die DR 294 zweiachsige, doppelstöckige Autotransportwagen, die als Leks [4180] eingereiht wurden. Bei der DB AG erhielten sie die Bauartbezeichnung Leks 557.

Da für die Wagen bei der DB AG kein Bedarf bestand, baute das Werk Leipzig-Engelsdorf 1995/96 (als Ersatz für auszumusternde Laadks 540) 150 Leks zu 75 Laadrs 557-Flachwageneinheiten um. Dabei wurden die obere Ladeebene nebst Tragsäulen abgetrennt und die Blechbeplankung der unteren Ladeebene erneuert. Der Rahmen wurde verstärkt und mit einem nach außen gekröpften Geländer versehen. Jeweils zwei Wagen wurden zu einer Einheit kurzgekuppelt.

Die nicht umgebauten Leks [4180] wurden nicht mehr umgezeichnet, die letzten 49 Wagen 1997 ausgemustert.

75 →

Oben der Laaers 558 [4363] 436 3 010 am 8.10.1997 im Rbf Hamburg-Hohe Schaar. Links der Leks [4179] 417 9246 am 28.3.1988 im Bf Kehl.
*Foto: Willi Rosumek*

# Leks [4178, 4179] Laaers [4363] Laaers 558

1986 DR

1986/87 beschaffte die DR bei ANF 500 zweiachsige, doppelstöckige Autotransportwagen und reihte 150 Wagen ohne Handbremse als Leks [4178] ein, 350 Wagen mit Handbremse als Leks [4179].

Die Wagen konnten ursprünglich sowohl für den Transport von PKWs in zwei Ebenen, als auch mit vollständig abgesenkter oberer Ladeebene für den Transport von LKWs und Bussen eingesetzt werden.

Für den Einsatz bei der ATG wurden 1992 in den RAW Berlin und Leipzig jeweils zwei Wagen nicht trennbar kurzgekuppelt. Außerdem wurden die oberen Ladeebenen einseitig festgelegt, so daß sie nur noch stirnseitig für die Beladung abgesenkt werden können.

Die 249 umgebauten Einheiten erhielten die neue Bauartbezeichnung Laaers [4363] bzw. bei der DB AG Laaers 558.

**Laaers 436 3 000 – 436 3 248**

| | |
|---|---|
| **LüP** | **30400 mm** |
| **Achsstand** | **2mal 9000 mm** |
| **Gesamtachsstand** | **23900 mm** |
| **Ladelänge unten** | **29500 mm** |
| **oben** | **29970 mm** |
| **Lastgrenze CS** | **30,0 t ★★** |
| **Eigengewicht** | **35500 kg** |
| **Bremse** | **KE-GP-A, z.T. Hbr** |

249 ➡

Der Lfms-t 569 414 2 134 am 21.2.1987 in Brake Binnenhafen. *Foto: Klaus Kirsch*

**DB** 1956

# Rbmms 55 Lfs-t 569 Lfms-t 569

414 2 000 – 414 2 159

| | |
|---|---|
| LüP | 12500 mm |
| Achsstand | 6800 mm |
| Ladelänge | 11140 mm |
| Ladefläche | 23,4 m² |
| Laderaum | 13,5 m³ |
| Lastgrenze CS | 27,5 t |
| Eigengewicht | 12300 kg |
| Bremse | KE-GP |

1995 ausgemustert

1956 baute die Waggonfabrik Fuchs für den Verkehr mit Großbritannien die ersten 25 Fährboot-Rungenwagen, die nach UIC-Richtlinien entwickelt waren. 1962 und 1964 wurden weitere 130 Rbmms 55 geliefert.

Ähnlich wie die zwei Jahre später als UIC-Standard-Rungenwagen erstmals gebauten Rlmms 56/Kbs 442 besaßen sie klappbare Stahlblech-Bordwände, die auf jeder Seite dreifach unterteilt waren. Da bei den Fährbootwagen die Ladefläche nur 2,22 m breit war (anstelle von 2,86 m beim Kbs 442) waren die Bordwände zur Erzielung eines ausreichend großen Laderaums 580 mm hoch (beim Kbs 442 450 mm). Die Wagen besaßen auf jeder Seite neun Preßblech-Steckrungen, an den Stirnseiten je zwei aus Profilstahl.

Zur DB AG kamen noch 14 Lfms-t 569, die zum Ende ihrer Einsatzzeit vorwiegend zum Transport von Schwellen genutzt wurden. Der letzte Lfms-t 569 wurde 1995 ausgemustert.

Oben der Lgjs 571.1 440 6 963 im Februar 1990 im KLV-Bahnhof Hamburg-Rothenburgsort.
Links der Lgjs 571.2 443 4 075 am 26.3.1993 in Hamburg-Wilhelmsburg.

# Lss-y 571 Lgjss 571 Lgjs 571

1970 DB

Nach einem Vorserienwagen Lss-y 571 aus dem Jahr 1968 wurden die Lgjs(s) 571 ab 1970 in mehreren Baulosen beschafft. Mit 14,6 m Ladelänge sind sie für die Beförderung von zwei 7,15 m langen Wechselbehältern geeignet. Wegen des festen Achsstandes von 10 m waren die Lgjs 571 nicht RIV-fähig.

Die ersten 79 1970 gebauten Serienwagen Lgjs 571.0 haben senkrecht verschiebbare Verriegelungszapfen. Die Bremskraft wird nach dem geringer belasteten Radsatz gesteuert. Die 510 als Lgjs 571.1 bezeichneten Wagen (Baujahre ab 1970) erhielten Klappriegel. Bei den letzten 150 Wagen (Baujahr 1974) mit separat geregelter Einzelachsabbremsung wurde das Untergestell verstärkt.

100 im Jahr 1980 gebaute Lgjs 571.2 mit 22,5 t-Radsätzen und Parabelfedern wurden im Untergestell nochmals verstärkt.

Zur DB AG kamen noch 176 Lgjs 571.0, 84 Lgjs 571.1 und 64 Lgjs 571.2.

| | |
|---|---|
| **571.0 / 1** | **440 4 511 – 440 4 953** |
| **571.1** | **440 6 841 – 440 6 990** |
| **571.2** | **443 4 000 – 443 4 099** |

| | |
|---|---|
| **LüP** | **17100 mm** |
| **Achsstand** | **10000 mm** |
| **Ladelänge** | **14600 mm** |
| **Höhe Ladeebene ü. SO** | **1180 mm** |
| **Lastgrenze CS** | **27,5 t ★★** |
| **DB C 100** | **30,0 t** |
| **Eigengewicht** | **12200 kg** |
| **Bremse** | **KE-GP-A** |

1

↓


Lgns 570 →

Der Lgns 570 443 2 007 am 9.6.1993 in Minden. Im Hintergrund drei mit UIC-ep-Bremse ausgerüsteten Fas 126 (s. S. 53). *Foto: Werner Ballon*

Der Lgjss 572 440 0 000 am 28.5.1997 im KLV-Bahnhof Hamburg-Billwerder-Moorfleet.

DB 1995

12

# Lgns 570

443 2 000 – 443 2 011

| | |
|---|---|
| LüP | 16660 / 17000 mm |
| Achsstand | 10000 mm |
| Ladelänge | 15000 / 15720 mm |
| Höhe Ladeebene ü. SO | 1180 mm |
| Lastgrenze CS | 33,0 t ★★ |
| Eigengewicht | 12000 kg |
| Bremse | KE-GP-A, z.T. D |

Als Erprobungsträger für neue Technologien baute Waggonbau Dessau 1995/96 zwölf „innovative Container-Tragwagen". Drei dieser Lgns 570 werden mit dem „Cargo-Sprinter"-Prototyp (dort als Lgnss 570) eingesetzt.

Das Untergestell ist modular aufgebaut. Außerdem besitzen sie geräuscharme Laufwerke, automatische Zugkupplungen (ZAK) und elektronische Bremszustands-Abfrage und Steuerung (EBAS).

DB 1993

4

# Lgjss, Lgjs 572

| | |
|---|---|
| Lgjss | 440 0 000 – 440 0 003 |
| Lgjs | 440 4 960 – 440 4 963 |

| | |
|---|---|
| LüP | 16660 mm |
| Achsstand | 10000 mm |
| Ladelänge | 15050 mm |
| Höhe Ladeebene ü. SO | 1180 mm |
| Lastgrenze CSS | 26,0 t |
| Lgjs CS | 26,0 t ★★ |
| Eigengewicht | 13500 kg |
| Bremse | KE-GP-A, z.T. Fbr |

1993 erhielt Waggonbau Dessau den Entwicklungsauftrag für vier Prototypen stoßgedämpfter Container-Tragwagen. Drei dieser Lgjss 572 sollten die Grundlage für das Bahntrans-System bilden, davon einer mit zusätzlichen klappbaren Container-Aufsetzzapfen.

Der letzte Lgjss 572 sollte als Erprobungsträger innovativer Komponenten (Scheiben- und ep-Bremse, Gleitschutz, Ausrüstung für automatische Bremsprobe und -diagnose – EBAS) dienen. Ab 1997 werden die Wagen sukzessive zu Lgjs 572 umgezeichnet.

← Lgjs 571

Der Lgjs 573 440 4 252 am 14.10.1990 mit einem 40-Fuß-Container im Rbf Darmstadt-Kranichstein.

## Lss-y 573 Lgjss 573 Lgjs 573

1968 DB

Von den Firmen Talbot und Lüttgens wurden zwischen 1968 und 1971 510 Spezial-Container-Tragwagen (incl. zehn ursprünglich an die Contrans gelieferter Lgjss) gebaut und bei der DB als Lgjs(s) 573 eingereiht.

Die Wagen besaßen bei der Ablieferung Stirnborde aus Aluminium-Strangpreßprofilen oder aus Stahl, die ein Überfahren der Langhubstoßdämpfer mit Gabelstaplern ermöglichten. Aus dem gleichen Grund waren die äußeren Teile der Ladefläche mit einem Blech-/Holzbohlenbelag abgedeckt, so daß auch ein einzeln in Wagenmitte stehender 20-Fuß-Container be- und entladen werden konnte. Die Stirnborde wurden Mitte der achtziger Jahre abgebaut.

Während Ende 1992 noch 499 Wagen im Bestand waren, waren es ein Jahr später nur noch 73 Lgjs 573.

**440 4 000 – 440 4 510**

| | |
|---|---|
| **LüP** | **14800 mm** |
| **Achsstand** | **8000 mm** |
| **Ladelänge** | **12300 mm** |
| **Höhe Ladeebene ü. SO** | **1230 mm** |
| **Lastgrenze CS** | **28,5 t ★★** |
| **DB C 100** | **30,0 t** |
| **Eigengewicht** | **11500 kg** |
| **Bremse** | **KE-GP-A** |

14

↓

Oben der Lgjss 574 440 0 010 mit zwei 20-Fuß-Containern am 29.4.1995 in Seelze Rbf. *Foto: Rolf Sepinski*

Der Lgjns 576 443 0 002 mit einem Tankcontainer am 29.1.1994 im Bf Næstved. *Foto: Jan Lundstrøm*

DB 1993

# Lgjss, Lgjs 574

| | |
|---|---|
| Lgjss | 440 0 010 – 440 0 012 |
| Lgjs | 440 4 970 – 440 4 972 |
| LüP | 17000 mm |
| Achsstand | 10000 mm |
| Ladelänge | 15050 mm |
| Höhe Ladeebene ü. SO | 1180 mm |
| Lastgrenze CSS | 26,0 t |
| Lgjs CS | 26,0 t ★★ |
| Eigengewicht | 13500 kg |
| Bremse | KE-GP-A, Fbr |

3 →

Unabhängig von dem an Waggonbau Dessau erteilten Entwicklungsauftrag für Bahntrans-Prototypen baute die Firma Graaff in Elze 1993 als Eigenentwicklung im gleichen Zeitraum drei Prototypen einer stoßgedämpften Container-Tragwagen-Bauart.

Die Wagen erhielten bei der DB die Bauartbezeichnung Lgjss 574. Ab 1997 werden sie zu Lgjs 574 umgezeichnet.

DB 1989

# Lgjns 576

| | |
|---|---|
| | 443 0 000 – 443 0 004 |
| LüP | 15040 mm |
| Achsstand | 9000 mm |
| Ladelänge | 12500 mm |
| Höhe Ladeebene ü. SO | 1180 mm |
| Lastgrenze D | 32,0 t ★★ |
| DS | 28,0 t |
| DB D 100 | 32,0 t |
| Eigengewicht | 13000 kg |
| Bremse | KE-GP-A, z.T. Fbr |

5 →

1989/90 hat die Firma Graaff fünf Prototypen eines neuen zweiachsigen Container-Tragwagens gebaut, die bei der DB als Lgjns 576 eingestellt wurden.

Von den älteren Wagen unterscheiden sie sich durch die Radsatzlast von 22,5 t, größere Verwindungssteifigkeit, die für Binnencontainer auf 12,5 m vergrößerte Ladelänge und einen geringeren Hub der Stoßdämpfer.

Von 1993 bis 1996 bewirtschaftete die Kombiwaggon die DB-eigenen KLV-Wagen.

Oben der mit einer Wechselpritsche beladene Lgjs 575.1 443 4 482 im Februar 1990 im KLV-Bahnhof Hamburg-Rothenburgsort.
Links der Lgjs 575.0 440 5 599 am 26.3.1993 in Hamburg-Wilhelmsburg.

# Lgjss 575 Lgjs 575

1970 DB

Parallel zu den Lgjs(s) 571 bauten Talbot und Lüttgens zwischen 1970 und 1971 700 kürzere, RIV-fähige Wagen mit 12,3 m langer Ladefläche und 9,0 m Achsstand. Diese Lgjss, ab 1972 Lgjs 575.0 haben ebenfalls Langhubstoßdämpfer und KE-GP-A-Bremsen mit einem Doppelbremszylinder.

Die zwischen 1973 und 1980 von MAN, Lüttgens, WU, O&K, Röchling und Graaff gelieferten 1.350 Lgjs 575.1 verfügen über zwei Bremszylinder und Einzelachsabbremsung.

Wie bei den Lgjs 571 wurde auf die Abdeckung der Stirnladeflächen und die Überfahrklappen verzichtet. Bei beiden Bauarten liegt die Ladefläche 1,18 m über Schienenoberkante, die Wagen entsprechen damit dem UIC-Merkblatt 592-2.

Ende 1992 waren 2.034 Lgjs 575 im Bestand. 411 kamen noch zur DB AG.

| | |
|---|---|
| 575 | 440 5 000 – 440 5 699 |
| 575.1 | 440 5 700 – 440 6 155 |
| | 443 4 100 – 443 4 999 |

| | |
|---|---|
| LüP | 14800 mm |
| Achsstand | 9000 mm |
| Ladelänge | 12300 mm |
| Höhe Ladeebene ü. SO | 1180 mm |
| Lastgrenze CS | 28,5 t ★★ |
| DB C 100 | 30,0 t |
| Eigengewicht | 11500 kg |
| Bremse | KE-GP-A |

1997 ausgemustert

Der Lgns 578 443 2 059 mit gekröpften Langträgern, unterschiedlich hohen Ladeebenen sowie Scheiben- und ep-Bremse am 9.7.1996 auf dem Talbot-Werksgelände.
*Werkfoto: Talbot*

Der Lgns 578 443 2 051 mit gleicher Bremsausrüstung jedoch ungekröpften Langträgern.

Der Lgns 578 443 2 050 ebenfalls mit ebener Ladefläche jedoch mit Klotzbremsen.
Die beiden unteren Fotos entstanden am 19.3.1996 in Minden.
*Fotos: Harald Westermann*

## Lgnss 577 → Sgmss 700 / Lgnss 577 – „Cargo-Sprinter" (S. 219)

DB 1995

## Lgns 578

Zehn weitere 1995 in Auftrag gegebene „innovative Container-Tragwagen" wurden von Talbot gebaut und bei der DB als Lgns 578 eingereiht. Die Wagen unterscheiden sich äußerlich deutlich von den Lgns 570 der Waggonbau Dessau.

Die ersten fünf Talbot-Wagen erhielten gerade Langträger. Die Wagen 443 2 055 ff. wurden mit gekröpften Langträgern gebaut, so daß in Wagenmitte auch höhere Container befördert werden können. Die Stützböcke mit den Containerzapfen für die normale Ladeebene können hierzu auf Gleitschienen nach außen verschoben werden.

Unterschiede gibt es auch bei den Bremsanlagen: ep-Bremsen z.T. als Scheibenbremsen, z.T. als Klotzbremsen.

**443 2 050 – 443 2 059**

| | |
|---|---|
| LüP | 17000 mm |
| Achsstand | 10000 mm |
| Ladelänge | 11800 mm |
| Höhe Ladeebene ü. SO | 1230 mm |
| Lastgrenze DS | 31,0 t ★★ |
| Eigengewicht | 13040 – 14840 kg |
| Bremse | KE-GP-A z.T. D, z.T. Fbr |

10

Der Lgs 579 442 5 040 am 17.12.1996 mit einem 40-Fuß-Container im Bf Hamburg-Waltershof.

## Lgs 579

1996 DB

1996/97 baute das Werk Zwickau für die Kombiwaggon insgesamt 230 – z.T. bereits seit längerem ausgemusterte – Lgjs 575 in Lgs 579 um.

Hierbei wurden die Gleitträger der Stoßverzehreinrichtungen festgelegt. Dazu wurden sie an beiden Wagenenden jeweils 580 mm in das Untergestell geschoben (ursprünglicher Hub: 760 mm) und mit diesem verschweißt, so daß sich die LüP auf 13,64 m (bei nahezu gleichbleibender Ladelänge) verringerte. Außerdem wurden alle für den Transport von 20- oder 40-Fuß-Containern nicht mehr benötigten Aufsetzzapfen abgebaut und die Wagen verkehrsrot lackiert.

Zwar war ursprünglich der Einsatz in Blockzügen vorgesehen – deshalb der Verzicht auf die Stoßverzehreinrichtungen – bislang konnten die Wagen aber fast nur als Einzelwagen im regulären Verkehr beobachtet werden.

**443 5 000 – 443 5 299**

| | |
|---|---|
| LüP | 13640 mm |
| Achsstand | 9000 mm |
| Ladelänge | 12400 mm |
| Höhe Ladeebene ü. SO | 1180 mm |
| Lastgrenze CS | 29,0 t ★★ |
| DB C 100 | 30,0 t |
| Eigengewicht | 11400 kg |
| Bremse | KE-GP-A |

230 ↑

Oben der BTms 55 017 195 mit Efkr-Behältern der Firma Knorr, vermutlich im Winter 1961/62 in Stuttgart.

*Foto: Fritz Willke, Slg. Klaus Heidt*

Rechts der aus einem Lbms 584 umgebaute Wagen für Radsätze 952 0 485 am 31.5.1997 im Rbf Duisburg-Wedau.

**DB** 1955

# BTms 55 Lbs 584 Lbms 584

411 0 000 – 411 0 339

| | |
|---|---|
| **LüP** | **11500 / 11000 mm** |
| **Achsstand** | **7000 mm** |
| **Ladelänge** | **4 Stände f. pa-Beh.** |
| **Höhe Ladeebene ü. SO** | **1188 mm** |
| **Lastgrenze CS** | **26,5 t** |
| **Eigengewicht** | **8300 kg** |
| **Bremse** | **KE-GP, z.T. Hbr** |

1

Von 1955 bis 1958 wurden von der SEAG, als Weiterentwicklung der dreiständigen BTs 50, 2.438 vierständige BTms 55 gebaut. Durch die Verwendung von Stahl St 52 konnte die Tragfähigkeit der Wagen gegenüber der Vorgängerbauart, bei nur 8 % höherem Eigengewicht, um über 30 % erhöht werden.

Die Langträger bestehen bei den BTms 55, wie bei den BTs 50, aus (aus Blechen abgekanteten) Hohlprofilen, die zur Erhöhung der Biegesteifigkeit im Mittelteil eine Schürze als geschlossenes Sprengwerk erhielten. Einige Wagen hatten für den Einsatz in Reisezügen eine Heizleitung.

Ab 1972 wurden die Wagen in großem Umfang ausgemustert, wobei ein Teil zu Bahndienstwagen für den Transport von Radsätzen, Drehgestellen oder Kleinloks umgebaut wurde. Anfang 1994 waren nur noch zwei vermietete Lbms 584 im Bestand.

Der in Hirschau beheimatete Laabkkmms 588 432 5 315 mit Efkr-Behältern am 14.10.1990 im Rbf Darmstadt-Kranichstein.

## BTmms 51 Laabs 588 Laabkkmms 588

1958 DB

Die BTs 50 wurden für die Beförderung von drei pa-Behältern 1950 von der SEAG entwickelt. Die Wagen hatten Hohl-Langträger, die Querträger dienten gleichzeitig als Laufschienen für die Behälter. Die BTs 50 wurden mit 500 mm langer Handbremsbühne geliefert, Wagen ohne Handbremse erhielten einen Übergangssteg.

Zwischen 1952 und 1954 baute die SEAG 1.873 Wagen. Aus tariflichen Gründen wurden für die Beförderung spezifisch leichter Güter in den Jahren 1958 bis 1960 1.426 BTs 50 mit Vierlaschenkupplung zu 713 zweiteiligen BTmms 51-Einheiten kurzgekuppelt (ab 1965 Laabs 588).

Zwischen 1980 und 1983 erfolgte die Umzeichnung zu Laabkkmms 588. Die letzten 1986 noch vorhandenen 13 Einheiten waren in Hirschau und Ludwigshafen beheimatet. Zur DB AG kamen noch drei Wagen.

432 5 000 – 432 5 340

| | |
|---|---|
| LüP | 19000 / 18500 mm |
| Achsstand 2mal | 4850 mm |
| Gesamtachsstand | 13850 mm |
| Ladelänge | 6 Stände f. pa-Beh. |
| Höhe Ladeebene ü. SO | 1185 mm |
| Lastgrenze CS | 40,0 t |
| Eigengewicht | 15600 kg |
| Bremse | (Hik-GP) KE-GP, z.T. Hbr |

1995 ausgemustert

Lbms 589 mit den Ende 1997 noch vorhanden Behälter-Bauarten (Efkr-Behälter s. Laabkkmms 588): Oben der Lbms 589 411 2 200 mit offenen Eoskrt-Behältern am 5.6.1997 im Bf Weiden/Opf.
Mitte der Lbs 589 411 1 764 mit 500 mm langer Handbremsbühne und Eooskrt-Behältern am 27.1.1995 im Rbf Darmstadt-Kranichstein.
*Foto: Hans Ulrich Diener*
Unten der Lbms 589 411 1 159 mit Effvkr-Behältern für Feinschüttgut (Lebensmittel) am 14.10.1990 ebenfalls im Rbf Darmstadt-Kranichstein.

## DB 1960

# BTmms 58 Lbs 589 Lbms 589

**411 0 400 – 411 2 499**

| | |
|---|---|
| **LüP** | **13500 oder 13185 / 13000 mm** |
| **Achsstand** | **8000 mm** |
| **Ladelänge** | **5 Stände f. pa-Beh.** |
| **Höhe Ladeebene ü. SO** | **1185 mm** |
| **Lastgrenze C** | **31,5 t ★★** |
| **CS** | **27,5 t, z.T. 31,5 t** |
| **Eigengewicht** | **8800 kg** |
| **Bremse** | **KE-GP, z.T. Hbr** |

427 ↘

Als letzte Tragwagen ausschließlich für pa-Behälter beschaffte die DB, nach einem von der SEAG 1958 entwickelten Prototyp, zwischen 1960 und 1966 2.100 BTmms 58.

Der grundsätzliche Aufbau des Untergestells aus Stahl St 52 entspricht den vierständigen BTms 55/Lbms 584. Die Wagen haben zehn Tragschienen aus L-Profilen (für die Aufnahme von fünf pa-Behältern) und besitzen an einem Wagenende einen Übergangssteg. Einige Wagen haben anstelle des Steges eine 500 mm lange Handbremsbühne bzw.

Der Lbms 589 411 0 762 mit Efvkr-Behältern für den Transport von Feinschüttgut (Lebensmitteln) am 26.3.1993 im Rbf Maschen.

Der in Itzehoe beheimatete Lbs 589 411 1 389 mit einem die LüP nur um 185 mm verlängernden Handbremsstand und Ddzkr-Behältern, kugelförmigen Staubgutbehältern, am 9.6.1995 im Bf Westerland.

Der Lbms 589 411 1 601 mit ovalen Edzkr-Behältern für Staubgut am 17.5.1997 in seinem Heimatbahnhof Itzehoe.

inzwischen z.T. einen 185 mm langen Handbremsstand.

Wegen ihres in Relation zur Bremskraft geringen Eigengewichts dürfen die Lbms 589 ohne Behälter (wie alle Mittelcontainer-Tragwagen) nur mit ausgeschalteter Bremse befördert werden.

1994 sind 682 Lbms 589 in den Bestand der DB AG gekommen. Die noch vorhandenen 427 Lbms 589 (sowie 28 Lbms 591) werden zur Beförderung der nebenstehend aufgelisteten 2.840 pa-Behälter eingesetzt.

| **Behälter** | **Bauart** | | **Bestand** |
|---|---|---|---|
| **Eoskrt** | **offen** | **7,6 m³** | **1.755** |
| **Eooskrt** | **offen** | **10,2 m³** | **433** |
| **Efkr** | **Feinschüttgut** | **7,5 m³** | **249** |
| **Efvkr** | **Feinschüttgut** | **7,5 m³** | **100** |
| **Effvkr** | **Feinschüttgut** | **10,5 m³** | **22** |
| **Ddzkr** | **Staubgut** | **5,8 m³** | **246** |
| **Edzkr** | **Staubgut** | **8,3 m³** | **85** |

Der Lbms 591 411 2 576 mit unterschiedlichen Efvkr-Behältern (die beiden rechten haben hochgezogene Ecksäulen und Saugstutzen an der Auslaufklappe) am 14.10.1990 im Rbf Darmstadt-Kranichstein.

**DB** 1963

# BTmms 59 Lbs 591 Lbms 591

**411 2 500 – 411 2 679**

| | |
|---|---|
| LüP | 13530 mm |
| Achsstand | 8000 mm |
| Ladelänge | 5 Stände f. pa-Beh. |
| Höhe Ladeebene ü. SO | 1185 mm |
| Lastgrenze C | 31,5 t ★★ |
| CS | 27,5 t, z.T. 31,5 t |
| Eigengewicht | 9200 kg |
| Bremse | KE-GP, Hbr |

Die BTmms 59 wurden 1963 für den wechselweisen Transport von zwei Lkw-Wechselpritschen oder fünf pa-Behältern entwickelt. Das Untergestell entspricht den BTmms 58.

Während diese für die Beförderung der pa-Behälter je zwei L-Profile als Führungsschienen haben, sind bei den ersten 50 BTmms 59 sechs der zehn Führungsschienen U-Profile. Bei den übrigen 130 Wagen kamen ausschließlich U-Profile zur Verwendung. Darüber hinaus erhielten sie acht weitere kurze U-Profile zur Aufnahme der Wechselpritschen.

Die Verriegelungen für die Behälter in den überkragenden Deckblechen sind identisch mit denen der BTmms 58.

Ab 1965 wurden die Wagen zu Lbs 591, ab 1980 zu Lbms 591 umgezeichnet. 1994 kamen noch 49 Wagen in den Bestand der DB AG.

28 ↘

Oben der Lgjs 598 440 6 561 am 31.7.1989 in Brake Rbf.
Links der Lgjs 599 440 6 775 am 1.2.1986 in Brake (Anschluß Containerplatz). *Fotos: Klaus Kirsch*

## BTmms Lbgjs 598 Lgjs 598

1966 DB

Weil in den 60er Jahren für den Handel mit den USA vermehrt Übersee-Container eingesetzt wurden, mußten geeignete Tragwagen entwickelt werden. Als erste Bauart wurden von 1966 bis 1971 530 Lbgjs 598 mit Langhubstoßdämpfern gebaut, die zusätzlich zu den Schienen und Verriegelungen für fünf pa-Behälter Container-Aufsetzzapfen erhielten.

Mit Zunahme des Container- und gleichzeitigem Rückgang des Behälterverkehrs wurden die Lgjs 598 ab 1983 (nach Ausbau der Schnellverriegelungen für pa-Behälter) als reine Container-Tragwagen eingesetzt.

**440 6 200 – 440 6 689**

| | |
|---|---|
| **LüP** | **14800 mm** |
| **Achsstand** | **8000 mm** |
| **Ladelänge** | **12600 mm** |
| **Höhe Ladeebene ü. SO** | **1220 mm** |
| **Lastgrenze CS** | **28,5 t ★★** |
| **Eigengewicht** | **10700 kg** |
| **Bremse** | **KE-GP** |

**1997 ausgemustert**

## Lbgjs 598 Lgjs 599

1971 DB

Die letzten 110 Lbgjs 598 wurden 1971 mit lastabhängiger Bremsumstellung geliefert.

Bei den ausschließlich im Container-Verkehr eingesetzten Wagen wurden von 1976 bis 1980 die pa-Behälter-Verriegelungen entfernt und die Bauartbezeichnung (zur Unterscheidung von Wagen ohne lastabhängiger Bremse) in Lgjs 599 geändert.

**440 6 700 – 440 6 809**

| | |
|---|---|
| **Eigengewicht** | **11200 kg** |
| **Bremse** | **KE-GP-A** |

**übrige Daten identisch mit Lgjs 598**

**1997 ausgemustert**

Oben der Laas 608 430 5 280 am 28.12.1982 in Brake.
Rechts der Laas 608 430 5 015 mit einem Ladegestell der Dillinger Hütte am 9.6.1982 in Brake Rbf.
*Fotos: Klaus Kirsch*

# DB 1962 SSis 60 Laas(-z) 608 Laakklps 608

Von 1962 bis 1965 wurden 120 SSis 60 – zweigliedrige kurzgekuppelte Wippenwagen für den Huckepackverkehr von LKWs und Sattelschleppern – in Dienst gestellt.

Ab 1974 wurden die Laas-z 608-Lenkachswageneinheiten (der Kennbuchstabe „z" für Niederflurwagen ist 1980 entfallen) für Transporte im Sonderverkehr umgerüstet. Hierzu wurden mehrere Laas 608 mit Ladegerüsten versehen, die den Transport überbreiter Stahlblechplatten in Schrägstellung ermöglichen. Die Wagen blieben im DB-Bestand, die Ladegestelle gehörten den Dillinger Hüttenwerken.

Bei anderen Wagen wurden die Vorrichtungen für den Huckepackverkehr entfernt, so daß die Wagen wie Tiefladewagen für relativ leichte Ladegüter wie z.B. Fahrzeuge oder Flugzeugteile eingesetzt werden konnten.

Die letzten fünf noch im Bestand der DB AG vorhandenen Laakklps 608 sind vermietet.

**433 9 010 – 433 9 049**

| | |
|---|---|
| **LüP** | **26700 mm** |
| **Achsstand 2mal** | **9000 mm** |
| **Gesamtachsstand** | **22040 mm** |
| **Ladelänge 2mal** | **12300 mm** |
| **Tiefladelg. 2mal** | **7200 mm** |
| **Höhe Ladeebene ü. SO** | **795 mm** |
| **Lastgrenze CS** | **41,0 t** |
| **Tragfähigkeit** | **54,0 t** |
| **Eigengewicht** | **23000 kg** |
| **Bremse** | **KE-GP-A, Hbr** |

5

# R – Drehgestell-Flachwagen in Regelbauart

Den größten Anteil der Drehgestell-Flachwagen in Regelbauart haben bei der DB AG Rs-Wagen in UIC-Standardabmessungen mit 18,5 m Ladelänge, 16 Seitenrungen und abklappbaren Stirnborden sowie Res-Wagen, die zusätzlich über Seitenborde verfügen. Sie sind für den Transport schwerer und langer Erzeugnisse der Eisen- und Stahlindustrie (Stabstahl, Schienen, Maschinen, Walzprofile) und Fertigbauteile, Holz etc. geeignet; Wagen mit Seitenborden außerdem für Halbzeug, Drahtrollen, Sand und Steine.

Ein Teil der Wagen hat zusätzlich Haltezapfen für den Containertransport (Rgs). Einige Bauarten wurden für spezielle Transporte (z.B. Schienen über mehrere Wagen oder in Wagenquerrichtung verladener 2 m langer Rundhölzer mit Rinde) hergerichtet. Um den Bedarf an Wagen für den Holztransport zu decken, erhielten von der DR stammende Rs-Wagen feste Stirnwände und Ladeschwellen, hohe Rungen, und Spannbänder. Diese Wagen tragen die Bauartbezeichnung Roos bzw. Roos-t.

Für den Transport besonders schwerer Stahlprodukte (Brammen, Stahlblöcke, Coils etc.), aber auch von schweren Einzellasten wie z.B. Militärfahrzeugen gibt es Rmms-Wagen mit rund 9 m bzw. 12,6 m Ladelänge.

Für lange Ladegüter (z.B. Rohre, Holz etc.) beschafft die DB AG in jüngster Zeit zusätzlich zu den aus dem Bestand der ehemaligen DR stammenden längeren Rs-u auch Rbns mit über 22 m Ladelänge.

Schließlich sind als Drehgestell-Flachwagen in Regelbauart auch Wagen mit festen Stirnwänden und Planenhauben eingereiht (Rils, Rilns und Rins), die z.T. durch den Umbau vorhandener Flachwagen entstanden sind. Diese Wagen eignen sich für die gleichen Ladegüter wie die herkömmlichen Rs-Wagen, bieten jedoch den Vorteil, daß das Ladegut witterungsgeschützt ist.

## mit klappbaren Stirnborden und Rungen

Lastgrenze ≥ 50 t / ≤ 60 t
Ladelänge ≥ 18 m / < 22 m

**Kennbuchstaben stehen für folgende Abweichungen:**

- **b** Ladelänge ≥ 22 m
- **e** mit klappbaren Seitenborden
- **g** eingerichtet für Containerbeförderung
- **h** für den Transport liegend verladener Blechrollen
- **i** mit beweglichen Abdeckungen und festen Stirnwänden
- **kk** Lastgrenze ≥ 40 t / < 50 t
- **l** ohne Rungen
- **mm** Ladelänge < 15 m
- **n** Lastgrenze > 60 t
- **oo** mit festen Stirnwänden von ≥ 2 m Höhe
- **p** ohne Stirnborde
- **s** für Züge bis 100 km/h
- **ss** für Züge bis 120 km/h
- **t** (Rs) mit je 2 festen, hohen Rungen in Wagenmitte und an den Stirnseiten oder
- **t** (Roos) mit tiefer gelegten Rungentaschen und variablen Rungenabständen
- **u** Ladelänge = 20,7 m
- **w** mit nachbearbeiteten Containeraufsetzzapfen (Wagen wird von Kombiwaggon disponiert)

Oben der Res 638 [3941] 394 1 667 am 16.4.1995 im Hafenbahnhof Hamburg-Waltershof.
Rechts der Res 640 [3997] 399 7 637 am 29.10.1995 im Bezirksbahnhof Hamburg-Unterelbe-Seehafenbahnhof.

DR 1993

# Res [3941] Res 638

193 →

| | |
|---|---|
| | 394 1 500 – 394 1 693 |
| LüP | 20220 mm |
| Drehgestell | Niesky - 879 |
| Drehzapfenabst. | 14600 mm |
| Ladelänge | 18530 mm |
| Ladefläche | 48,6 m² |
| Laderaum | 25,3 m³ |
| Lastgrenze CS | 54,0 t |
| Eigengewicht | 25700 kg |
| Bremse | KE-GP, Fbr |

1993 wurden im RAW Eberswalde 194 Rgs [3910] mit den aus dem Umbau von Res 687 zu Rils 652 vorhandenen Leichtmetall-Seitenborden in Res-Wagen umgebaut und zu Res 638 [3941] umgezeichnet.

Die Stahlstirnborde wurden erhöht und angepaßt. Außerdem wurden die Feststellbremsen aufgearbeitet, Ladeschwellen und Containerzapfen entfernt, neue Drehrungenlager angeschweißt, die Fußböden neu beplankt und die Drehgestelle überarbeitet.

DB 1994

# Res 640 [3997]

56 ↑

| | |
|---|---|
| | 399 7 600 – 399 7 659 |
| LüP | 19900 mm |
| Drehgestell | Y 25 Cs - 851 |
| Drehzapfenabst. | 14860 mm |
| Ladelänge | 18500 mm |
| Ladefläche | 48,7 m² |
| Laderaum | 25,3 m³ |
| Lastgrenze CS | 55,0 t ★★ |
| DB D | 59,0 t |
| Eigengewicht | 24800 kg |
| Bremse | KE-GP |

Um die geplante Stückzahl von insgesamt 250 Umbau-Res zu erreichen, erhielten nach Abschluß der Res 638-Fertigung 1994 im Werk Eberswalde 56 Rgs [3910] der Baujahre 1976/77 (mit Y 25-Drehgestellen) neue Stahl-Seitenborde.

Diese als Res 640 [3997] eingereihten Wagen sind auf Anhieb nicht von den 1988 bis 1990 in Eberswalde gebauten Res [3997] zu unterscheiden, entsprechen in der Ladebreite aber eher den Niesky-Wagen (Res [3936]).

Oben der mit Bruchholz beladene verkehrsrote rote Roos 639 [3525] 352 5 130.
Links die Wagenseite mit den Winden für die Spannbänder des rotbraunen Roos 639 [3525] 352 5 081, beide am 13.3.1996 im Bf Bönningstedt.

## Roos 639 [3525]

1995 DB

1994 baute das RAW Eberswalde versuchsweise einen Rgs [3910] mit Y 25-Drehgestellen für den Holztransport um. Der Holzfußboden und alle Rungen, Klappschwellen, Bindeösen, Containerzapfen etc. wurden entfernt.

Der Roos 639-Prototyp erhielt feste Stirnwände und aushebbare Stahlrungen. Das Untergestell war mit Blechen abgedeckt und hatte erhöhte seitlichen Laufbleche.

Da sich der Prototyp bewährte, baute das Werk Eberswalde 1995 eine Serie von 150 Roos 639 [3525]. Die Serienwagen besitzen 16 aushebbare EXTE-Aluminiumrungen (die Stahlrungen des Versuchswagens waren zu schwer) und Spannbänder. Die Roos 639 haben hölzerne Ladeschwellen, davon sind sechs mit den Rungen versetzbar.

Die ersten 50 Wagen sind rotbraun lackiert und hatten bei der Ablieferung unlackierte (graue) Rungen, weitere 50 braune Roos 639 hatten rote Rungen. Die letzten 50 Wagen wurden ganz in Verkehrsrot abgeliefert.

| | |
|---|---|
| **Prototyp*** | **352 5 000** |
| **Serie** | **352 5 001 – 352 5 150** |
| **LüP** | **19900 mm** |
| **Drehgestell** | **Y 25 Cs - 851** |
| **Drehzapfenabst.** | **14860 mm** |
| **Ladelänge** | **18400 mm** |
| **Ladefläche** | **50,0 m²** |
| **Laderaum** | **101,0 m³** |
| **Lastgrenze CS** | **53,0 t ★★** |
| **DB D** | **57,0 t** |
| **Eigengewicht** | **26700 kg** |
| **Bremsbauart** | **KE-GP** |

***1996 in Roos-t 642 umgebaut**

**150 ↑**

Der Rbns 641 350 7 050 am 25.1.1998 im Rbf Maschen. Deutlich ist aus dieser Perspektive die Neigung der Drehrungen zu erkennen.

DB 1997

# Rbns 641

Von ADtranz/Siegen wurden 1997/98 150 Flachwagen mit festen Ladeschwellen und Drehrungen ausgeliefert. Die Rbns 641 sind für den Transport von bis zu 25 m langen Ladegütern oder von mindestens sechs Meter langen Einzellasten geeignet.

Sie zeichnen sich durch konsequenten Leichtbau aus. Das Untergestell besitzt hohe Außenlangträger, die unbelastet 30 mm vorgesprengt sind und sich unter Last bis zu 55 mm durchbiegen. Zwischen den 16 hölzernen Ladeschwellen besteht der Fußboden aus Riffelblech. Der Ladungssicherung dienen zehn, mit Winden spannbare Gurte.

Die 24 – wegen der Länge von 2,00 m (über Fußboden) in unterschiedlicher Höhe angebrachten – Drehrungen bestehen aus hochfestem Spezialstahl. Sie sind unbelastet 3° zur Wagenmitte geneigt, so daß unter Ausnutzung der Elastizität des Stahls eine Zwischenbindung meist unterbleiben kann.

**350 7 000 – 350 7 149**

| | |
|---|---|
| **LüP** | **26350 mm** |
| **Drehgestell** | **Y 25 Lsd 1 - 629** |
| **Drehzapfenabst.** | **20050 mm** |
| **Ladelänge** | **25008 mm** |
| **Ladefläche** | **65,0 m²** |
| **Lastgrenze DS** | **63,0 t ★★** |
| **Eigengewicht** | **27000 kg** |
| **Bremse** | **KE-GP-A** |

107 ↑

Oben der Roos-t 642 352 5 274 am 8.10.1997 im Rbf Hamburg-Hohe Schaar.
Links der Roos-t 642 352 5 296 am 16.3.1997 im Bf Rødby Færge.
*Foto: Jan Lundstrøm*

## Roos-t 642

1996 DB

1996 wurden im Werk Eberswalde der als Versuchswagen gebaute Roos 639 mit Stahlrungen sowie 100 Rs 671 zu Roos-t 642 umgebaut.

Von den Roos 639 unterscheiden sich diese ebenfalls für den Stammholz-Transport entwickelten Wagen durch kürzere sowie zwei zusätzliche Rungentaschen auf jeder Wagenseite. Die Rollvorrichtungen für die Spannbänder wurden in gleicher Höhe angebracht, die Ladeschwellen gegenüber den Roos 639 erhöht und die Fußbodenabdeckung mit den Laufstegen in eine Ebene gelegt.

**352 5 200 – 352 5 300**

| | |
|---|---|
| **LüP** | **19900 mm** |
| **Drehgestell** | **Y 25 Cs - 851** |
| **Drehzapfenabst.** | **14860 mm** |
| **Ladelänge** | **18400 mm** |
| **Ladefläche** | **50,0 m²** |
| **Laderaum** | **99,0 m³** |
| **Lastgrenze CS** | **52,0 t ★★** |
| **DB D** | **56,0 t** |
| **Eigengewicht** | **27700 kg** |
| **Bremse** | **KE-GP** |

**101 ↑**

## Roos 644 (ohne Abbildung)

1997 DB

Der Roos 644-Prototyp entstand im Herbst 1997 im Werk Eberswalde aus einem Rs 671. Das neu entwickelte Rungensystem wurde anschließend in Schweden montiert.

**352 5 999**

**technische Daten s. Roos-t 642**

**1 ↗**

Oben der Rlmmnps 650 399 5 067 am 8.3.1993 im Gbf Hamburg-Bergedorf.
Rechts der als Privatwagen der Bundeswehr eingereihte (Rlmmnps) 399 4 028 am 29.7.1997 im Bf Bad Segeberg.

**DB** 1955

# SSys 55 Rlmmps 650 Rlmmnps 650

**399 5 000 – 399 5 134**

| | |
|---|---|
| LüP | 10800 mm |
| Drehgestell | 931 |
| Drehzapfenabst. | 5800 mm |
| Ladelänge | 9560 mm |
| Ladefläche | 30,0 m² |
| Lastgrenze C4 | 61,0 t ★★ |
| CS | 39,0 t |
| Eigengewicht | 18800 kg |
| Bremse | KE-GP, Fbr |

1

↓

Die SSys 55 wurden 1955 von der SEAG für das US-Transportation-Corps (USTC) als Nachfolger der im Zweiten Weltkrieg von der Deutschen Reichsbahn beschafften Panzertransportwagen entwickelt.

Von den bis Anfang der 50er Jahre gebauten SSy 45 unterscheiden sie sich durch die angeschweißten Überfahrflächen über den Puffern, Spindelstützen an den Wagenecken für die Be- und Entladung von 60-t-Fahrzeugen und die Minden-Dorstfeld-Drehgestelle mit Rollenachslagern.

Von 135 Rlmmps 650 (ab 1990 Rlmmnps), die die DB ab 1977 im Bestand hatte, waren Ende 1993 noch 100 Wagen vorhanden. Während 1997 bis auf einen alle DB-Wagen ausgemustert waren, hält die Bundeswehr noch 200 Wagen gleicher Bauart vor.

Der Rlmmps 651 399 4 546 am 9.9.1989 an der Ladestraße des Gbf Hamburg-Wandsbek.
*Foto: Rolf Michael Haugg*

# Rlmmps 651

1988 DB

Die SSy Köln / SSy 45 wurden zwischen 1940 und 1945 vorwiegend für den Transport von Panzern gebaut. Weitere SSy 45 (ab 1965 Rlmmp 700) wurden bis 1952 beschafft.

1987 waren noch 691 Rlmmp 700 im Bestand, die zur Ausmusterung anstanden, da sie das Ende ihrer Nutzungszeit erreicht hatten und die alten Drehgestelle nicht für die Heraufsetzung der Geschwindigkeit auf 90 km/h geeignet waren.

Weil die vorhandenen Rlmmps 650 nicht ausreichten, rüstete das AW Saarbrücken 1988/89 653 Rlmmp 700 (597 für die DB, 56 für die Bundeswehr) mit Drehgestellen der Bauart 661 aus. Da gleichzeitig die alten Hik-G-Bremsen durch KE-GP-Bremsen ersetzt wurden, konnte die Höchstgeschwindigkeit der als Rlmmps 651 bezeichneten Umbauwagen auf 100 km/h heraufgesetzt werden. Außerdem wurden die nicht mehr benötigten Ladeschwellen entfernt und die Öffnungen für die Steckrungen verschlossen.

**399 4 200 – 399 4 852**

| | |
|---|---|
| **LüP** | **10740 mm** |
| **Drehgestell** | **661** |
| **Drehzapfenabst.** | **6150 mm** |
| **Ladelänge** | **9500 mm** |
| **Ladefläche** | **27,7 m²** |
| **Lastgrenze C3 S** | **54,0 t ★★** |
| **Tragfähigkeit** | **60,0 t** |
| **Eigengewicht** | **16000 kg** |
| **Bremse** | **KE-GP, Fbr** |

355 ↘

Oben der Rils 652.0 354 0 017, wie auch andere Rils 652 inzwischen mit neuer verkehrsroter Plane und braunen Anstrich, am 11.1.1998 im Rbf Maschen.
Rechts der Rils 652.1 354 0 128 am 8.3.1993 im Rbf Hamburg-Rothenburgsort.

DB 1988

# Rils 652

| | |
|---|---|
| 652.0 | 354 0 000 – 354 0 099 |
| 652.1 | 354 0 100 – 354 0 499 |

| | |
|---|---|
| LüP | 19900 mm |
| Drehgestell | Y 25 Cs - 621 |
| Drehzapfenabst. | 14860 mm |
| Ladelänge | 18410 mm |
| Ladefläche | 49,1 m² |
| Laderaum | 95,0 m³ |
| Lastgrenze DS | 57,5 t ★★ |
| Eigengewicht | 24500 kg |
| Bremse | KE-GP |

Als erste DB-Wagen mit Textil-Planenhauben wurden 1988/89 zwei Rils 652-Prototypen und 98 weitere, intern als Rils 652.0 bezeichnete Wagen aus Res 687 umgebaut. Bei den Res 687 wurden im AW Paderborn Rungen, Borde und Fußböden entfernt und neue Bodenbretter mit Nut und Feder eingebaut. Der Anbau der Stirnwände und des Planenverdecks mit Laufschienen erfolgte bei Talbot.

1990/91 bauten Graaff, Marly-Industrie-Reims/F, Officio Ferroviare Veronesi/I und das RAW Eberswalde weitere 400 Res 687 um. Diese Wagen mit der internen Bauartnummer Rils 652.1 erhielten Planenhauben mit einer Zentralverriegelung, die das Schließen und Öffnen von einer Seite gestattet. Zu erkennen sind die Rils 652.1 an den seitlichen Haken, mit denen die Plane an die Stirnwände gezogen wird.

Seit 1997 werden beschädigte (ehemals blaue) Planen durch verkehrsrote ersetzt.

500 →

Oben fünf Rins 655 – vorn der Wagen 355 3 107 – direkt nach der Ablieferung durch Graaff am 27.8.1997 im Bf Elze. *Foto: Willi Rosumek*
Links der Rils [3540] 354 0901 der DR am 23.3.1993 im Bf Næstved. *Foto: Jan Lundstrøm*

## Rils [3540] Rils 653

1990 DR

1990 erhielten im RAW Eberswalde drei (von Niesky gebaute) Res [3936] ein mit PVC-beschichtetes Gewebe-Planenhaubenverdeck.

Die Wagen unterscheiden sich äußerlich nur geringfügig von den Rils 652 und wurden bei der Deutschen Reichsbahn als Rils [3540] eingereiht, bei der DB AG als Rils 653.

| | 354 0 900 – 354 0 902 |
|---|---|
| Drehgestell | Y 25 Cs - 853 |
| Ladelänge | 18403 mm |
| Ladefläche | 49,2 m² |
| Lastgrenze CS | 54,5 t ★★ |
| Eigengewicht | 25200 kg |
| übrige Daten identisch mit Rils 652 | |

3 ➡

## Rins 655

1997 DB

1997/98 lieferte Graaff 200 Flachwagen mit Textilschiebehauben und Klappsteckrungen als seitlicher Ladungssicherung.

Die Rins 655, die etwa 0,5 t leichter als die Rilns 654 sind, unterscheiden sich auch konstruktiv in vielen Details von diesen. So sind die mittleren Stirnrungen bei den Rins 655 nach oben verjüngt und die Queraussteifungen anders angeordnet. Anstelle relativ schwerer innerer Langträger besitzen die Rins 655 außen angeordnete Blechträger.

| | 355 2 000 – 355 2 199 |
|---|---|
| LüP | 20000 mm |
| Drehgestell | Y 25 Lsd 1 - 628/629 |
| Drehzapfenabst. | 14860 mm |
| Ladelänge | 18500 mm |
| Ladefläche | 50,1 m² |
| Laderaum | 117,0 m³ |
| Lastgrenze DS | 65,5 t ★★ |
| Eigengewicht | 24300 kg |
| Bremse | KE-GP-A, z.T. Fbr |

191 ⬆


Rilns 654 ➡

Oben der Rilns 654 354 6 342 am 9.10.1995 im Gbf Hamburg-Kai rechts. Rechts der Rilns 654 Prototyp 354 6 001 mit Drehgestellen der Bauart 642 und Planenspreizeinrichtung am 16.7.1994 im Hafen von Brake.
*Foto: Klaus Kirsch*

DB 1993

# Rilns 654

| | |
|---|---|
| Prototypen | 354 6 000 – ... 001 |
| Rilns 654 | 354 6 002 – ... 111 |
| Rilns 654.1 | 354 6 112 – ... 121 |
| Rilns 654 | 354 6 122 – ... 601 |

| | |
|---|---|
| LüP | 20000 mm |
| Drehgestell | Y 25 Lsd 1 - 628/629 |
| | Prototypen 642 |
| Drehzapfenabst. | 14860 mm |
| Ladelänge | 18500 mm |
| Ladefläche | 49,2 m² |
| Laderaum Rilns 654 | 107,0 m³ |
| Rilns 654.1 | 118,0 m³ |
| Lastgrenze DS | 65,0 t ★★ |
| Eigengewicht | 25100 kg |
| Bremse | KE-GP-A |

1993 baute die Firma Graaff zwei Prototypen eines neuen Planenhaubenwagens.

Diese Rilns 654 differieren in den Abmessungen nur geringfügig von den durch Umbau entstandenen Rils 652. Verkehrlich die bedeutendste Änderung ist die auf 22,5 t erhöhte Radsatzlast. Äußerlich unterscheiden sich die Wagen von den Rils 652 durch die giebelförmigen Stirnwände (bei Rils 652 halbrund) und die doppelte Planenverriegelung an den Stirnwänden.

Die beiden Prototypen sind mit Drehgestellen der Bauart 642 ausgerüstet. Hingegen haben die 1994/95 gebauten Serienwagen Y 25-Drehgestelle bekommen. Einer der beiden Prototypen sowie zehn Wagen aus der laufenden Fertigung erhielten Planenspreizeinrichtungen (intern Rilns 654.1).

602 ↗

← Rins 655

Oben der Rhlmms 661 397 6 703 mit Stahl-Coils am 22.8.1995 im Hamburger Hafen am Reiherstieg. Links der Rmms 661 395 9 149 mit Stahlträgern am 28.1.1989 im Rbf Hamburg-Hohe Schaar.

# SSkms 661 Rmm(p)s, Rh(l)mm(p)s 661

1968 DB

Mitte der 60er Jahre waren noch rund 2.900 von 1942 bis 1944 in den USA für das US-Transportation-Corps gebaute und von der DB übernommene SSkm 49 im Bestand. Diese Wagen hatten zwar stabile Untergestelle, waren aber wegen der Diamond-Drehgestelle und Westinghouse-Bremsen nur für eine Geschwindigkeit von 65 km/h geeignet.

Ab 1968 wurden 2.791 Wagen umgebaut. Das Untergestell wurde an beiden Enden um je 300 mm verlängert. Die als Rmm(p)s 661 bezeichneten Umbauwagen bekamen neue Drehgestelle, KE-GP-Bremsen und klappbare Ladeschwellen, die 1.350 Rmms 661 hatten zusätzlich klappbare Stirnborde.

Für den Coil-Transport erhielten 1.860 Rmm(p)s abnehmbare Ladegestelle aus Stahl oder aus Stahl und Holz mit fünf oder sieben Mulden. Ab 1972 wurden diese Wagen zu Rhmm(p)s oder Rhlmm(p)s 661 (Wagen ohne Rungen) umgezeichnet. Zur DB AG kamen sieben Rmm(p)s und 151 Rh(l)mm(p)s 661.

| | |
|---|---|
| **Rmms** | **395 9 000 – ... 9 972** |
| **Rmmps** | **397 0 000 – ... 0 499** |
| **Rh(l)mm(p)s** | **397 5 000 – ... 6 999** |
| | |
| **LüP** | **14260 mm** |
| **Drehgestell** | **661** |
| **Drehzapfenabst.** | **9410 mm** |
| **Ladelänge** | **13020 mm** |
| **Ladefläche** | **33,7 m²** |
| **Lastgrenze CS** | **60,0 t ★★** |
| **Eigengewicht** | **19100 kg** |
| **Bremse** | **KE-GP** |
| | |
| **abweichende Daten für Rmms 661** | |
| **Ladelänge** | **12856 mm** |
| **Ladefläche** | **33,3 m²** |
| **Lastgrenze CS** | **59,5 t ★★** |
| **Eigengewicht** | **20300 kg** |
| | |
| **abw. Daten für Rhmmps 661** | |
| **Lastgrenze CS** | **55,5 bis 59,5 t ★★** |
| **Eigengewicht** | **20500 bis 24200 kg** |

18

Oben der Rmms 662 [3960] 396 3 884 mit einer Kiste am 25.9.1997 im Hamburger Hafenbezirksbahnhof Roß. Rechts der Rmms 662 [3960] 396 3 763 am 22.10.1995 als Schutzwagen im Hafen von Brake.
*Foto: Klaus Kirsch*

**DR** 1983

# Rmms [3960] Rmms, Rgmms 662

| | | |
|---|---|---|
| Rmms | 396 3 000 – 396 3 999 | |
| | 396 5 000 – 396 5 049 | |
| Rgmms | 396 6 000 – 396 6 049 | |

| | |
|---|---|
| LüP | 12540 mm |
| Drehgestell | Y 25 Cs 2 - 865 |
| Drehzapfenabst. | 7500 mm |
| Ladelänge | 11140 mm |
| Ladefläche | 35,5 m² |
| Lastgrenze CS | 61,0 t ★★ |
| DB D 100 | 65,0 t |
| Eigengewicht | 19000 kg |
| Bremse | KE-GP, z.T. Fbr |

877 ↘

Von 1983 bis 1985 beschaffte die DR bei Vagónka Poprad/CS etwa 1.050 vierachsige Drehgestellflachwagen Rmms [3960]. Weitere 50 Wagen wurden von Arad gebaut.

Die Wagen können über die an den Stirnseiten angeordneten Überfahrklappen, die sich umgelegt auf vier Konsolen abstützen, mit einer maximalen Radsatzlast von 5 t befahren werden und sind daher auch für den Transport von schweren Fahrzeugen geeignet. An den Wagenseiten befinden sich je sechs absenkbare Rungen (Fallrungen).

Geliefert wurden die Rmms [3960] mit abnehmbaren Seitenborden, die durch die Rungen gehalten wurden, so daß sie auch für Schüttguttransporte geeignet waren.

Ab 1994 wurden 1.007 Wagen zu Rmms, 38 für Containertransport geeignete Wagen zu Rgmms 662 umgezeichnet. Die Rmms 662 sowie die letzten sechs Rgmms werden – nur noch ohne Seitenborde – vorwiegend für den Transport von Stahlerzeugnissen eingesetzt.

Oben der mit Stahlrohren beladene Rmms 663 396 4 127 mit Feststellbremse am 9.8.1997 im Hafen von Brake (REV 24.6.97).
Links der Rmms 663 396 4 164 mit Y 25-Drehgestellen (ebenfalls mit Stahlrohren) am 25.1.1998 im Hamburger Hafen am Reiherstieg.

# Rmms 663

1968 DB

Als erste dem UIC-Standardtyp 2 entsprechende Flachwagen beschaffte die DB 1968 360 Rmms 663 (alle mit Feststellbremse). Weitere 575 (ohne Feststellbremse und mit von den Wagenenden auf Höhe der Drehzapfen versetzten Seilankern) folgten 1977/78.

Zur Ausrüstung zählen sechs, in der Mitte unterteilte, klappbare Ladeschwellen zum Transport von schweren Walzprofilen und anderen sperrigen Gütern. Mit eingeklappten Ladeschwellen haben die Wagen eine ebene Ladefläche und sind dadurch auch zur Beförderung von Fahrzeugen geeignet. Zur Ausrüstungen zählen sechs Drehrungen auf jeder Wagenseite sowie durch je zwei Fallrungen gesicherte, klappbare Stirnborde.

Bereits 1988 wurden die Wagen in größerem Umfang ausgemustert, so daß 1994 nur noch 343 Rmms 663 zur DB AG kamen.

Seit 1997 werden bei den Wagen die Drehgestelle der Bauart 661 gegen Y 25 Cs-Drehgestelle getauscht.

**396 0 000 – 396 0 935**
**396 4 000 – 396 4 499**

| | |
|---|---|
| **LüP** | **14040 mm** |
| **Drehgestell** | **661 oder 661.1 ab 1997 auch Y 25 Cs** |
| **Drehzapfenabst.** | **9000 mm** |
| **Ladelänge** | **12644 mm** |
| **Ladefläche** | **36,7 m²** |
| **Lastgrenze CS** | **59,0 t ★★** |
| **Eigengewicht** | **20000 kg** |
| **Bremse** | **KE-GP, z.T. Fbr** |

299 ↘

Oben der Rmms 664 396 2 112 als Schutzwagen zwischen zwei mit Brückenträgern beladenen Rs 680 am 29.8.1995 im Rbf Hamburg-Eidelstedt. Rechts der Rmms 664 396 1 612 mit Stahlrohren am 9.8.1997 im Hafen von Brake.

DB 1970

# Rmms 664

396 1 000 – 396 2 759

| | |
|---|---|
| **LüP** | **14040 mm** |
| **Drehgestell** | **664** |
| **Drehzapfenabst.** | **9000 mm** |
| **Ladelänge** | **12644 mm** |
| **Ladefläche** | **36,7 m²** |
| **Lastgrenze CS** | **57,5 t ★★** |
| **Eigengewicht** | **21500 kg** |
| **Bremse** | **KE-GP-A, z.T. Fbr** |

321 ↘

Parallel zu den Rmms 663 wurden zwischen 1970 und 1976 1.760 Flachwagen in den gleichen Abmessungen, jedoch mit selbsttätiger Lastabbremsung gebaut. Bei diesen, als Rmms 664 eingereihten Wagen wird die Bremskraft in jedem Drehgestell über ein Wiegeventil unabhängig gesteuert.

Die technische Ausrüstung (in der Mitte unterteilte, klappbare Ladeschwellen, Drehrungen, durch Fallrungen gesicherte, klappbare Stirnborde) entspricht den Rmms 663, jedoch sind die Rmms 664 durch die aufwendigere Bremsanlage im Durchschnitt 1,5 t schwerer als die Rmms 663.

1988 schieden rund 950 Wagen aus dem Bestand aus. Von den verbliebenen 791 Wagen wurden 1990 61 zu Containertragwagen Sgmmns 738 umgebaut. Zur DB AG kamen 1994 noch 552 Rmms 664.

Oben der mit IPB-Trägern beladene Remms 665 394 8 494 am 24.8.1997 im Hafen von Brake.

*Foto: Klaus Kirsch*

Links der seit Juli 1997 mit Y 25-Drehgestellen ausgerüstete Remms 665 394 8 336 mit Stahlrohren am 9.8.1997 im Hafen von Brake.

# Remms 665

1976 DB

Ebenfalls in den gleichen Abmessungen wie die Rmms 663 und Rmms 664 wurden zwischen 1976 und 1978 660 Remms 665 nach UIC-Standard gebaut, die zusätzlich an den Seiten 520 mm hohe, durch Fallrungen gesicherte, abklappbare Aluminium-Bordwände erhielten. Bei diesen Wagen verzichtete man sowohl auf Feststellbremsen als auch auf die selbsttätige Lastabbremsung.

Die Wagen haben im Fußboden insgesamt zwölf absenkbare Verzurreinrichtungen und können mit umgelegten Stirnwänden verkehren. Heruntergeklappte Seitenwände ragen über die Fahrzeugumgrenzung hinaus.

Bis auf einen Wagen kamen alle 1994 noch in den Bestand der DB AG. Ab Mitte 1997 erhalten die Remms 665 anstelle schadhafter Drehgestelle der Bauart 661 sukzessive neue Y 25 Lsd 1-Drehgestelle (Bauart 628).

**394 8 000 – 394 8 659**

| | |
|---|---|
| **LüP** | **14040 mm** |
| **Drehgestell** | **661.1** |
| | **ab 1997 auch Y 25 Lsd 1** |
| **Drehzapfenabst.** | **9000 mm** |
| **Ladelänge** | **12644 mm** |
| **Ladefläche** | **35,2 m²** |
| **Laderaum** | **18,3 m³** |
| **Lastgrenze CS** | **58,5 t ★★** |
| **Eigengewicht** | **21600 kg** |
| **Bremse** | **KE-GP** |

649 ➡

Oben der Rs 670 [3910] 390 9 696, Hand- und Feststellbremse sind ausgebaut, am 10.10.1995 mit alten Gleisjochen im Rbf Hamburg-Eidelstedt. Rechts der Rs 668 [3910] 391 3 556 mit neuen Betonschwellen am 5.10.1994 im Gbf Hamburg-Bergedorf.

DR 1968

## SSbly (SSablms) 65.019 Rgs [3910] Rgs, Rs 668

| | |
|---|---|
| Rs | 391 3 500 – 391 3 949 |
| Rgs (DR) | 392 0 000 – 392 0 199 |
| | 392 0 775 – 392 0 999 |

| | |
|---|---|
| Drehgestell | Niesky - 962 |
| Lastgrenze CS | 54,5 t |
| Eigengewicht | 25300 kg |

übrige Daten identisch mit Rs 669

133 ↘

Während die von 1967 bis 1969 in den gleichen Abmessungen gebauten Rs [3900] keine Containerzapfen besaßen, waren die ab 1968 gebauten Rgs [3910] – anfangs als SSbly (SSablms) bezeichnet, ab 1972 als Rgs-z mit Nummern ab 392 0000 eingereiht – auch für den Containertransport geeignet.

Von den 1968 bis 1971 bei Niesky gebauten 530 Wagen übernahm die DB AG 443 Stück und reihte diese als Rgs 668, nach Festlegen der Containerzapfen ab 1994 als Rs 668.1 ein (1997 waren nur noch drei Rgs im Bestand).

DR 1971

## Rgs-z (SSablms) Rgs [3910] Rgs, Rs 670

| | |
|---|---|
| Rs | 390 9 600 – 390 9 899 |
| Rgs (DR) | 392 0 475 – 392 0 774 |

| | |
|---|---|
| Drehgestell | Niesky - 962 |

übrige Daten identisch mit Rs 669

100 ↘

300 Rgs [3910] wurden 1971 von der Waggonfabrik Sarajevo gebaut. Sie unterscheiden sich von den von Arad und Niesky gelieferten Wagen durch den größeren Drehgestellausschlag, der einen befahrbaren Bogenhalbmesser von 50 m (anstelle von 75 m) zuläßt.

Die DB AG übernahm 284 in Sarajevo gebaute Rgs [3910] und reihte sie als Rgs 670 bzw. nach Umbau ab 1994 als Rs 670.1 ein.

Zwei Wagen mit Betonschwellen:
Oben der Rs 669 [3910] 391 2 470 am 5.10.1994 im Gbf Hamburg-Bergedorf.
Links der Rgs [3910] 392 0269, noch mit DR-Anschriften, am 22.2.1995 im Gbf Hamburg-Rothenburgsort.

## Rgs-z (SSablms) Rgs [3910] Rgs, Rs 669

1970 DR

Die Rgs [3910] beschaffte die DR ab 1968. Die Wagen der unterschiedlichen Baulose weichen nur geringfügig voneinander ab. Allen gemeinsam sind sieben geteilt klappbare Ladeschwellen und überfahrbare Stirnborde.

Die DR setzte die Wagen auch für den Containertransport ein. Sie verfügen hierfür über 24 klappbare Containerzapfen.

Den größten Anteil an den Lieferungen der Rgs [3910] hatte die rumänische Waggonfabrik UV Arad. In den Jahren 1970 bis 1973 wurden über 2.300 Wagen mit Niesky-Drehgestellen gebaut und bei der DR als Rgs-z (SSablms) mit Nummern ab 392 0225 eingereiht. Sie entsprachen in allen Abmessungen den von Niesky gebauten Wagen.

Bei der DB AG wurden ab 1994 die Handbremskurbeln und Bühnengeländer abgebaut sowie die Container-Aufsetzzapfen umgelegt und festgeschweißt. Die von der DB AG übernommenen Arad-Wagen wurden als Rgs 669, nach Festlegen der Containerzapfen ab 1994 als Rs 669.1 eingereiht.

| | |
|---|---|
| Rs | 391 0 000 – 391 0 999 |
| | 391 1 225 – 391 1 474 |
| | 391 1 500 – 391 1 572 |
| | 391 2 000 – 391 2 999 |
| Rgs (DR) | 391 7 006 – 391 9 076 |
| | 392 0 225 – 392 0 474 |

| | |
|---|---|
| LüP | 20220 mm |
| Drehgestell | Niesky - 951 |
| Drehzapfenabst. | 14600 mm |
| Ladelänge | 18540 mm |
| Ladefläche | 50,7 m² |
| Lastgrenze CS | 54,0 t |
| Eigengewicht | 25700 kg |
| Bremse | KE-GP, (Hbr), Fbr |

| abweichende Daten für Rgs 669 | |
|---|---|
| Lastgrenze C | 54,0 t ★ |
| CS | 46,0 t |
| Eigengewicht | 26000 kg |

856 ↘

Oben der Rs 671 [3910] 399 2 392 mit über mehrere Wagen verladenen Langschienen am 22.2.1995 im Rbf Hamburg-Rothenburgsort.
Rechts der Rgs [3910] 391 9367 noch als Containertragwagen am 28.9.1995 im Bf Hamburg-Waltershof.

**DR** 1976

## Rgs [3910] Rgs 671 Rs 671

| | | |
|---|---|---|
| Rgs (DR) | 391 9 077 – 391 9 876 | |
| | 392 0 200 – 392 0 224 | |
| Rs | 399 2 000 – 399 2 419 | |

| | |
|---|---|
| LüP | 19900 mm |
| Drehgestell | Y 25 Cs - 851 |
| Drehzapfenabst. | 14860 mm |
| Ladelänge | 18500 mm |
| Ladefläche | 50,7 m² |
| Lastgrenze CS | 55,0 t ★★ |
| DB D 100 | 59,0 t |
| Eigengewicht | 24800 kg |
| Bremse | KE-GP, Fbr |

1976/77 beschaffte die DR bei UV Arad 825 weitere Rgs [3910], die im Gegensatz zu den Vorgängerbauarten keine Handbremsbühnen mehr bekamen. Dadurch reduzierte sich die Länge über Puffer um 320 mm. Außerdem erhielten die Wagen Y 25 Cs-Drehgestelle.

Nachdem die DR zwischen 1991 und 1993 bereits 390 Wagen zusätzlich mit Befestigungen für Wechselbehälter ausgerüstet und in Rgs [3560] umgezeichnet hatte, kamen 1994 noch 418 Rgs [3910] mit Y 25-Drehgestellen in den Bestand der DB AG, die als Rgs 671 eingereiht wurden. Ab 1994 wurden die Containerzapfen festgelegt und die Wagen zu Rs 671 (intern Rs 671.1) umgezeichnet.

Zwischen 1994 und 1996 baute das Werk Eberswalde 251 Rgs [3910]/Rs 671 für den Holztransport zu Roos 639 bzw. Roos-t 642 um, 56 Wagen erhielten Stahlbordwände und wurden zu Res 640 umgezeichnet.

105 ↘

Der Rgs-w 672 [3560] 356 0086 mit drei 20-Fuß-Containern am 2.3.1995 im Bf Hamburg-Waltershof.

## Rgs [3560]     Rgs-w, Rs 672

1991 DR

Während bei den meisten Rgs-Wagen der ehemaligen Deutschen Reichsbahn die Containerzapfen im umgelegten Zustand festgeschweißt und die Wagen zu Rs wurden, werden 390 von Arad 1976/77 gebaute Wagen mit Y 25 Cs-Drehgestellen weiterhin für den Containertransport eingesetzt.

Sie erhielten zwischen 1991 und 1993 zusätzlich zu den umklappbaren Containerbefestigungen versenkbare Befestigungen für Wechselbehälter. Außerdem wurden bei den zu Rgs [3560] umgezeichneten Wagen die Y 25 Cs-Drehgestelle geringfügig modifiziert. Bei der DB AG erhielten die zeitweise von der Kombiwaggon disponierten Wagen ab Mitte 1994 die Bauartbezeichnung Rgs-w 672.

Von 1994 bis 1996 wurden 35 Wagen mit festgelegten Containerzapfen als Rs 672 eingesetzt, inzwischen werden aber auch diese Wagen wieder als Rgs-w 672 geführt.

| | |
|---|---|
| Rgs-w | 356 0 000 – 356 0 389 |
| Rs | 399 2 500 – 399 2 899 |

| | |
|---|---|
| LüP | 19900 mm |
| Drehgestell | Y 25 Cs - 881 |
| Drehzapfenabst. | 14860 mm |
| Ladelänge | 18500 mm |
| Ladefläche | 50,7 m² |
| Lastgrenze CS | 55,0 t ★★ |
| DB D 100 | 59,0 t |
| Eigengewicht | 24800 kg |
| Bremse | KE-GP, Fbr |

390 ➡

Der mit Stahlträgern beladene Res 675 [3936] 394 2 137 am 9.8.1997 im Hafen von Brake.

**DR** 1967

## SSly (SSalms) 65.017 Rs [3900] Rs 673 / 674

| | |
|---|---|
| Rs 673 (DR) | 390 0 000 – ... 029 |
| Rs 674 (DR) | 390 0 030 – ... 059 |
| | Rs 673 / Rs 674 |
| LüP | 20100 / 20220 mm |
| Drehgestell | Niesky - 962 |
| Drehzapfenabst. | 14600 mm |
| Ladelänge | 18520 / 18540 mm |
| Ladefläche | 50,7 / 50,8 m² |
| Lastgrenze C | 55,0 / 55,5 t ★ |
| CS | 47,0 / 47,5 t |
| Eigengewicht | 25000 / 24400 kg |
| Bremse | KE-GP, Hbr, Fbr |

1995 ausgemustert

Die von der DR zwischen 1967 und 1969 bei der WF Sarajevo und WB Niesky beschafften und mit Wagennummern ab 390 0000 bzw. ab 390 0299 eingereihten SSly (SSalms) (ab 1978 Rs [3900]) entsprachen den Rgs [3910], hatten jedoch keine Containerzapfen. Beide Typen unterschieden sich in den Abmessungen und Gewichten und der Form der Bremsumstellhebel.

1994 waren – von ursprünglich 550 – nur noch 53 Rs [3900] im Bestand. Die vorgesehene Umzeichnung in Rs 673 (Sarajevo) und Rs 674 (Niesky) erfolgte jedoch nicht mehr.

**DR** 1975

## Res [3936] Res 675

| | |
|---|---|
| | 394 2 000 – 394 2 499 |
| Drehgestell | Y 25 Cs 2 - 852 |
| Ladefläche | 48,8 m² |
| Laderaum | 25,3 m³ |
| Lastgrenze CS | 56,5 t ★★ |
| DB D 100 | 60,0 t |
| Eigengewicht | 23500 kg |
| Bremse | KE-GP, Fbr |
| übrige Daten identisch mit Res 676 | |

481 ➡

Die ältesten Res-Wagen der DR sind die 1975/76 bei ANF in Frankreich gebauten Res [3936].

Sie sind an der von den übrigen Res [3936] abweichenden Bordwandteilung mit nur acht Klappen zu erkennen. Die Mittelrungen stehen dichter zusammmen und die Wagen haben auf jeder Seite nur sieben Fallrungen. Die DB AG reihte 482 Wagen als Res 675 ein.

Der Res 676 [3936] 394 3 158 am 9.10.1995 im Rbf Hamburg Süd. Links der Rs [3900] 390 0053 am 5.6.1994 im Braker Hafen.
*Foto: Klaus Kirsch*

# Res [3936] Res 676

1976 DR

Zwischen 1975 und 1990 beschaffte die DR eine Reihe ähnlicher Res-Wagen. Alle Bauarten besitzen neunteilige Stahl-Seitenborde, die mit acht Fallrungen (ANF-Wagen nur acht Borde mit sieben Fallrungen) gesichert sind, und auf jeder Seite acht Drehrungen.

Mit rund 1.210 Wagen wurde der größte Teil der Res [3936] zwischen 1976 und 1988 im RAW Eberswalde für die DR gebaut.

Die bei der DB AG als Res 676 eingereihten Wagen sind rund 0,5 t schwerer als die bei ANF gebauten Res [3936], die höchste Lastgrenze ist entsprechend geringer. Außerdem ist die Ladebreite 110 mm schmaler als bei den Res 675, die Ladefläche ist 2 m² kleiner. Die Res 676 können daher ohne Lademaßüberschreitung mit heruntergeklappten Seitenwänden befördert werden.

1994 kamen nahezu alle Wagen (1.204) in den Bestand der DB AG.

**394 2 750 – 394 2 751**
**394 2 887 – 394 4 134**

| | |
|---|---|
| **LüP** | **19900 mm** |
| **Drehgestell** | **Y 25 Cs - 853** |
| **Drehzapfenabst.** | **14860 mm** |
| **Ladelänge** | **18500 mm** |
| **Ladefläche** | **46,8 m²** |
| **Laderaum** | **24,3 m³** |
| **Lastgrenze CS** | **55,5 t ★★** |
| **DB D 100** | **59,5 t** |
| **Eigengewicht** | **24300 kg** |
| **Bremse** | **KE-GP, Fbr** |

1.203

Oben der Res 678 [3997] 399 7 327 mit Brettschnittholz am 17.5.1997 an der Ladestraße des Bf Itzehoe. Rechts der mit Bauschutt beladene Res 677 [3936] 394 2 759 am 4.8.1997 im Bf Hamburg-Tiefstack.

**DR** 1977

## Res [3936] Res 677

378 ➡

**394 2 500 – 394 2 749**
**394 2 752 – 394 2 886**

| | |
|---|---|
| Drehgestell | Y 25 Cs - 853 |
| Ladefläche | 48,9 m² |
| Laderaum | 25,4 m³ |
| Lastgrenze CS | 56,0 t ★★ |
| übrige Daten identisch mit Res 678 | |

1977/78 baute Waggonbau Niesky ebenfalls Res [3936] für die DR. Diese Wagen haben, wie die in Eberswalde gebauten Res 676, ein Ladegewicht von 56 t, aber nahezu die gleiche Ladebreite, wie die in Frankreich gebauten Res 675.

Zur DB AG kamen 379 Wagen, die die Bauartbezeichnung Res 677 erhielten.

**DR** 1988

## Res [3997] Res 678

**399 7 001 – 399 7 159**
**399 7 200 – 399 7 543**

| | |
|---|---|
| LüP | 19900 mm |
| Drehgestell | Y 25 Cs 2 - 865 |
| | oder Y 25 Rs - 867 |
| Drehzapfenabst. | 14860 mm |
| Ladelänge | 18500 mm |
| Ladefläche | 46,8 m² |
| Laderaum | 24,3 m³ |
| Lastgrenze CS | 56,0 t ★★ |
| DB D 100 | 60,0 t |
| Eigengewicht | 24000 kg |
| Bremse | KE-GP, Fbr |

501 ➡

Die vom RAW Eberswalde zwischen 1988 und 1990 gebauten rund 500 Res-Wagen reihte die DR als Res [3997] ein. Über 100 anfangs als Res [3936] bezeichnete Wagen wurden nachträglich umgezeichnet.

Sie haben die gleichen Abmessungen wie die Res 676, sind aber durch die Verwendung von Y 25 Cs 2- oder Y 25 Rs-Drehgestellen konstruktiv so verstärkt, daß sie im nationalen Verkehr bis zu einer Lastgrenze von 60 t beladen werden können.

1994 übernahm die DB AG 102 (ab 1988 gebaute) Res [3936] und 399 Res [3997] und zeichnete sie zu Res 678 um.

Oben der Rs-u 679 [3800] 391 5 883 mit drei Gußeisenrohr-Stapeln (auf einen Rs passen nur zwei solcher Stapel) am 31.1.1998 im Hamburger Hafen am Reiherstieg.
Links der Rs-u 679 [3800] 391 5 438 mit Betonschwellen am 22.2.1995 im Gbf Hamburg-Rothenburgsort.

## SSly (SSlm) 65.06 R [3800] R 679 Rs-u 679

1964 **DR**

1964/65 beschaffte die DR bei den Waggonfabriken Sarajevo und Boris Kidric in Maribor (Jugoslawien) Flachwagen mit 20,70 m Ladelänge und reihte diese als SSlm 65.06 ein.

Die Wagen laufen auf Niesky-Drehgestellen und besitzen fischbauchförmige Innenlangträger. In den Holzfußboden sind zehn klappbare Ladeschwellen integriert, der seitlichen Ladungssicherung dienen zehn Drehrungen auf jeder Wagenseite. Die umklappbaren Stirnborde können, wie der Fußboden, mit einer Radlast von 5,0 t befahren werden.

1994 kamen 518, ab 1978 als R [3800] bezeichnete Wagen zur DB AG. Da für sie großer Bedarf bestand (die DB besaß nur Rs-Wagen mit 18,50 m Ladelänge), erhielten zwischen 1994 und 1996 512 R [3800] / R 679 einen GP-Wechsel. Die Höchstgeschwindigkeit wurde auf 100 km/h heraufgesetzt, die Bauartbezeichnung in Rs-u 679 geändert.

| | |
|---|---|
| R (DR) | 380 0 000 – 380 0 620 |
| Rs-u 679 | 391 5 400 – 391 5 933 |

| | |
|---|---|
| LüP | 22240 mm |
| Drehgestell | Niesky - 962 |
| Drehzapfenabst. | 16700 mm |
| Ladelänge | 20700 mm |
| Ladefläche | 56,0 m² |
| Lastgrenze CS | 54,0 t |
| Eigengewicht | 25000 kg |
| Bremse | KE-GP, Fbr |

**abweichende Daten für R 679**

| | |
|---|---|
| Lastgrenze C | 54,0 t ★ |
| Bremse | KE-G, Fbr |

516 →

Oben der Rs 680 390 3 801 am 7.7.1997 im Rbf Hamburg-Hohe Schaar.
Rechts der mit Brückenträgern beladene Rs 680 390 0 765 am 29.8.1995 im Rbf Hamburg-Eidelstedt.

# DB 1955 | SSlmas 53 Rs 680

390 0 300 – 390 5 849

| | |
|---|---|
| **LüP** | **20000 / 19900 mm** |
| **Drehgestell** | **931/932** |
| **Drehzapfenabst.** | **13000 mm** |
| **Ladelänge** | **18500 mm** |
| **Ladefläche** | **51,0 m²** |
| **Lastgrenze C** | **55,5 / 56,0 t* ★★** |
| **CS** | **50,5 / 51,0 t*** |
| **Eigengewicht** | **24500 / 23700 kg*** |
| **Bremse** | **KE-GP, z.T. Hbr** |

***Wagen mit AK-Vorbereitung sind etwa 1,0 t schwerer, die Lastgrenzen sind entsprechend geringer.**

Die SSlmas 53 wurden von der SEAG gemeinsam mit der DB zur UIC-Standardbauart entwickelt, die in den Folgejahren auch von ausländischen Bahnverwaltungen (z.B. CFL, FS, NS) beschafft wurde und auch bei diesen bis heute im Einsatz ist.

Für die DB wurden zwischen 1955 und 1966 5.550 SSlmas 53 gebaut. Die Wagen haben ein räumliches Sprengwerk und, wie auch die späteren UIC-Typ-1-Drehgestellflachwagen, einen 70 mm starken Holzfußboden, der mit Fahrzeugen mit bis zu 5 t Radlast befahren werden kann. In den Fußboden sind acht, geteilt aufklappbare Ladeschwellen integriert. Der seitlichen Ladungssicherung dienen insgesamt 16 Drehrungen. Ein Teil der Wagen hat einen Handbremsstand mit umklappbarem Geländer.

Trotz des hohen Alters kamen 1994 noch 1.307, inzwischen als Rs 680 bezeichnete, Wagen zur DB AG.

551 ↘

Oben der Rs [3901] 390 1028 am 3.9.1993 in Gera Hbf – die Handbremse ist bereits abgebaut.
*Foto: Hans Ulrich Diener*
Links der mit Stahlträgern beladene Rs 680 390 5 133 am 4.8.1997 im Bf Hamburg-Tiefstack.

## SSlmas 54 Rs 681 Rs [3901] Rs 681

1954 **DB**

1954 beschafften die SAAR-Eisenbahnen 250 UIC-Standard-Flachwagen. Diese Wagen waren bis auf geringfügige Abweichungen (70 mm niedrigere Rungen, höheres Eigengewicht und Hik-GP-Bremse bei den ersten Wagen) baugleich mit den SSlmas 53 der DB.

Nach Eingliederung des Saarlandes kamen die Wagen 1957 zur DB und wurden hier als SSlmas 54 eingereiht. 1968 erfolgte die Umzeichnung zu Rs 681.

1985 musterte die DB die meisten Rs 681 aus. Rund 50 Wagen wurden, zusammen mit etwa 200 Rs 680, an die DR verkauft und dort als Rs [3901] eingereiht. Den letzten Rs 681 musterte die DB 1991 aus. Die DR hatte Ende 1993 noch 27 Rs [3901] im Bestand, die alle 1994 ausgemustert wurden. Die erneute Umzeichnung in Rs 681 unterblieb bei der DB AG.

| | |
|---|---|
| DR | 390 0 000 – 390 0 249 |
| LüP | 20000 / 19900 mm |
| Drehgestell | 934 |
| Drehzapfenabst. | 13000 mm |
| Ladelänge | 18500 mm |
| Ladefläche | 51,0 m² |
| Lastgrenze C | 56,0 t ★ |
| CS | 48,0 t |
| Eigengewicht | 24000 kg |
| Bremse | (Hik-GP) KE-GP, z.T. Hbr |

1994 ausgemustert

Oben der Res 682 393 6 966 am 2.8.1991 im Bf Westerland.
Rechts der Res 682 393 6 937, inzwischen mit Notbremszug, im Juni 1995 ebenfalls im Bf Westerland.

Der voll beladene Rs-t 683 391 5 075 im Sommer 1990 an der Ladestraße des Bf Naila. *Foto: Willy Kosak*

➡

DB 1971

# Res 684 Res 682

393 6 929 – 393 6 995

| | |
|---|---|
| **LüP** | **19900 mm** |
| **Drehgestell** | **664** |
| **Drehzapfenabst.** | **14860 mm** |
| **Ladelänge** | **18540 mm** |
| **Ladefläche** | **49,7 m²** |
| **Lastgrenze CS** | **53,0 t ★★** |
| **Eigengewicht** | **26300 kg** |
| **Bremse** | **KE-GP, Fbr** |

67 ➡

Für den Autoverkehr von und nach Sylt wurden 1971 32 Wagen aus der laufenden Rs 684-Fertigung mit umklappbaren Stahl-Seitenborden ausgerüstet und als Res 684 eingereiht. Außerdem erhielten die in Westerland beheimateten Wagen an den Stirnborden zusätzlich Überfahrklappen, die während der Fahrt waagerecht liegen bleiben.

1981 wurden sieben Rs 684 entsprechend umgebaut. Gleichzeitig wurden alle Wagen in Res 682 umgezeichnet. Weitere Res 682 wurden 1991 (21 Wagen) und 1994 (7 Wagen) hergerichtet. 1994 haben alle Res 682 einen durchgehenden Notbremszug erhalten.

Oben der Rs 683 390 6 201 mit zwei Gußeisenrohr-Stapeln (vgl. Rs-u 679) am 6.5.1997 am Reiherstieg.
Links nur bei leeren Wagen deutlich zu erkennen: die hohen Rungen des Rs-t 683 391 5 027 am 5.6.1997 im Bf Schwandorf.

# SSlmas Rs, Rs-t 683

1968 DB

Die ältesten UIC-Typ-1-Drehgestellflachwagen der DB sind die von MAN 1965 entwickelten und zwischen 1968 und 1970 in Serie gebauten 855 Rs 683.

Sie haben acht in der Mitte geteilte, in den Fußboden einklappbare Ladeschwellen. Die 400 mm hohen umlegbaren Stirnborde sind durch zwei kräftige, kurze Rungen gesichert und können zum Transport überlanger Ladungen während der Fahrt herabgeklappt bleiben. Auf jeder Wagenseite haben die Rs-Wagen acht Drehrungen.

In den Jahren 1987 bis 1990 wurden 100 Rs 683 für den Transport von quer verladenem Faserholz hergerichtet. Hierzu erhielten sie an den Stirnseiten je zwei hohe feste Rungen, die durch einen seitlich am Wagen verspannten Querriegel miteinander verbunden sind, sowie je zwei hohe Rungen in Wagenmitte. 1994 kamen 577 Rs 683 sowie alle Rs-t 683 in den Bestand der DB AG.

| | |
|---|---|
| **Rs** | **390 6 000 – 390 6 855** |
| **Rs-t** | **391 5 000 – 391 5 099** |

| | |
|---|---|
| **LüP** | **19900 mm** |
| **Drehgestell** | **661** |
| **Drehzapfenabst.** | **14860 mm** |
| **Ladelänge** | **18500 mm** |
| **Ladefläche** | **51,3 m²** |
| **Lastgrenze CS** | **56,0 t* ★★** |
| **Eigengewicht** | **24000 kg*** |
| **Bremse** | **KE-GP, z.T. Fbr** |

***Wagen mit AK-Vorbereitung sind etwa 1,0 t schwerer, die Lastgrenzen sind entsprechend geringer.**

**abweichende Daten für Rs-t 683**

| | |
|---|---|
| **Ladelänge** | **18540 mm** |
| **Ladefläche** | **37,0 m²** |
| **Lastgrenze CS** | **55,0 t ★★** |
| **Eigengewicht** | **24600 kg** |

| | |
|---|---|
| Rs | 416 |
| Rs-t | 62 |

↘

Oben der Rs 684 390 8 167 mit ausgebauten Gleisjochen am 10.10.1995 im Rbf Hamburg-Eidelstedt.
Rechts der mit 19 m langen Spundbohlen beladene Rs 684 390 8 891 am 25.9.1997 im Hamburger Hafenbezirksbahnhof Kai rechts.

DB 1970

# Rs 684

| | |
|---|---|
| DG-BA 664 | 390 6 856 – ... 9 565 |
| Y 25 Cssi | 390 9 566 – ... 9 570 |

| | |
|---|---|
| LüP | 19900 mm |
| Drehgestell | 664 |
| Drehzapfenabst. | 14860 mm |
| Ladelänge | 18500 mm |
| Ladefläche | 51,3 m² |
| Lastgrenze CS | 54,0 t ★★ |
| Eigengewicht | 25900 kg |
| Bremse | KE-GP-A, z.T. Fbr |

2.113 →

Die von 1970 bis 1974 gebauten Rs 684 unterscheiden sich von den Rs 683 durch die selbsttätige Lastabbremsung und die Drehgestelle der Bauart 664. Die Feststellbremse befindet sich (bei Wagen, die damit ausgerüstet sind) in einem Drehgestell. Außerdem sind alle Wagen für den AK-Einbau vorbereitet.

Wie die Rs 683 haben sie acht geteilte, einklappbare Ladeschwellen, umlegbare Stirnborde und acht Drehrungen je Wagenseite.

Fünf Rs 684 baute Franco-Belge für die DB mit Y 25 Cssi-Drehgestelle. 32 Wagen wurden mit Stahlbordwänden geliefert und als Res 684 (ab 1981 Res 682) eingereiht.

Insgesamt wurden 2.743 Res und Rs 684 gebaut, von denen von 1981 bis 1994 35 zu Res 682 und 1986/87 500 zu Containertragwagen Sgs 693 umgebaut wurden. Von den verbliebenen Wagen kamen 1994 2.126 in den Bestand der DB AG.

Oben der Rs 685 391 3 028 mit einer Ladung Brettschnittholz am 17.5.1997 im Bf Itzehoe.
Links der mit Betonschwellen beladene Rs 685 391 3 332 am 5.10.1994 im Gbf Hamburg-Bergedorf.

# Rs 685

1971 (DB)

1971 wurde die Konstruktion der Rs-Wagen bei gleichbleibenden Hauptabmessungen überarbeitet, was zu Gewichtseinsparungen von 2 bis 2,5 t führte. Die Lastgrenzen der Wagen konnten entsprechend heraufgesetzt werden.

Äußerlich unterscheiden sich die 1971/72 als Rs 685 gebauten 430 Wagen von den Rs 683/684 in der Form des Fischbauch-Mittelträgers, der keine Öffnungen mehr hat und in gleicher Form auch bei den Res 686 und Res 687 Verwendung fand. Die Feststellbremse wirkt bei den Rs 685 wieder auf beide Drehgestelle.

Zwischen 1991 und 1993 schieden 62 Wagen aus dem Bestand aus, von denen 48 für den Transport von acts-Behältern umgebaut und zu Slps 740 umgezeichnet wurden. Zur DB AG kamen noch 356 Rs 685.

**391 3 000 – 391 3 429**

| | |
|---|---|
| LüP | 19900 mm |
| Drehgestell | 664 |
| Drehzapfenabst. | 14860 mm |
| Ladelänge | 18500 mm |
| Ladefläche | 51,3 m² |
| Lastgrenze CS | 56,0 t ★★ |
| Eigengewicht | 24000 kg |
| Bremse | KE-GP-A, z.T. Fbr |

**abweichende Daten für Wagen 391 3 000 – 391 3 129**

| | |
|---|---|
| Lastgrenze CS | 56,5 t ★★ |
| Eigengewicht | 23400 kg |

351 ➡

Der mit Bandstahl-Rollen beladene Res 686 393 6 584 – mit Aluminium-Stirnborden – am 21.9.1995 in Hamburg-Waltershof.
Rechts der in Frechen beheimatete Res 686 393 6 386 – mit hohen Stirnborden – am 7.3.1992 in Mannheim Rbf. *Foto: Hans Ulrich Diener*

DB 1975

# Res 686

| | |
|---|---|
| **Prototyp** | **393 6 200** |
| **Serie** | **393 6 201 – 393 6 750** |
| **LüP** | **19900 mm** |
| **Drehgestell** | **664** |
| **Drehzapfenabst.** | **14860 mm** |
| **Ladelänge** | **18500 mm** |
| **Ladefläche** | **49,0 m²** |
| **Laderaum** | **25,5 m³** |
| **Lastgrenze CS** | **55,5 t ★★** |
| **Eigengewicht** | **24300 kg** |
| **Bremse** | **KE-GP-A, z.T. Fbr** |

534 →

1972 entwickelte MAN gemeinsam mit den Jenbacher Werken in Österreich den Prototyp eines standardisierten Drehgestellflachwagens. Der von der DB 1974 abgenommene Prototyp wurde als Res 686 eingereiht und besitzt Seiten- und Stirnborde aus Stahl sowie Y 25 Css-Drehgestelle.

1975/76 bauten LHB und MAN für die DB 550 Res 686. Sie haben automatische Lastabbremsung sowie neunteilige Seitenborde und Stirnborde aus Aluminium-Strangpreßprofilen. Die Res 686 laufen auf Drehgestellen der Bauart 664.

Da die Aluminium-Stirnborde sehr schadanfällig sind, wurden sie bei Beschädigung gegen Res 687/Rs 689-Stahlborde getauscht. Einige Wagen erhielten für den Transport palettierter Düngemittel und Briketts 1,20 m hohe, feste Stirnborde.

Ende 1993 waren 542 Res 686 im Bestand.

Ebenfalls in Hamburg-Waltershof, jedoch am 9.10.1995 fotografiert: der Res 687 393 7 380 mit einer Ladung Bandstahl-Rollen. Links der Res 687-Versuchswagen 393 7 321 mit Spurwechselradsätzen und AK im Bf Minden.
*Foto: Harald Westermann*

# Res 687

1979 DB

Wegen der Reparaturanfälligkeit der Leichtmetall-Stirnborde erhielten die von 1979 bis 1985 gebauten 4.350 Res 687 Stirnborde aus Stahl, während die acht Seitenborde weiterhin aus Aluminium-Strangpreßprofilen gefertigt wurden. Gleichzeitig verzichtete man auf die automatische Lastabbremsung und baute KE-GP-Bremsen ein.

Von den Res 686 unterscheiden sich die Res 687 darüber hinaus augenfällig durch die Y 25 Cs-Drehgestelle. 500 Wagen wurden ab 1989 zum Umbau in Rils 652 herangezogen.

Einige Res 687 haben eine AK oder hohe Stirnwände erhalten (s. auch Res 686)

Versuchsweise wurde 1997 ein Res 687 umspurfähig hergerichtet. Der Wagen wurde mit automatischen Spurwechselradsätzen ausgerüstet. Außerdem bekam er die in Rußland verwendeten SA-3-Kupplungen und ein duales Bremssystem.

**393 7 000 – 394 1 349**

| | |
|---|---|
| **SA-3-Versuchswagen** | **393 7 321** |
| **LüP** | **19900 mm** |
| **Drehgestell** | **Y 25 Cs - 621** |
| **Drehzapfenabst.** | **14860 mm** |
| **Ladelänge** | **18500 mm** |
| **Ladefläche** | **49,0 m²** |
| **Laderaum** | **25,5 m³** |
| **Lastgrenze CS** | **56,5 t ★★** |
| **Eigengewicht** | **23400 kg** |
| **Bremse** | **KE-GP, z.T. Fbr** |

**3.823**

➡

Der in Völklingen beheimatete Rps 688 393 3 042 am 19.7.1996 im Bf Mettlach. *Foto: Slg. Carstens*
Rechts der mit Zellulose beladene Rs 689 391 4 229 mit Y 25-Drehgestellen am 8.2.1998 in Brake Hafen. *Foto: Klaus Kirsch*

DB 1992

# Rps 688

393 3 000 – 393 3 074

| | |
|---|---|
| **LüP** | **19900 mm** |
| **Drehgestell** | **931/932** |
| **Drehzapfenabst.** | **13000 mm** |
| **Ladelänge** | **18500 mm** |
| **Ladefläche** | **51,4 m²** |
| **Lastgrenze CS** | **56,5 t ★★** |
| **Eigengewicht** | **24200 kg** |
| **Bremse** | **KE-GP** |

**75**

Zwischen Dezember 1992 und Mai 1993 baute das AW Saarbrücken-Burbach 75 Rs 680 ohne Handbremse für den Transport überlanger Halbzeuge um.

Hierzu wurden die Stirnborde und die Fallrungen an der Stirnseite entfernt und an den Pufferbohlen ein Signalhalter und ein Klappgriff angebaut (als Ersatz für die durch den Abbau der Stirnborde entfallenden Signalstützen und Griffe).

Die Wagen werden für die Dillinger Hütte eingesetzt und sind im Bahnhof Völklingen beheimatet.

Oben der Rs 689 391 4 214 mit einer für Rs-Wagen eher unüblichen Ladung am 27.3.1994 in Brake Binnenhafen. Links der Rs 689 391 4 375 mit neuen Drehgestellen der Bauart 655 am 1.7.1997 in Brake Rbf.

*Fotos: Klaus Kirsch*

# Rs 689

1976 DB

Die Rs 689 wurden als jüngste Rs-Wagen der DB zwischen 1976 und 1978 gebaut. Sie entsprechen der UIC-Standardbauart 1 (Drehgestellflachwagen mit 18,5 m Ladelänge und acht Drehrungen auf jeder Wagenseite).

Von den Rs 683/684/685 unterscheiden sich die Rs 689 in der Rungenteilung, größerer Abstand zwischen den Mittelrungen bei Rs 689 (wie bei Res 686/687), und der Anordnung der geteilten, klappbaren Ladeschwellen (zehn, anstelle von acht bei den älteren Bauarten). Außerdem sind die Stirnborde 520 mm hoch (baugleich mit Res 687).

Insgesamt wurden 803 Res 689 gebaut, von denen 736 im Jahr 1994 in den Bestand der DB AG kamen. Diese erhalten ab 1997 sukzessive, anstelle schadhafter Drehgestelle der Bauart 661, neue Drehgestelle der Bauart 655 oder Y 25-Drehgestelle.

**391 4 197 – 391 4 999**

| | |
|---|---|
| **LüP** | **19900 mm** |
| **Drehgestell** | **661.1** |
| | **ab 1997 auch Y 25 Cs - 621 oder 655** |
| **Drehzapfenabst.** | **14860 mm** |
| **Ladelänge** | **18500 mm** |
| **Ladefläche** | **49,0 m²** |
| **Lastgrenze CS** | **56,0 t ★★** |
| **Eigengewicht** | **23600 kg** |
| **Bremse** | **KE-GP** |

627 ➡

# S – Drehgestell-Flachwagen in Sonderbauart

Wagen mit 4 Radsätzen:
Lastgrenze ≥ 50 t / ≤ 60 t
Ladelänge ≥ 18 m

Einzelwagen
mit 6 oder mehr Radsätzen:
Lastgrenze ≥ 60 t / ≤ 75 t
Ladelänge ≥ 22 m

Gelenkwagen und
Wageneinheiten:
Ladelänge ≥ 22 m / < 27 m

**Kennbuchstaben stehen für folgende Abweichungen:**

- **a** mit 6 Radsätzen (2 dreiachsige Drehgestelle)
- **aa** mit 8 oder mehr Radsätzen
- **d** für den Transport von Straßenfahrzeugen eingerichtet
- **g** für die Beförderung von Containern bis zu 60 Fuß (Gesamtlänge)
- **gg** für die Beförderung von Containern über 60 Fuß (Gesamtlänge)
- **h** für den Transport liegend verladener Blechrollen

Während sich inzwischen bei den meisten Wagen in Sonderbauart bei jeder Gattung ein oder zwei Hauptbauarten herausgebildet haben (F-Wagen: Selbstentladewagen, H-Wagen: Schiebewandwagen und L-Wagen: Containertragwagen oder Autotransporteinheiten) ist das Erscheinungsbild der Drehgestell-Flachwagen in Sonderbauart – S-Wagen – bei der DB AG sehr vielgestaltig. Verdeutlicht wird dies auch durch die Vielzahl von Kennbuchstaben für verkehrliche Eigenschaften, die in bestimmten Kombinationen sogar nicht einmal vollständig angeschrieben werden.

Die S-Wagen können in zwei Hauptgruppen gegliedert werden: Wagen für den Transport schwerer Lasten wie z.B. Stahlerzeugnisse oder Kettenfahrzeuge und Wagen für den kombinierten Ladungsverkehr (KLV), wobei innerhalb der Gruppen weitere Unterteilungen möglich sind.

Die Schwerlastwagen setzen sich aus folgenden Bauarten zusammen:

- Sechsachsige Wagen für den Transport schwerer Einzellasten mit ebener Ladefläche und einer Lastgrenze von mindestens 60 t: Samms und Salmmnps ohne Bordwände sowie die ehemaligen DR-Samm(s-u) mit Bordwänden.
- Vier- und sechsachsige Wagen mit Ladegestellen oder -mulden für den vor Witterungseinflüssen ungeschützten Transport von Coils: Sahlmnps und Sahmms.
- Vier- und sechsachsige Haubenwagen bzw. Wagen mit Planenabdeckung und Ladegestellen für den Transport von Coils: Sahimms(-u) und Shimmns(-tu).

Beim kombinierten Ladungsverkehr wird nicht mehr – wie beim Stückgutverkehr – das Ladegut z.B. vom Schiff auf die Bahn oder von der Bahn auf den LKW umgeladen, sondern ganze Transporteinheiten (Container, Logistic-Boxen oder Wechselpritschen) vom Straßenfahrzeug auf Güterwagen umgesetzt. Für bestimmte Verkehrsrelationen werden sogar komplette Lastzüge auf die Bahn verladen. Für die verschiedenen Einsatzzwecke gibt es folgende Bauarten:

- Niederflurwagen für den LKW-Transport in der „Rollenden Landstraße": Saadkms.
- Taschenwagen für den Transport von Sattelaufliegern oder wahlweise von Containern: Sdkms, Sdgmns, Sdggmrs.
- Tragwagen für Container und Wechselbehälter, z.T. mit Lannghubstoßdämpfern: Sg(jn)s, Sgmmns, Sgjkkmmss, Sggmrs.
- Motorisierte Spezial-Containertragwagen-Einheiten „Cargo-Sprinter": Sggoorrss, seit Mitte 1997 je nach Bauart Sgmss/Sggorss oder Sgmss/Lgnss. Dabei zählen die Triebköpfe dieser Einheiten sowohl zu den Güterwagen als auch (unterhaltungsmäßig) zu den Triebfahrzeugen.

Darüber hinaus gibt es noch Drehgestell-Flachwagen in Sonderbauart mit hohen feststehenden Rungen – Snps – sowie für den Transport von Abrollbehältern – Slps.

Eine weitere Gruppe S-Wagen, die von der DR stammen, sind die unterschiedlichen Bauarten von Gleisjoch-, Langschienen- und Schwellentransportwagen. Anders als bei der DB wurden diese Wagen, ähnlich wie Schotterwagen, bei der DR nicht als Bahndienswagen bezeichnet, sondern als Güterwagen für den öffentlichen Verkehr. Zwar war für die Wagen anfangs noch die Vergabe von DB-Bauartnummern vorgesehen, die Umzeichnung unterblieb jedoch. 1996 wurden alle als Bahndienstwagen verwendeten Wagen verkauft, 1997 wieder angemietet.

| | |
|---|---|
| **i** | **mit beweglichen Abdeckungen und festen Stirnwänden** |
| **j** | **mit Langhubstoßdämpfern** |
| **k** | **bei Wagen mit 4 Radsätzen: Lastgrenze < 40 t**<br>**bei Wagen mit 6 oder mehr Radsätzen: Lastgrenze < 50 t** |
| **kk** | **bei Wagen mit 4 Radsätzen: Lastgrenze ≥ 40 t / < 50 t** |
| **l** | **ohne Rungen** |
| **m** | **bei Wagen mit 4 Radsätzen: Ladelänge > 15 m / < 18 m**<br>**mit 6 Rads.: > 18 m / < 22 m**<br>**mit 2 Elementen: ≥ 27 m** |
| **mm** | **bei Wagen mit 4 Radsätzen: Ladelänge < 15 m**<br>**mit 6 Rads.: < 18 m**<br>**mit 2 Elementen: < 22 m** |
| **n** | **bei Wagen mit 4 Radsätzen: Lastgrenze > 60 t**<br>**mit 6 Rads.: > 75 t** |
| **o** | **mit 3 Elementen (bis 31.12.1996: Gelenkwagen mit 3 Drehgestellen)** |
| **oo** | **mit ≥ 4 Elementen** |
| **p** | **ohne Borde** |
| **r** | **Gelenkwagen** |
| **rr** | **Wageneinheit** |
| **s** | **für Züge bis 100 km/h** |
| **ss** | **für Züge bis 120 km/h** |
| **t** | **mit besonderer Festlegeeinrichtung zur Sicherung ungebündelter Schmalbandcoils** |
| **u** | **(Shimmns) Muldenauskleidung mit gewebeverstärkten Gummimatten** |
| **u** | **(Samms) mit klappbaren Stirn- und Seitenborden** |
| **y** | **lauf- und Bremstechnisch bis 160 km/h geeignet** |
| **x** | **(Salmmps ab 1998) mit acts-Rahmen** |

Oben der Samm 451 [4818] 481 8199 am 8.8.1995 im Rbf Hamburg-Hohe Schaar.
Rechts der Samm 452 [4818] 481 9807 am 31.8.1993 in Eberswalde.
*Foto: Harald Westermann*

**DR** 1952

## RRym 60 Samm [4818] Samm 451

**481 8 001 – 481 8 999**
**481 9 002 – 481 9 698**

| | |
|---|---|
| LüP | (15900) 15840 mm |
| Drehgestell | Niesky (3-achs.) - 984 |
| Drehzapfenabst. | 9500 mm |
| Ladelänge | 14380 mm |
| Ladefläche | 38,3 m² |
| Laderaum | 23,0 m³ |
| Lastgrenze C | 59,0 t ★ |
| DB D4 | 88,0 t |
| Tragfähigkeit | 89,0 t |
| Eigengewicht | 31000 kg |
| Bremse | Hik-G, (Hbr), Fbr |

17 ↓

Die 1952/53 von Waggonbau Niesky für den Transport von schweren Militärfahrzeugen gebauten sechsachsigen RRym 60 haben mit herabgeklappten Bordwänden eine 2,96 m breite, an den Enden eingezogene Ladefläche. Die Außenlangträger sind fischbauchförmig.

Die Wagen erhielten Hik-G-Bremsen und Handbremsbühnen mit absenkbaren Geländern und Bremsspindeln. Die 600 mm hohen Holz-Bordwände wurden später durch gleich hohe, profilierte Stahlblechwände ersetzt.

Zur DB AG kamen 1.044 Samm [4818], die hier – ohne Handbremskurbeln und Bühnengeländer – als Samm 451 eingereiht wurden.

**DR** 1956

## RRym 60 Samm [4818] Samm 452

**481 9 800 – 481 9 999**

| | |
|---|---|
| LüP | 15840 mm |
| Drehgestell | Niesky (3-achs.) - 989 |

**übrige Daten identisch mit Samm 451**

2 ↓

1956/57 baute Niesky weitere RRym 60. Sie entsprechen den Wagen der Baujahre 1952/1953, wurden jedoch bereits mit Puffern in UIC-Abmessungen geliefert.

1994 waren noch 134 Samm [4818] aus diesem Baulos vorhandenen, die z.T. noch die Bauartbezeichnung Samm 452 erhielten.

Oben der Samms-u 453 [4818] 486 7 405 am 6.9.1996 im Gbf Hamburg-Rothenburgsort. Links der Samms-u 453 [4818] 486 7 170 am 8.8.1995 im Rbf Hamburg-Hohe Schaar.

## RRym 60 Samm(s) [4818] Samms-u 453

1965 DR

Zwischen 1965 und 1967 beschaffte die DR in Nis (Jugoslawien) und in Brügge (von La Brugeoise et Nivelles) weitere RRym 60. Sie entsprechen weitgehend den von Niesky gebauten RRym 60, hatten jedoch bereits bei der Ablieferung Stahlblech-Bordwände (einige Wagen wurde ohne Borde geliefert) und Seilanker (anstelle von Seilösen). Außerdem haben die Wagen KE-GP-Bremsen und sind für den AK-Einbau vorbereitet.

1978 erhielten sie die Bauartbezeichnung Samm [4818]. Bei einem Teil der Wagen wurde die zulässige Höchstgeschwindigkeit auf 100 km/h heraufgesetzt, sie wurden daher zu Samms [4818] umgezeichnet.

Zur DB AG kamen 697 Samm(s) [4818], die als Samm-u 453 bzw. Samms-u 453 eingestellt wurden (den Kennbuchstaben „u" erhielten die Wagen erst bei der Umzeichnung).

| | |
|---|---|
| Samm-u | 482 0 000 – 482 0 765 |
| Samms-u | 486 7 000 – 486 7 765 |

| | |
|---|---|
| LüP | 15840 mm |
| Drehgestell | Niesky (3-achs.) - 992 |
| Drehzapfenabst. | 9500 mm |
| Ladelänge | 14380 mm |
| Ladefläche | 38,4 m² |
| Laderaum | 23,0 m³ |
| Lastgrenze CS | 60,5 t |
| DB D4 | 88,0 t |
| Tragfähigkeit | 89,0 t |
| Eigengewicht | 29300 kg |
| Bremse | KE-GP, (Hbr), Fbr |

| abw. Daten für Samm-u 453 | |
|---|---|
| Lastgrenze C | 60,5 t ★ |
| Bremse | KE-G, (Hbr), Fbr |

504 ➘

Oben der Samms-u 454 [4860] 486 0 210 am 21.8.1997 im Hamburger Hafenbezirksbahnhof Peute. Rechts der Samms-u 454 [4860] 486 0 768 am 7.7.1997 im Rbf Hamburg-Hohe Schaar.

DR 1977

# Sas 60.05 Samms [4860] Samms-u 454

| | |
|---|---|
| Samms-u | 486 0 000 – 486 0 999 |
| | 486 6 000 – 486 6 599 |
| ab 1998: | |
| Salmms | 481 6 000 – 481 6 059 |

| | |
|---|---|
| LüP | 15740 mm |
| Drehgestell | Niesky (3-achs.) - 757 |
| Drehzapfenabst. | 9500 mm |
| Ladelänge | 14360 mm |
| Ladefläche | 38,2 m² |
| Laderaum | 20,1 m³ |
| Lastgrenze D4 S | 69,5 t |
| DB D100 | 90,5 t |
| Tragfähigkeit | 90,5 t |
| Eigengewicht | 29300 kg |
| Bremse | KE-GP, Fbr |

1.536 →

1977/78 beschaffte die DR bei UV Arad/R sechsachsige Flachwagen mit Bordwänden.

Diese Sas, ab 1978 Samms [4860] haben eine an den Enden nicht eingezogene 2,73 m breite Ladefläche mit 520 mm hohen, auf jeder Wagenseite aus sechs abklappbaren Teilen bestehenden Bordwänden. Die Wagen verfügen über zwei hohe Mittellangträger mit schrägen Abstützungen für den Wagenboden und laufen auf dreiachsigen Niesky-Drehgestellen.

Die Samms [4860] wurden bei der DR für den Transport schwerer Einzellasten eingesetzt. Zur DB AG kamen 1.579 Wagen. Sie erhielten die Bauartbezeichnung Samms-u 454 und dienen hier vorwiegend dem Transport von Stahlerzeugnissen.

Für den Transporte überbreiter Bleche der Dillinger Hütte werden 1998 bei 60 Wagen (Salmms 454) die Seitenborde abgebaut.

Oben der Ss [4604] 460 4046 am 8.12.1990 im Bf Sondershausen. *Foto: Bernd Schröder*
Links der Ss [4702] 470 1239 in einem Langschienenzug am 17.4.1994 in Riesa. *Foto: Harald Westermann*

## Ss [4604, 4700, 4702] Ss 455

1987 DR

Im Jahr 1987 richtete das RAW Eberswalde 230 Rs [3900] zu Schwellentransportwagen für Schnellumbaumaschinen her.

Hierzu erhielten die Wagen zwei Ablagegestelle für je vier Lagen mit 21 Betonschwellen. Außerdem wurden an den Langträgern Stützknaggen angeschweißt, die Laufschienen für Förderwagen tragen. An den Wagenenden ist an der jeweils rechten Schiene ein schwenkbares Verbindungsstück, so daß die Förderwagen für die Be- und Entladung über mehrere Wagen fahren können. Die Wagen wurden als Ss [4604] eingereiht.

Weitere 120 Rgs [3910] wurden von der DR 1991/92 zu Langschienentransportwagen umgebaut und zu Ss [4702] umgezeichnet. Beim Umbau wurden die Rungen entfernt und vier Konsolen mit kurzen Rungen für den Transport von Schienen in zwei Lagen auf den Wagen gebaut.

| | |
|---|---|
| **DR [4604]** | **460 4 000 – ... 4 239** |
| **DR [4700]** | **470 0 002 – ... 0 015** |
| **DR [4702]** | **470 1 200 – ... 1 319** |
| | |
| **LüP** | **20220 mm** |
| **Drehgestell** | **Niesky** |
| **Drehzapfenabst.** | **14600 mm** |
| **Ladelänge** | **18540 mm** |
| **Ladefläche** | **50,7 m²** |
| **Lastgrenze C** | **52,5 t ★** |
| **CS** | **44,5 t** |
| **Eigengewicht** | **27300 kg** |
| **Bremse** | **KE-GP, Fbr** |
| | |
| **abweichende Daten für Ss [4702]** | |
| **Lastgrenze CS** | **54,0 t** |
| **Eigengewicht** | **25700 kg** |

**1996 verkauft**

Oben der Ss [4703] 470 0101 mit Stahlblechbordwänden am 17.9.1994 im Bf Langensalza.
*Foto: Bernd Schröder*

Rechts der S [4600] 460 0618 mit Rollengestell und Preßblechborden am 20.6.1992 im Bf Berlin-Grunewald.
*Foto: Harald Westermann*

**DR** 1964

# RRm 60.03 S [4600] S 457
# RRm 60.03 Sm [4605], Ss [4703] Sm, Ss 457

| | |
|---|---|
| DR [4600] | 460 0 003 – ... 0 693 |
| DR [4605] | 460 5 000 – ... 5 020 |
| DR [4703] | 470 0 100 – ... 0 779 |

| | |
|---|---|
| LüP | 17240 mm |
| Drehgestell | Niesky |
| Drehzapfenabst. | 10500 mm |
| Ladelänge | 15880 mm |
| Ladefläche | 42,9 $m^2$ |
| Laderaum | 18,4 $m^3$ |
| Lastgrenze CS | 55,5 t* |
| S 457 C | 55,5 t* ★ |
| Eigengewicht | 24500 kg* |
| Bremse | KE-GP |

***Wagen mit Rollengestellen für den Transport von Gleisjochen sind bis zu 3 t schwerer, die Lastgrenzen entsprechend geringer.**

**1996 verkauft**

1964 bis 1966 baute Waggonbau Niesky für die DR 700 vierachsige Gleisjochtransportwagen. Die RRm 60.03 (Wagennummern ab 420 9001), ab 1978 als S [4600] bezeichnet, haben Fischbauchlangträger und umklappbare Preßblech- oder Stahlblech-Bordwände mit aufgeschweißten Verstärkungsprofilen. Etwa die Hälfte war für den Einsatz mit einem Gleisjochverlegekran System Platow mit Rollengestellen für den Transport von Gleisjochen ausgerüstet.

21 Wagen wurden zu Langschienentransportwagen umgebaut und in Einheiten von fünf oder sechs Wagen eingesetzt. Sie erhielten die Bauartbezeichnung Sm [4605].

Ab 1992 wurde bei den meisten noch vorhandenen S [4600] die zulässige Geschwindigkeit auf 100 km/h heraufgesetzt und die Wagen in Ss [4703] umgezeichnet. 1996 verkaufte die DB AG alle Wagen an Kirow Leipzig.

Oben der Ss [4701] 470 1068 mit einer Ladung Betonschwellen im Oktober 1995 im Rbf Maschen.
*Foto: Birger Ihde*

Links der aus einem Res-Wagen hergerichtete Ss [4604] 460 4402 am 5.6.1994 in Bützow.
*Foto: Harald Westermann*

## Ss [4604] Ss 456

1991 DR

Ebenfalls zu Ss [4604] wurden 12 Res [3936] umgerüstet, die nach Abbau der Bordwände ab Anfang der neunziger Jahre als Schwellentransportwagen eingesetzt wurden. Von Rs-Wagen unterscheiden sie sich durch die fehlenden Stirnborde und Ladeschwellen. 1995 waren noch acht Wagen im Bestand.

| | |
|---|---|
| DR | 460 4 400 – 460 4 411 |
| Lastgrenze CS | 56,0 t ★★ |
| Eigengewicht | 24000 kg |

übrige Daten identisch mit Ss 458

1996 verkauft

## Ss [4701] Ss 458

1988 DR

1988 baute das RAW Eberswalde 90 Rgs-Wagen mit Y 25-Drehgestellen in ähnlicher Form wie die Ss 455 [4604] zu Jochtransportwagen um.

Die Wagen waren als Ss [4701] bis Ende 1996 im Bestand und wurden dann, wie die übrigen Schwellen- und Jochtransportwagen der DB AG, an die Leipziger Firma Kirow verkauft.

| | |
|---|---|
| DR | 470 1 001 – 470 1 090 |
| LüP | 19900 mm |
| Drehgestell | Y 25 Cs - 851 |
| Drehzapfenabst. | 14860 mm |
| Ladelänge | 18500 mm |
| Lastgrenze CS | 55,0 t ★★ |
| Eigengewicht | 24800 kg |
| Bremse | KE-GP, Fbr |

1996 verkauft

Der Saadkms 690 498 3 196 im Mai 1988 im Gbf Hamburg-Harburg. *Foto: Peter Driesch*

DB 1979

# Saas-z 690 Saadkms 690

| | |
|---|---|
| Prototypen* | 498 3 000 – ... 003 |
| Serie | 498 3 004 – ... 203 |
| Prototypen | 498 3 210 – ... 213 |
| | *Nummern bis 1996 |

| | |
|---|---|
| LüP mit Kopfstücken | 20200 mm |
| Kuppellänge | 18890 mm* |
| Drehgestell | 690 |
| Drehzapfenabst. | 13500 mm |
| Ladelänge | 18600 mm* |
| Höhe Ladeebene ü. SO | 450 mm |
| Lastgrenze CS | 42,0 t ★★ |
| Eigengewicht | 17200 kg |
| Bremse | KE-GP-A D, Fbr |

*Maße ohne Kopfstücke

199 ➡

Für Huckepackverkehre in der „Rollenden Landstraße“ baute Talbot nach vier Prototypen von 1979/80 im Jahr 1981 eine Serie von 200 Niederflurwagen. Sie werden in Ganzzügen in festen Verkehrsrelationen eingesetzt.

Die Saadkms 690 haben eine 450 mm über SO liegende, wannenförmige Ladefläche, die über den ganzen Zug hinweg von LKWs befahren werden kann. Untereinander werden die Wagen mittels Spezialkupplungen verbunden. Zum Einstellen in Regelzüge können an den Enden jedes Wagens Kopfstücke mit normalen Zug- und Stoßeinrichtungen angebracht werden, die für die Be- und Entladung wie Türen aufgeschwenkt werden können.

Die vierachsigen Drehgestelle haben Radsätze mit nur 360 mm Laufkreisdurchmesser, gebremst werden die Wagen mit Scheibenbremsen. Über den Drehgestellen befinden sich im Wagenboden Klappen für die Wartung der Radsätze.

Oben der Sgns 691 455 6 263 am 8.7.1997 im Rbf Hamburg-Alte Süderelbe.
Links der Sgns 691 455 6 107 mit Feststellbremse am 21.8.1996 im KLV-Bf Hamburg-Billwerder-Moorfleet.

## Sgns 691

1996 DB

1996 wurden die ersten von 500 bei Ferret in Bergamo/I und Costamasnaga in Sizilien bestellten Drehgestell-Container-Tragwagen an die DB AG geliefert.

Die Untergestelle bestehen aus zwei fischbauchartigen Außenlangträgern mit eingeschweißten Querträgern. Die Wagen können wahlweise mit drei 20-Fuß-Containern, zwei 30-Fuß-Containern oder einem 20-Fuß- und einem 40-Fuß-Container bzw. entsprechend großen Wechselbehältern beladen werden, wobei die Lasten einzelner Container maximal 36 t betragen dürfen. Für die unterschiedlichen Beladungen sind die Wagen mit 28 abklappbaren Tragzapfen ausgerüstet.

Selbst die erst 1998 ausgelieferten Wagen erhalten noch eine rotbraune Lackierung. Lediglich die Wagenseitenflächen sind bei allen Wagen verkehrsrot.

**455 6 010 – 455 6 509**

| | |
|---|---|
| **LüP** | **19740 mm** |
| **Drehgestell** | **Y 25 Lss - 626** |
| **Drehzapfenabst.** | **14200 mm** |
| **Ladelänge** | **18500 mm** |
| **Höhe Ladeebene ü. SO** | **1155 mm** |
| **Lastgrenze DS** | **70,0 t ★★** |
| **Eigengewicht** | **19900 kg** |
| **Bremse** | **KE-GP-A, z.T. Fbr** |

**425 ↑**

Der Sgns 692 455 3 294 am 5.12.1995 im Hafenbahnhof Hamburg-Waltershof.
Rechts der Sgkkms 698 452 2 012 am 2.2.1998 auf dem Werksgelände der Firma Graaff in Elze.
*Foto: Harald Westermann*

➡

# AAE 1994

# Sgns 692

**455 3 251 – 455 3 550**

| | |
|---|---|
| **LüP** | **19640 mm** |
| **Drehgestell** | **Y 25 Lss** |
| **Drehzapfenabst.** | **14200 mm** |
| **Ladelänge** | **18400 mm** |
| **Höhe Ladeebene ü. SO** | **1155 mm** |
| **Lastgrenze DS** | **70,0 t ★★** |
| **Eigengewicht** | **19700 kg** |
| **Bremse** | **Ch-GP-A, Fbr** |

**1996**
**Mietende**

Ab 1994 beschaffte die Ahaus-Alstätter Eisenbahn bei Vagónka Studénka/CZ 60-Fuß-Container-Tragwagen mit einer Lastgrenze von 70 t. Für die Beladungen mit drei 20-Fuß-, zwei 30-Fuß- oder einem 40-Fuß-Container sind die Wagen mit 28 abklappbaren Tragzapfen ausgerüstet.

Da die für die Kombiwaggon in Italien bestellten 500 Sgns 691 noch nicht geliefert waren, wurden 300 Wagen 1995 direkt nach der Ablieferung von der DB AG vorübergehend angemietet und erhielten sowohl das Eigentumsmerkmal „80 DB" als auch die DB-Gattungsbezeichnung Sgns 692 (die ersten Wagen noch ohne Bauartnummer).

Der Mietvertrag lief am 31.5.1996 aus. Danach sind die Wagen wieder an die AAE zurückgegeben und umgezeichnet worden, wobei die DB-Bauartnummer jedoch meist nicht getilgt wurde.

Oben der Sgs 693 454 0 591 am 4.8.1997 mit zwei Gascontainern im Rbf Hamburg Süd.
Links der Sgs 693 454 0 153 mit zwei Wechselpritschen am 8.3.1993 im Rbf Hamburg-Rothenburgsort.

## Sgs 693

1986 DB

Um den Mangel an Containertragwagen zu beheben, wurden 1986/87 im AW Saarbrüken-Burbach 500 Rs 684 umgebaut.

Rungen, Stirnklappen, Ladeschwellen und die Fußboden-Verbohlung wurden entfernt. Neu angebracht wurden ein Übergang mit Aufstiegstritten in der Wagenmitte und fest angebrachte Riegel für Wechselbehälter. 1993 wurden alle Sgs 693 von der Kombiwaggon übernommen, seit 1996 werden sie wieder als DB AG-eigene Wagen eingesetzt.

| | |
|---|---|
| **bis 1994** | **454 0 100 – 454 0 599** |
| **ab 1995** | **454 0 115 – 454 0 613** |

| | |
|---|---|
| **LüP** | **19900 mm** |
| **Drehgestell** | **664** |
| **Drehzapfenabst.** | **14860 mm** |
| **Ladelänge** | **mm** |
| **Höhe Ladeebene ü. SO** | **1270 mm** |
| **Lastgrenze CS** | **56,0 t ★★** |
| **Eigengewicht** | **21900 kg** |
| **Bremse** | **KE-GP-A, z.T. Fbr** |

397 ↘

## Sgkkms 698

1998 DB

Für die Beförderung von High-Cube-Wechselbehältern und Containern mit 3 m Innenhöhe läßt die DB Cargo bis Ende 1998 bei Graaff 200 Sgkkms 698 mit tief liegender Ladeebene bauen. Die Drehgestelle stammen aus zerlegten Sdgkms 707.

Eingesetzt werden sollen die Wagen, von denen die ersten Ende 1997 fertiggestellt aber noch nicht abgenommen wurden, vorwiegend für Automobilzulieferverkehre.

**452 2 000 – 452 2 199**

| | |
|---|---|
| **LüP** | **19130 mm** |
| **Drehgestell** | **707** |
| **Drehzapfenabst.** | **13490 mm** |
| **Ladelänge** | **15890 mm** |
| **Höhe Ladeebene ü. SO** | **845 mm** |
| **Lastgrenze CS** | **46,0 t ★★** |
| **Eigengewicht** | **18000 kg** |
| **Bremse** | **KE-GP-A, Fbr** |

0 ↑



Sgns 694 →

Oben der Sgns 694 455 6 007 mit zwei Tankcontainer am 4.3.1995 in Mannheim Rbf.

*Foto: Hans Ulrich Diener*

Der Sammns 695-Prototyp 485 9 001 mit einer Bundeswehr-Zugmaschine für den Bosnieneinsatz am 19.10.1995 im Rbf Hamburg-Rothenburgsort.

DB 1987

## Sgns 694

| | |
|---|---|
| | **455 6 000 – 455 6 009** |
| **LüP** | **19830 mm** |
| **Drehgestell** | **Y 25 Lss - 626** |
| **Drehzapfenabst.** | **14200 mm** |
| **Ladelänge** | **18400 mm** |
| **Höhe Ladeebene ü. SO** | **1155 mm** |
| **Lastgrenze DS** | **70,0 t ★★** |
| **Eigengewicht** | **19800 kg** |
| **Bremse** | **KE-GP-A, z.T. Fbr** |

8 ➡

1987 beschaffte die DB bei Talbot zehn Drehgestell-Containertragwagen Sgns 694, die (anstelle von Gleitbalken-Stoßdämpfern) mit Oleo-Hydraulikpuffern ausgerüstet sind.

1989 erhielten zwei Wagen versuchsweise Schnellfahrdrehgestelle. Während der mit Talbot-DRRS-Drehgestellen ausgerüstete Wagen 1990 in Sgss-y 703 umgezeichnet wurde, wurde der Wagen mit Y 37 A-Drehgestellen in die Ursprungsausführung zurückversetzt.

DB 1984

## Samms, Sammns 695

| | |
|---|---|
| **Sammns** | **485 9 000 – 485 9 001** |
| **Samms** | **485 8 000 – 485 8 152** |
| **LüP** | **13200 mm** |
| **Drehgestell** | **713** |
| **Drehzapfenabst.** | **6200 mm** |
| **Ladelänge** | **11800 mm** |
| **Ladefläche** | **36,0 m²** |
| **Lastgrenze DS** | **76,0 t ★★** |
| **DB D 100** | **79,0 t** |
| **Tragfähigkeit** | **106,0 t** |
| **Eigengewicht** | **29000 kg** |
| **Bremse** | **KE-GP** |

3 ➡

1984 bzw. 1986 wurden bei LHB zwei Prototypen, 1987 eine Serie von 153 kurzen sechsachsigen Flachwagen für Brammentransporte beschafft. Diese Samms 695 haben vier klappbare Ladeschwellen und acht Steckrungen. Viele Baugruppen konnten von den Samms 709 übernommen werden.

Die meisten Serienwagen wurden nach Abbau der Rungen und der Stirnborde zu Salmmnps 706 umgezeichnet. 1994 waren noch die beiden Prototypen, als Sammns 695, sowie fünf Samms 695 im Bestand.

← Sgkkms 698

Der Sgjns 696 455 9 003 mit drei 20-Fuß-Containern am 22.8.1989 in Brake Rbf. *Foto: Klaus Kirsch*

Der Sgmms 697 450 7 001 am 12.8.1993 in Seelze Rbf. *Foto: Rolf Sepinski*

## Sgjns 696

1987 DB

1987 baute Talbot fünf Prototypen stoßgedämpfter Wagen für den Transport von Containern und Wechselbehältern, die bei der DB als Sgjns 696 eingereiht wurden.

Sie entsprechen in den wesentlichen Abmessungen den Sgjs 712 und haben wie diese fischbauchartige Mittellangträger, sind jedoch 1,5 t schwerer und durch die Verwendung von Y 25 Lss-Drehgestellen für 22,5 t Radsatzlast ausgelegt.

**455 9 000 – 455 9 004**

| | |
|---|---|
| **LüP** | **21000 mm** |
| **Drehgestell** | **Y 25 Lss - 626** |
| **Drehzapfenabst.** | **15800 mm** |
| **Ladelänge** | **18400 mm** |
| **Höhe Ladeebene ü. SO** | **1180 mm** |
| **Lastgrenze DS** | **65,0 t ★★** |
| **Eigengewicht** | **24900 kg** |
| **Bremse** | **KE-GP-A, z.T. Fbr** |

5 ➡

## Sgmms(s) 697 Sgmmns 697

1982 DB

Parallel zu den Sgjkkmmss 699 baute Talbot 1982 drei Containertragwagen mit 14,6 m Ladelänge ohne Stoßverzehreinrichtungen.

Da durch den Verzicht auf die Langhubstoßdämpfer die Konstruktion in der Bauhöhe freizügiger erfolgen konnte, erhielten die als Sgmmss 697 eingereihten Prototypen Y 25-Drehgestelle. Die normalen Puffer wurden später gegen Hydraulik-Puffer der Firma Oleo getauscht.

1986 wurden die Wagen zu Sgmms 697, 1995 zu Sgmmns 697 umgezeichnet.

**bis 1995 450 7 000 – 450 7 002**
**ab 1995 450 8 000 – 450 8 002**

| | |
|---|---|
| **LüP** | **16010 mm** |
| **Drehgestell** | **Y 25 Css - 625** |
| **Drehzapfenabst.** | **10900 mm** |
| **Ladelänge** | **14600 mm** |
| **Höhe Ladeebene ü. SO** | **1180 mm** |
| **Lastgrenze CS** | **62,0 t ★★** |
| **Eigengewicht** | **18000 kg** |
| **Bremse** | **KE-GP-A, z.T. Fbr** |

3 ➡

Oben der Sgjkkmms 699 451 6 086 mit Feststellbremse am 4.8.1997 mit zwei Wechselpritschen beladen im KLV-Bf Hamburg-Billwerder-Moorfleet. Rechts der Sgjkkmms 699 451 6 270 ohne Feststellbremse (ebenfalls mit Wechselpritschen) im Februar 1990 im KLV-Bf Hamburg-Rothenburgsort.

DB 1978

# Sgjss 699 Sgjkkmms(s) 699

**Sgjkkmms**
**451 5 000 – 451 6 292**
**Sgjkkmms ehem. Sgjkkmmss**
**451 6 293 – 451 6 560**

| | |
|---|---|
| LüP | 16940 mm |
| Drehgestell | Y 31 Cs - 631 |
| Drehzapfenabst. | 11300 mm |
| Ladelänge | 14600 mm |
| Höhe Ladeebene ü. SO | 1180 mm |
| Lastgrenze CS | 46,0 t ★★ |
| DB C 100 | 48,0 t |
| Eigengewicht | 17300 kg |
| Bremse | KE-GP-A, z.T. Fbr |

1.293
➡

1978 baute Talbot acht Prototypen eines Drehgestell-Containertragwagens für 14,6 m Ladelänge mit Gleitträgern und Langhubstoßdämpfern.

Die zunächst als Sgjss 699 eingereihten Wagen haben für den Transport von Wechselbehältern oder Containern bis zu 40 Fuß Länge 16 klapp- und verschiebbare Container-Zapfen sowie in der Mitte und an den Enden Blechfußböden, damit sie mit Gabelstaplern befahren werden können. Als Drehgestelle erhielten sie die Bauart Y 31 Cs mit 760-mm-Radsätzen.

Von 1981 bis 1987 wurden 1.285 Serienwagen gebaut und – obwohl für 120 km/h geeignet – nur z.T. als Sgjkkmmss eingereiht. Ab 1993 übernahm die Kombiwaggon 1.039 Sgjkkmms und 254 Sgjkkmmss 699. Bis 1995 wurde bei allen Wagen das zweite „s“ getilgt.

Der „Cargo-Sprinter" Sggoorrss 700 497 3 001 am 8.9.1997 im Rbf Hamburg-Alte Süderelbe.

Ein Mittelwagen des „Cargo-Sprinter" 497 3 001 mit zwei Hellmann-Logistic-Boxen und einer Birkart-Wechselpritsche – beide Spedition setzen die Züge im Probebetrieb ein – am 8.9.1997 im Rbf Hamburg-Alte Süderelbe. Inzwischen trägt der Wagen die Bauartbezeichnung Lgnss 577.

Der Prototyp des „Cargo-Sprinter", der Sggoorrss 700 497 3 000 am 2.6.1997 in Mannheim Rbf.

## Sggoorrss 700 Sgmss 700 / Lgnss 577

1996

Mit dem von Windhoff gebauten Prototypen des „Cargo-Sprinter" stellte die DB AG im Herbst 1996 erstmals eine selbstangetriebene Transporteinheit der Öffentlichkeit vor.

Diese Einheit kann zehn Wechselbehälter, 20-Fuß-Container oder Logistic-Boxen transportieren. Sie besteht aus zwei angetriebenen Drehgestell-Tragwagen (Sggoorrss 700), die mit drei der von Waggonbau Dessau gebauten Lgnss 570 als Zwischenwagen gekuppelt sind. Sie hat automatische Zugkupplung (ZAK), geräuscharme Laufwerke, Unterflur-Dieselmotoren, sowie elektronische Bremszustand-Abfrage und Steuerung (EBAS) etc.

1997 stellte Windhoff drei weitere Einheiten mit geringfügig anderen Abmessungen fertig. Im Herbst 1997 wurden alle Triebköpfe in Sgmss 700, die von Windhoff gebauten Mittelwagen in Lgnss 577 umgezeichnet.

| | |
|---|---|
| Sggoorrss | 497 3 000 – ... 003 |
| Sgmss 700 | 457 4 000 – ... 007 |
| Lgnss 577 | 443 3 000 – ... 008 |
| LüP | 90360 mm |
| Sgmss | 20190 mm |
| Lgnss | 16660 mm |
| Ladelänge | 5mal 15800 mm |
| Lastgrenze CSS | 160,0 t ★★ |
| Sgmss CSS | (32,0 t) 28,0 t ★★ |
| Lgnss DSS | (32,0 t) 28,0 t ★★ |
| Eigengewicht | 121.000 kg |
| Sgmss | 42.500 kg |
| Lgnss | 12.000 kg |
| Bremse | MRP pn P-A D |
| Leistung | 4mal 265 kW = 1060 kW |
| Höchstgeschwindigkeit | |
| mit 112 t Last | 120 km/h |
| mit 160 t Last | 100 km/h |

4 Einh.

Der Talbot-„Talion" Sggoorrss 701 497 3 300 beim „Roll-Out" am 27.2.1997 auf dem Talbot-Werksgelände.
*Foto: Dr. Detlef Perner / GC*
Der Sgmss 702 457 4 104 am 26.1.1998 im Rbf Maschen.

DB 1997

# Sggoorrss 701 Sgmss 702 / Sggorss 701

| | |
|---|---|
| Sggoorrss | 497 3 300 |
| Sgmss 702 | 457 4 100 – ... 105 |
| Sggorss 701 | 496 5 000 – ... 002 |
| | |
| LüP | 89570 mm |
| Triebkopf | 19740 mm |
| Sggorss | 50090 mm |
| Ladelänge | 5mal 15740 mm |
| Lastgrenze CSS | 160,0 t ★★ |
| Triebkopf BSS | 32,0 t ★★ |
| Sggorss DSS | 96,0 t ★★ |
| Eigengewicht | 113.000 kg |
| Triebkopf | 33.000 kg |
| Sggorss | 47.000 kg |
| Bremse | MRP pn P-A D |
| Leistung | 4mal 265 kW = 1060 kW |
| Höchstgeschwindigkeit | |
| mit 112 t Last | 120 km/h |
| mit 160 t Last | 100 km/h |

3 Einh.

1997 baute Talbot drei Prototypen einer als „Talion" bezeichneten selbstangetriebenen Transporteinheit Sggoorrss 701. Anders als der Windhoff-„Cargo-Sprinter" besteht der von Talbot entwickelte Zug aus zwei angetriebenen Endwagen und einem dreiteiligen Gelenkwagen mit Jakobs-Drehgestellen.

Inzwischen sind die drei Mittelwagen als Sggorss 701 eingereiht, die sechs Endwagen als Sgmss 702. Im Werkstättendienst gelten sie als Triebwagen (Talbot: Baureihe 690, Windhoff: 691) und sind im Betriebshof Osnabrück beheimatet.

Ab Herbst 1997 werden alle drei Einheiten gemeinsam mit den von Windhoff gebauten Sgmss 700/Lgnss 577 zwischen Hamburg bzw. Osnabrück – Hannover – Frankfurt/M. (Cargo City Süd) eingesetzt, wobei sie werktags gegen 21.00 Uhr abfahren und etwa um 4.30 Uhr am Zielort ankommen.

Oben der Sgss 703 455 0 088 am 16.10.1997 im KLV-Bf Hamburg-Billwerder-Moorfleet.
Links ein Wagen aus dem „Low-Noise-Train", der Sgss 703 455 0 050 am 7.8.1997 im Rbf Hamburg Süd.
*Foto: Benno Wiesmüller*

## Sgss-y 703 Sgss 703

1991 DB

Die Sgss-y 703 sind eine Weiterentwicklung der Sgns 694 für 160 km/h. Die Wagenbrücke wurde unverändert von der Ausgangsbauart übernommen, die Drehgestelle entsprechen der Talbot-DRRS-Bauart. Die Wagen haben ep-Hochleistungsbremsen (Scheibenbremsen) mit automatischer Lastabbremsung, Schnellbremsbeschleunigern und Gleitschutz.

Mit dem aus einem Sgns 694 umgebauten Versuchswagen baute Talbot insgesamt 91 Sgss-y 703, die bis 1995 im Hochgeschwindigkeits-Güterverkehr auf den Relationen Hamburg – München und Bremen – Ludwigsburg eingesetzt waren.

Bei einigen Wagen wurden die Drehgestelle für Versuche mit dem „Low-Noise-Train" gekapselt. Inzwischen werden alle Sgss-y nur noch mit 140 km/h eingesetzt, die Bauartbezeichnung wurde auf Sgss 703 geändert.

| | |
|---|---|
| **Serie** | **455 0 000 – 455 0 089** |
| **Prototyp nur 1994** | **455 0 090** |
| **Prototyp** | **457 0 000** |
| **LüP** | **19740 mm** |
| **Drehgestell** | **DRRS - 675** |
| **Drehzapfenabst.** | **14200 mm** |
| **Ladelänge** | **18400 mm** |
| **Höhe Ladeebene ü. SO** | **1190 mm** |
| **Lastgrenze DS** | **51,5 t ★★** |
| **DB D 160** | **49,5 t** |
| **Eigengewicht** | **22000 kg** |
| **Bremse** | **KE-GPR-A D, Fbr** |
| **Höchstgeschw. Sgss-y** | **160 km/h** |
| **Sgss** | **140 km/h** |

90 ➡

Der Sammp 705 482 1 106, mit einem Bundeswehr-Panzer beladen, am 2.2.1985 in Hannover-Wülfel.
*Foto: Rolf Sepinski*

DB 1997

# Salmmps 704 (ohne Abbildung)

1

483 3 000 – 483 3 023

technische Daten s. Samms-u 454

1997 wurde der erste Samms-u 454 (nach Abbau der Bordwände) mit acts-Abrollbehälterrahmen ausgerüstet und in Salmmps 704 (ab 1998 Salmmps-x) umgezeichnet. Weitere 23 Wagen sollen 1998 umgebaut werden.

1942

# SSym 46 Sa 705 Sammp 705

482 1 000 – 482 1 259

| | |
|---|---|
| LüP | 13200 mm |
| Drehgestell | 928 |
| Drehzapfenabst. | 7200 mm |
| Ladelänge | 11200 mm |
| Ladefläche | 37,5 m² |
| Lastgrenze C4 80 | 66,0 t |
| DB CE 80 | 80,0 t |
| Tragfähigkeit | 82,0 t |
| Eigengewicht | 24000 kg |
| Bremse | Hik-GP, (z.T. Hbr), Fbr |
| Höchstgeschw. | 80 km/h |

1995 ausgemustert

Die SSyms Köln wurden zwischen 1942 und 1944 für den Transport von Panzern bis zu 80 t Gewicht gebaut. Ähnlich wie die vierachsigen SSy Köln / SSy 45 hatten sie eine fischbauchartige Wagenbrücke, aber dreiachsige Drehgestelle. Zur Ladungssicherung waren auf jeder Seite vier stabile Rungen.

Nach dem Zweiten Weltkrieg kamen über 300 Wagen zur DB, die hier als SSym 46 eingereiht und vorwiegend für Brammentransporte eingesetzt wurden. Da für diesen Einsatzzweck keine vergleichbaren Wagen zur Verfügung standen, nahm der Bestand bis 1983 nur langsam ab. Erst nachdem mit den Samms 709 und 710 genügend neuere Wagen mit ausreichend hohen Lastgrenzen vorhanden waren, wurden die Sammp 705 abgestellt. Zur DB AG kamen noch vier Wagen.

Oben der Salmmnps 706 483 6 376 am 23.1.1996 im Rbf Hamburg Süd. Links der in „Bochum Hbf Krupp" beheimatete Sahlmmnps 706 483 8 043 mit einem für Heißverladung geeigneten Coil-Ladegestell am 11.8.1996 im Hafen von Brake. *Foto: Klaus Kirsch*

# Salmmnps, Sahlmm(n)ps 706

1987 DB

Bei fast allen 1987 von LHB gebauten 153 Samms 695 wurden zwischen 1988 und 1992 die Rungen und Stirnborde abgebaut. Zur besseren Unterscheidung und Disposition im Stahlverkehr wurden die Wagen in Salmmnps 706 umgezeichnet. Sie sind beheimatet und werden von Krupp eingesetzt.

Von 1990 bis 1993 wurden 300 weitere Serienwagen (216 Salmmnps, 82 Sahlmmns und zwei vmtl. an Krupp vermietete Wagen) gebaut, wobei der Auftrag zu gleichen Teilen an Waggonbau Niesky und Officio Ferroviare Veronesi/I ging. Die Sahlmmns 706 erhielten Coil-Ladegestelle für Heißcoils von maximal 45 t Einzellast, die das AW Saarbrücken aus ehemaligen Rhmmps 661-Ladegestellen herrichtete.

1997 erhielten im Werk Paderborn 47 weitere Salmmnps 706 (Heiß-) Coil-Ladegestelle und wurden in Sahlmmnps umgezeichnet.

| | |
|---|---|
| **Salmmnps** | **483 6 000 – ... 6 452** |
| **Sahlmmps** | **483 8 000 – ... 8 131** |

| **Daten für Salmmnps 706** | |
|---|---|
| **LüP** | **13200 mm** |
| **Drehgestell** | **713** |
| **Drehzapfenabst.** | **6200 mm** |
| **Ladelänge** | **11804 mm** |
| **Ladefläche** | **36,0 m²** |
| **Lastgrenze DS** | **77,0 t ★★** |
| **DB D 100** | **80,0 t** |
| **Tragfähigkeit** | **107,0 t** |
| **Eigengewicht** | **27800 kg** |
| **Bremse** | **KE-GP** |

| **abweichende Daten Sahlmmns 706** | |
|---|---|
| **Lastgrenze DS** | **71,0 t ★★** |
| **DB D 100** | **74,0 t** |
| **Tragfähigkeit** | **101,0 t** |
| **Eigengewicht** | **34000 kg** |

| | |
|---|---|
| Sal... | 322 |
| Sahl... | 129 |

➡

Oben der Shimmns 708 466 8 751 mit Drehgestellen der Bauart 665 und Feststellbremse am 31.8.1995 im Hamburger Hafen am Reiherstieg. Rechts der Shimmns 708 [4670] 467 0 463 mit Drehgestellen der Bauart 652 am 9.8.1997 in Brake Rbf.

DB 1976
DR 1992

2.967 →

# Shis 708 Shimms 708 Shimmns(-t,-u) 708 Shimms [4670] Shimmns 708

| | |
|---|---|
| **Shimmns** | |
| **DG-BA 665** | **466 8 000 – ... 9 320** |
| **DG-BA 652** | **466 9 321 – ... 9 563** |
| | **466 9 621 – ... 9 999** |
| | **467 0 000 – ... 0 290** |
| **Railship** | **467 0 291 – ... 0 330** |
| **[4670]** | **467 0 331 – ... 0 620** |
| **DG-BA 652** | **467 0 621 – ... 0 790** |
| | |
| **Shimmns-u** | **467 1 000 – ... 1 299** |
| **Shimms** | **476 8 000 – ... 9 620** |
| **Shimmns-t** | **477 7 000 – ... 7 239** |
| | |
| **Versuchswagen** | |
| **Schnellfahrdrehgest.** | **467 0 152** |
| **DRRS-Drehgestelle** | **466 8 883** |
| **Muldeneinl.** | **467 0 289, ... 0 534** |

Für den Transport witterungsempfindlicher Blechrollen wurde 1971/73 ein kurzer vierachsiger Drehgestellwagen mit drei übereinanderschiebbaren Hauben entwickelt und von der UIC standardisiert. Der Wagen hat fünf in das Untergestell eingelassene, unterschiedlich große Mulden für die Aufnahme von bis zu 45 t schweren Coils.

Bei der DB erhielt er die Bauartbezeichnung Shis 708. Nach einem Prototyp aus dem Jahr 1976 beschaffte die DB von 1978 bis 1993 in verschiedenen Baulosen insgesamt 2.441 Shis, ab 1980 Shimms bzw. ab 1987 Shimmns 708. 240 als Shimmns-t bezeichnete Wagen erhielten Festlegeeinrichtungen für ungebündelte Schmalbandcoils.

Während die Wagen der Baujahre bis 1980 mit Drehgestellen der Bauart 665 ausgerüstet

Der Shimmns-t 708 477 7 039 am 8.11.1996 frühmorgens im Hamburger Hafen am Reiherstieg.

Der Shimmns-u 708 477 1 279 (mit Drehgestellen der Bauart 652) am 23.2.1998 im Rbf Hamburg Süd.

Der Shimmns 708 467 0 311 am 11.1.1998 im Rbf Maschen. Der Wagen ist „finnlandfähig" (zu erkennen an den Verzurrösen am Untergestell) und hat – wie nur wenige andere Shimmns 708 – Drehgestelle der Bauart 642.

sind, bekamen die in den Folgejahren gebauten Shimmns 708 Drehgestelle der BA 652.

40 von LHB 1993 gelieferte Wagen wurden „finnlandfähig" hergerichtet und erhielten zusätzliche Ösen für die Sicherung auf den Fähren. Die Wagen wurden von der DB an Railship vermietet.

Nach der deutschen Vereinigung bauten WB Dessau und LHB von 1992 bis 1994 für die DR 290 Shimmns 708, die bei der DR als Shimmns [4670] eingereiht wurden.

Zum Schutz der Ladung, insbesondere von Aluminium-Coils, erhielten 1994 200 Wagen im Werk Duisburg-Wedau Muldenauskleidungen mit Gummi-Matten. Zu erkennen sind die Wagen an einem großen „U" auf der rechten Haube. Weitere 88 (z.T. verkehrsrot lackierte) Shimmns-u 708 wurden 1997 hergerichtet.

| | |
|---|---|
| **LüP** | **12040 mm** |
| **Drehgestell** | **665, ab Bj. 1986 652** |
| **Drehzapfenabst.** | **7000 mm** |
| **Ladelänge** | **10800 mm** |
| **Lastgrenze D4 S** | **67,0 t ★★** |
| **Eigengewicht** | **22500 kg** |
| **Bremse** | **KE-GP, tw. Fbr** |

**abweichende Daten für Shimmns-t**

| | |
|---|---|
| **Lastgrenze D4 S** | **66,0 t ★★** |
| **Eigengewicht** | **23600 kg** |

Oben der Sdgkms 707 450 9 258 mit einem Sattelauflieger am 6.5.1996 im KLV-Bf Hamburg-Billwerder-Moorfleet. Rechts der Sdgkms 707 450 9 366 mit einem 40-Fuß-Container am 12.9.1995 im Hafenbezirksbahnhof Hamburg-Waltershof.

DB 1973

# Sks(s)-z 707 Sdkms(s) 707 Sdgkms 707

| | |
|---|---|
| Sdgkms | 450 9 200 – 450 9 900 |
| Sdkms | 475 3 200 – 475 3 900 |
| Sdkmss | 479 3 200 – 479 3 900 |

| | | |
|---|---|---|
| LüP | | 16440 mm |
| Drehgestell | | 707 oder 707.1 |
| Drehzapfenabst. | | 11200 mm |
| Ladelänge | Sattelaufl. | ca. 12,5 m |
| | für Ct u. WB | 14600 mm |
| Höhe Ladeebene ü. SO | | 338 mm |
| | für Ct u. WB | 1175 mm |
| Lastgrenze CS | | 37,0 t ★★ |
| Eigengewicht | | 16000 kg |
| Bremse | | KE-GP-A, Fbr |

Für den Transport kranbarer Sattelauflieger mit einem Gesamtgewicht von bis zu 37 t beschaffte die DB 1973 einem Prototyp und eine Serie von 100 europäische Einheits-Taschenwagen Skss-z 707 (ab 1976 Sks-z 707).

Zum Transport von Wechselbehältern und Containern bis zu einem Gewicht von 33 t besitzen die Huckepack-Taschenwagen auf den außen liegenden Langträgern acht z.T. verschiebbare, umklappbare Aufsetzzapfen und vier Aufsetzplatten. Die Drehgestelle haben Radsätze mit 730 mm Laufkreisdurchmesser und entsprechen der Konstruktion der französischen Y 31-Drehgestelle.

Zwischen 1978 und 1982 wurden weitere 599 Wagen gebaut. Obwohl alle lauf- und bremstechnisch für 120 km/h ausgelegt sind, wurden (wegen der hohen Unterhaltungskosten) nur 249 als Sdkmss eingereiht, die übrigen als Sdkms 707. Die Umzeichnung in Sdgkms 707 erfolgte von 1995 bis 1997.

694 ↘

← Shimmns 708

Oben der Samms 709 486 5 117 mit einer Kiste für den Export am 25.9.1997 im Hamburger Hafenbezirksbahnhof Roß.
Links der Sahmms 709 486 9 977 mit Stahlcoils am 22.8.1996 im Hamburger Hafen am Reiherstieg.

## Sas 709 Samms, Sahmms 709

1976 DB

Für die Folgebeschaffung der Sa(mm)s 710 fertigte O&K im Jahr 1976 einen Prototyp sowie 1977/78 in Serie von 900 Sas 709 (ab 1981 Samms 709). Weitere 701 Samms 709 wurden von 1981 bis 1987 gebaut.

Die Wagen haben ähnliche verkehrliche Eigenschaften wie die Samms 710. Durch die Vergrößerung des Drehzapfenabstands auf 9,15 m mußte (wegen des größeren Ausschwenkens in engen Gleisbögen) die Ladebreite um 20 mm reduziert werden. Als größte zulässige Einzellast können sie 101 t transportieren (Samms 710 „nur" 89 t).

1981 und 1987 wurden insgesamt 184 Wagen mit 4 bis 5 t schweren Ladegestellen, wie sie auch bei den Sahmms 710 verwendet werden, für den Transport von maximal sieben Coils ausgerüstet und zu Sahmms 709 umgezeichnet. Weitere 26 Wagen erhielten 1997 bislang auf Sahmms 710 verwendete Coilgestelle.

| | |
|---|---|
| Samms | 486 4 000 – 486 4 616 |
| | 486 5 000 – 486 5 900 |
| Sahmms | 486 9 200 – 486 9 299 |
| | 486 9 800 – 486 9 882 |
| | 486 9 900 – 486 9 999 |

| | |
|---|---|
| LüP | 16400 mm |
| Drehgestell | 711.5, Sahmms 713 |
| Drehzapfenabst. | 9150 mm |
| Ladelänge | 15000 mm |
| Ladefläche | 46,0 m² |
| Lastgrenze D | 74,0 t* ★★ |
| DS | (65,0 t) 74,0 t* |
| DB D 100 | 89,0 t* |
| Tragfähigkeit | 101,0 t* |
| Eigengewicht | 30300 kg* |
| Bremse | KE-GP, tw. Fbr |

*Sahmms wiegen 35400 kg, die Lastgrenzen sind 4,0 t geringer.

| | |
|---|---|
| Samms | 1.380 |
| Sahmms | 209 |

➡

Oben der mit Stahlplatten beladene Samms 710 486 2 377 am 19.8.1997 im Hamburger Hafen am Reiherstieg. Rechts der Samms 710 486 3 403 am 31.5.1997 vor einem Schienenstapel auf der Stahlinsel im Duisburger Hafen.

**DB** 1963

## SSylms Sas, Sahs 710 Samms, Sahmms 710

| | |
|---|---|
| Samms | 486 1 000 – ... 3 999 |
| | 486 4 650 – ... 4 749 |
| | 486 4 800 – ... 4 935 |
| Sahmms | 486 8 700 – ... 8 744 |
| | 487 0 000 – ... 0 974 |

| | |
|---|---|
| LüP | 16400 mm |
| Drehgestell | 710.0 |
| Drehzapfenabst. | 8400 mm |
| Ladelänge | 15000 mm |
| Ladefläche | 45,7 m² |
| Lastgrenze D | 74,0 t ★★ |
| DS | (65,0 t) 74,0 t |
| DB D | 89,0 t |
| Tragfähigkeit | 89,0 t |
| Eigengewicht | 29800 kg |
| Bremse | KE-GP, Fbr |

2.397 Samms
708 Sahmms
➡

Zwischen 1963 und 1977 wurden 3.850 anfangs als SSylms, ab 1965 als Sas 710 eingereihte sechsachsige Flachwagen gebaut.

Die ab 1980 zu Samms 710 umgezeichneten Wagen haben sechs geteilte, klappbare Ladeschwellen und sechs Einsteckrungen je Wagenseite. Mit aufgeklappten Ladeschwellen werden sie vorwiegend für den Transport von schweren Walzprofilen (Schienen, Träger etc.), Stahlplatten und Brammen eingesetzt.

Für die Beladung mit schweren (Ketten-) Fahrzeugen können die Ladeschwellen eingeklappt, die mit zwei Fallrungen gesicherten Stirnborde umgelegt und der Wagen an den Enden abgestützt werden. Der Fußboden ist für eine Radlast von 5 t bemessen.

Zwischen 1970 und 1977 erhielten insgesamt 941 Samms 710 abnehmbare Ladege-

Der Sahmms 710 487 0 290 mit einem Standard-Coilladegestell und fünf Stahlcoils am 19.8.1997 im Hamburger Hafen am Reiherstieg.

Der Sahmms 710 486 8 709 mit einem Coilladegestell aus einem Taehms am 10.1.1998 im Rbf Brake. Heimatbahnhof (des Ladegestells) ist Rostock Seehafen.

Der in Bochum Hbf beheimatete Sahmms 710 487 0 364 mit einem provisorischen Coilladegestell am 20.6.1992 im Hafen von Brake.

*Foto: Klaus Kirsch*

stelle für sieben Coils (von maximal 45 t Gewicht und 2,20 m Durchmesser). Neben der Standardausführung aus Stahl gab es auch Holzgestelle sowie höhere (isolierte) Ladegestelle für Heißcoils. Die Wagen wurden ab 1972 in Sah(mm)s 710 umgezeichnet.

In den Bestand der DB AG kamen 2.843 Samms 710 und 683 Sahmms 710

1996/97 wurden im Werk Paderborn 45 Samms 710 mit ehemals in Taeh-Wagen verwendeten Ladegestellen für fünf Coils versehen und in Sahmms 710 (intern 710.4) umgezeichnet. Die Wagen behielten ihre Rungen, so daß sie jederzeit wieder zu normalen Samms hergerichtet werden können.

1997 wurden bei 27 Sahmms 710 ältere Coilgestelle abgebaut und bis auf eines auf Sahmms 709 umgesetzt.

**abweichende Daten für Sahmms**

| | |
|---|---|
| **Drehgestell** | **710.0 oder 710.1** |
| **Lastgrenze D** | **70,0 t ★★** |
| **DS** | **(61,0 t) 70,0 t** |
| **DB D** | **85,0 t** |
| **Tragfähigkeit** | **85,0 t** |
| **Eigengewicht** | **33800 kg** |
| **Sahmms 710.4** | **33300 kg** |

Oben der von Graaff gebaute Sahmms 711 486 8 517.
Rechts der Sahmms 711 486 9 090 aus der ersten O&K-Lieferung, Stirnwände und Rungen sind abgebaut.
Beide Fotos entstanden am 22.8.1995 im Hamburger Hafen am Reiherstieg.

DB 1974

# Sahs 711 Sahmms 711

| | | |
|---|---|---|
| DG-BA 713 | 486 8 000 – ... 8 199 | |
| DG-BA 714 | 486 8 200 – ... 8 649 | |
| DG-BA 711 | 486 9 000 – ... 9 152 | |

| | |
|---|---|
| LüP | 16400 mm |
| Drehgestell | 711, 711.5, 713.0, 714 |
| Drehzapfenabst. | 9400 mm |
| Lastgrenze DS | 74,0 t ★★ |
| DB D | 89,0 t |
| Tragfähigkeit | 104,0 t |
| Eigengewicht | 30900 kg |
| Bremse | KE-GP, z.T. Fbr |

**abweichende Daten für Wagen mit DG-BA 711, 711.5**

| | |
|---|---|
| Ladelänge | (14920 mm) |
| Lastgrenze DS | 73,5 t ★★ |
| DB D | 88,5 t |
| Tragfähigkeit | 88,5 t |
| Eigengewicht | 31300 kg |

1974 baute O&K die ersten 28, anfangs als Sahs 711 bezeichneten, Sahmms 711 für den Transport witterungsunempfindlicher Blechcoils, weitere 125 folgten 1977.

Die sechsachsigen Wagen besitzen Drehgestelle der Bauart 711 und sieben in das Untergestell integrierte Lademulden. Damit sie auch für Transport von Brammen eingesetzt werden konnten, waren die waagerechten Flächen zwischen den Mulden als Ladeschwellen ausgebildet und ursprünglich mit Holz abgedeckt. Außerdem hatten die Wagen anfangs Drehrungen und z.T. Stirnwände.

1987/88 baute O&K 200 Wagen mit Drehgestellen der BA 713, deren Konstruktion anstatt für 20 t für 22,5 t Radsatzlast ausgelegt ist. Die Tragfähigkeit dieser Wagen konnte von 88,5 t auf 104 t heraufgesezt werden.

Weitere 450 Sahmms 711 mit gleicher Wagenbrücke, jedoch mit Drehgestellen der BA 714, baute Graaff zwischen 1991 und 1993.

803 ➡

Oben der Sgjs 712 453 6 381 am 8.7.1997 im Rbf Hamburg-Alte Süderelbe.
Links der Sgjs 712 453 6 015 am 7.2.1996 im Rbf Hamburg Süd.

## Sgjss 712 Sgjs 712

1976 DB

Anfang der 70er Jahre standardisierte die UIC einen vierachsigen Containertragwagen mit stoßgedämpfter Ladebühne, bei dem die Aufstandshöhe nur noch 1,18 m über Schienenoberkante beträgt (bei älteren Wagen 1,24 m) und dennoch genügend Freiraum für den Einbau der AK vorhanden ist.

Nach einem 1976 gebauten Prototyp, ursprünglich als Sgjss 712 eingereiht, beschaffte die DB von 1979 bis 1987 1.300 Sgjs 712 in der Serienausführung.

Die mit einer Blechabdeckung versehene und mit Gabelstaplern befahrbare Ladefläche der Containertragwagen ist mit 20 abklappbaren Container-Aufsetzzapfen ausgerüstet, so daß außer dem Transport von drei 20-Fuß-Containern auch andere Kombinationen von Containern und und 7 m langen Wechselbehältern möglich sind.

Von 1993 bis 1996 waren alle KLV-Wagen als P-Wagen der Kombiwaggon eingestellt.

| | |
|---|---|
| **Bj. 1979** | **453 6 000 – 453 6 799** |
| **Prototyp** | **453 6 998** |
| **Bj. 1985** | **453 9 100 – 453 9 599** |

| | |
|---|---|
| **LüP** | **21000 mm** |
| **Drehgestell** | **Y 25 Css - 625** |
| **Drehzapfenabst.** | **15800 mm** |
| **Ladelänge** | **18400 mm** |
| **Höhe Ladeebene ü. SO** | **1180 mm** |
| **Lastgrenze CS** | **56,5 t ★★** |
| **Eigengewicht** | **23400 kg** |
| **Bremse** | **KE-GP-A** |

**1.295**

➡

Oben der von der WU Berlin gebaute Sggmrs 715 495 3 294 am 7.2.1996 im Rbf Hamburg Süd.
Rechts der von WB Dessau gebaute Sggmrs 715 495 4 789 kurz nach der Ablieferung am 30.9.1993 im KLV-Bf Hamburg-Billwerder-Moorfleet.

DB 1988

## Sggnos(s) 715.88, 715.89, 715.91 Sggmrs 715

| | |
|---|---|
| 715.88 | 495 3 030 – ... 3 129 |
| | 495 3 200 – ... 3 299 |
| 715.91 | 495 3 300 – ... 3 794 |
| | 495 4 000 – ... 4 499 |
| 715.89 | 495 4 500 – ... 4 599 |
| 715.91 | 495 4 600 – ... 4 854 |

| | |
|---|---|
| LüP | 33940 mm |
| Drehgestell | Y 25 Lss - 626 |
| Drehzapfenabst. | 2mal 14200 mm |
| Ladelänge | 2mal 16100 mm |
| Höhe Ladeebene ü. SO | 1155 mm |
| Lastgrenze DS | 104,0 t ★★ |
| Eigengewicht | 30000 kg |
| Bremse | KE-GP-A, z.T. Fbr |

1.399 ↘

1988/89 baute die WU Berlin 300 Container-Tragwagen als Gelenkwagen mit drei Drehgestellen für die Kombiwaggon.

Die Wagenbrücken sind verwindungssteife Rahmenkonstruktionen, bestehend aus fischbauchartigen äußeren Langträgern, Querträgern und Diagonalaussteifungen. Die beiden Wagenhälften sind über ein Gelenklager und seitliche Gleitstücke miteinander verbunden. 200 Wagen wurden als Sggnos 715.88 eingestellt, 100 als Sggnoss 715.89. Alle Wagen sind ultramarinblau lackiert und tragen einen breiten orangefarbenen Strich mit dem Schriftzug „Kombiwaggon“.

1991 bis 1994 beschaffte die Kombiwaggon bei Waggonbau Dessau weitere 1.250 Sggnos (intern Sggnos 715.91, ab 1992 als Sggmrs 715 abgeliefert) und stellte sie bei der DR ein. Die Konstruktion des Wagengelenks entspricht der beim Sdggnos 744 verwende-

Oben der Sggmrs 714 495 3 861 am 7.8.1997 im KLV-Bf Hamburg-Billwerder-Moorfleet.
Links: Die Sggmrs 714 sind nur an dem Lastgrenzraster für 140 km/h zu erkennen. Hier der 495 3 902 am 28.5.1997 in Billwerder-Moorfleet.

ten Talbot-Bauform. Äußerlich unterscheiden sich die Sggnos 715.91 durch die enzianblaue Lackierung sowie den rot/hellgrauen Schriftzug und Emblem von den WU-Wagen.

Die WU-Wagen haben acht nicht verschiebbare und zehn in Längsrichtung verschiebbare Klappriegel, die in Dessau gebauten Wagen 26 nicht verschiebbare Riegel.

1991 wurde die UIC-Kennzeichnung der Gelenkwagen in Sggmrs geändert. Bis 1995 waren ältere Wagen aber vereinzelt noch mit der alten Bauartbezeichnung und einer Wagennummer ab 456 4 030 anzutreffen.

## Sggmrs 714

1997 DB

1997 wurden 150 Sggmrs 715 für 140 km/h hergerichtet. Hierzu wurden lediglich die Gleitstücke in den Y 25-Drehgestellen festgelegt. Zur Unterscheidung von den Wagen, die nur für 120 km/h zugelassen sind, wurden sie in Sggmrs 714 umgezeichnet.

**495 3 800 – 495 3 949**

150 ↑

| | |
|---|---|
| **von Sggmrs 715 abw. Daten** | |
| **Lastgrenze DS** | **104,0 t ★★** |
| **DB C 140** | **90,0 t** |

Der Sgjs 716 453 8 157 am 7.2.1996 im Rbf Hamburg Süd.

DB 1969

# Sss-y 716 Sgjss 716 Sgjs 716

| | |
|---|---|
| | 453 7 000 – 453 8 927 |
| ehem. als Sss-y 715 eingereihter | |
| Prototyp | 453 7 893 |
| ehem. Sgjs-w 718 | |
| | 453 8 930 – 453 8 999 |
| LüP | 21080 mm |
| Drehgestell | 664 |
| Drehzapfenabst. | 15800 mm |
| Ladelänge | 18800 mm |
| Höhe Ladeebene ü. SO | 1240 mm |
| Lastgrenze CS | 56,0 t ★★ |
| Eigengewicht | 23400 kg |
| Bremse | KE-GP-A |

Der Sgjs 716 wurde als Mehrzweckwagen ab 1969 in Serie gebaut. Er hat Stoßdämpfer mit 500 mm Hub und beidseitig acht UIC-Drehrungen sowie Stirnwandklappen. Die absenkbaren Container-Aufsetzzapfen sind in den außen liegenden Langträgern angeordnet.

In den Jahren bis 1973 bauten die Firmen LHB, SEAG, MAN und WU insgesamt 2.000 Wagen, von denen 70 Wagen aus der letzten Lieferserie für Munitionstransporte der Britischen Rheinarmee durchgehende Funkenschutzbleche erhielten und als Sgjs-w 718 eingereiht wurden. 1988/89 wurden sie in Sgjs 716 umgezeichnet.

Mitte der achtziger Jahre wurden bei allen Sgjs 716 die Stirnklappen und Drehrungen entfernt, da die Wagen nur noch im Containerverkehr eingesetzt werden. Durch die Gewichtsreduzierung um etwa 1,5 t erhöhten sich die Lastgrenzen entsprechend.

1.609 ➡

Der am 28.5.1996 von Graaff gelieferte Shimmns-tu 718 467 2 077 am 8.11.1996 im Hamburger Hafen am Reiherstieg.

# Shimmns-tu 718

1996 DB

Die Shimmns-tu 718 wurden 1995 von Graaff als Nachfolgebauart der Shimmns 708 speziell für den Transport witterungsempfindlicher Schmalband-Coils entwickelt und 1996 gebaut. Die Drehgestelle stammen von Costamasnaga/I.

Die Wagen besitzen fünf Lademulden, die mit gewebeverstärkten Gummimatten ausgekleidet sind und je vier seitlich verschiebbare Festlegearme für Coils haben.

Anstelle von Stahlteleskophauben haben die Shimmns-tu 718 eine schneedichte Planenhaube, die zum Be- und Entladen 2/3 der Ladelänge freigeben kann. Dies führt zu einer Gewichtseinsparung von über 2,2 t gegenüber den Shimmns 708. Die Planen werden mit einer Vierpunkt-Zentralverriegelung verschlossen. Die ersten 20 Shimmns-tu 718 erhielten Feststellbremsen. Weitere 300 Wagen sollen 1998/99 beschafft werden.

**467 2 000 – 467 2 099**

| | |
|---|---|
| LüP | 12040 mm |
| Drehgestell | Y 25 Lssd - 623/626 |
| Drehzapfenabst. | 7000 mm |
| Ladelänge | 10800 mm |
| Lastgrenze D4 S | 68,0 t ★★ |
| Eigengewicht | 21700 kg |
| Bremse | KE-GP-A, z.T. Fbr |

100 ↑



Sgs 717 →

Der mit Stammholz beladene Snps 719 472 3 486 am 5.6.1997 im Bf Bamberg. Das Foto zeigt die Wagenseite mit den Spannhebeln für die Niederbindungen.
Rechts der Snps 719 472 4 006 am 14.9.1997 mit Stahlträgern in Brake.

DB 1977

# Sps 719 Snps 719

| | |
|---|---|
| | 472 3 000 – ... 4 959 |
| Prototypen | 472 4 960 – ... 4 961 |
| LüP | 20840 mm |
| Drehgestell | 665 |
| Drehzapfenabst. | 15800 mm |
| Ladelänge | 19600 mm |
| Ladefläche | 51,7 m² |
| Lastgrenze DS | 65,0 t ★★ |
| Eigengewicht | 24000 kg |
| Bremse | KE-GP, z.T. Fbr |

1.960 ➡

Für den Transport von Stamm- und Schnittholz sowie Stahlprofilen und Rohren wurde 1977/78 zwei Prototypen eines vierachsigen Flachwagens mit festen, hohen Rungen entwickelt. Zwischen 1980 und 1982 beschaffte die DB 1.960 Sps 719-Serienwagen.

Die acht 2 m hohen Doppelrungen auf jeder Wagenseite sind fest mit den Außenlangträgern verbunden. Zur Verzurrung des Ladegutes ist jedes Rungenpaar mit einer Niederbindeeinrichtung ausgerüstet. Sowohl die Rungeninnenseite als auch die Spanngurte sind zum Schutz des Ladegutes verkleidet bzw. ummantelt. Der Wagenboden ist mit begehbaren, jedoch nicht befahrbaren Lochblechen abgedeckt. 1 m vor den Wagenenden und jeweils mittig zwischen den Rungen befinden sich feste hölzerne Ladeschwellen.

Zwischen 1988 und 1990 erfolgte die Umzeichnung in Snps 719.

← Shimmns-tu 718

Oben der Sgs 717 454 0 703
am 25.1.1998 im Bezirksbahnhof
Hamburg-Mühlenwerder.
Links der Sgmmns 738 450 8 124 im
April 1992 in Wanne-Eickel.
*Foto: Harald Westermann*

## Sgs 717

1997 DB

Im November 1997 wurden 21 bislang für „Müllverkehr“ eingesetzte Rs 680 zu Blockzug-Container-Tragwagen hergerichtet. Hierbei wurden, soweit nicht schon geschehen, „überflüssige“ Teile wie Drehrungen und Ladeschwellen entfernt. Sogar der Holzfußboden wurde ausgebaut.

Für ihr neues Aufgabengebiet wurden die als Sgs 717 eingereihten Wagen mit feststehenden Containeraufsetzzapfen ausgerüstet.

| | 454 0 700 – 454 0 720 |
|---|---|
| **LüP** | **19900 mm** |
| **Drehgestell** | **931/932** |
| **Drehzapfenabst.** | **13000 mm** |
| **Ladelänge** | **18500 mm** |
| **Höhe Ladeebene ü. SO** | **1310 mm** |
| **Lastgrenze CS** | **57,0 t ★★** |
| **Eigengewicht** | **18900 kg** |
| **Bremse** | **KE-GP** |

21 ↗

## Sgmmns 738

1988 DB

Für den Transport von Aluminium-Coils in Containern für die Firma Alcan Nievenheim wurden kurze Containertragwagen mit hoher Tragfähigkeit benötigt.

Daher wurde 1988 im AW Saarbrücken als Prototyp ein Rmms 664 umgebaut und in Sgmmns 738 umgezeichnet. Ladeschwellen, Fußboden, Stirnborde und Drehrungen wurden abgebaut, feststehende Containerzapfen, ein Übergangssteg und Klappgriffe angebracht. 1990 folgte eine Serie von 60 Wagen.

| | 450 8 100 – 450 8 159 |
|---|---|
| **Prototyp** | **450 8 160** |
| **LüP** | **14040 mm** |
| **Drehgestell** | **664** |
| **Drehzapfenabst.** | **9000 mm** |
| **Ladelänge** | **12360 mm** |
| **Höhe Ladeebene ü. SO** | **1240 mm** |
| **Lastgrenze CS** | **60,5 t ★★** |
| **Eigengewicht** | **19400 kg** |
| **Bremse** | **KE-GP-A, z.T. Fbr** |

61 →

Oben der von der NS angemietete Slps 740 472 7 002 (Heimatbf Mainz Hbf) am 12.8.1990 in Oberkotzau.
*Foto: Slg. Carstens*

Rechts der aus einem Rs 685 umgebaute Slps 740 472 7 035 am 13.3.1993 in Mannheim Rbf.
*Foto: Hans Ulrich Diener*

DB 1991

# Slps 740

| | |
|---|---|
| NS-Miet | 472 7 000 – 472 7 009 |
| Rs 685 | 472 7 010 – 472 7 013 |
| RSS | 472 7 014 – 472 7 018 |
| Rs 685 | 472 7 020 – 472 7 049 |
| RSS | 472 7 050 |
| Rs 685 | 472 7 070 – 472 7 098 |

| | |
|---|---|
| LüP | 19900 mm |
| Drehgestell | 664 |
| Drehzapfenabst. | 14860 mm |
| Ladelänge | 18500 mm |
| Lastgrenze CS | 53,5 t ★★ |
| Eigengewicht | 26500 kg |
| Bremse | KE-GP-A, Fbr |

**Daten gelten für aus Rs 685 umgebaute Slps 740**

Nachdem in der Schweiz und den Niederlanden das „Abroll-Container Transport-Service“-System erfolgreich war, beschloß die DB 1990 auch das acts-System einzuführen. Als Tragwagen für den acts-Verkehr wurden von der NS zehn Rs-Wagen angemietet und als Slps 740-Privatwagen eingereiht.

Weitere Wagen mietete die DB 1991/92 für das mit dem acts-System nicht kompatible „Roland System Schiene/Straße“ (RSS) an. Diese Slps wurden aus ehemaligen Rs [3800] der DR hergerichtet, erhielten aber keine DB-Bauartnummer.

Zwischen 1991 und 1994 wurden im AW Paderborn 63 Rs 685 mit in den Niederlanden gefertigten Drehrahmen für acts-Abrollbehälter ausgerüstet, blau, braun oder schwarz lackiert und ebenfalls zu Slps 740 umgezeichnet. Sie sind als P-Wagen der acts bei der DB AG eingestellt

67 →

Der Saadkms 741 498 5 004 am 15.5.1994 im Bf Neumünster.
*Foto: Jan Lundstrøm*

Der Saadkms 742 498 5 502 am 1.4.1994 im Bf Netphen.
*Foto: Jörg van Essen, MdB*

## Saadkkms 741

1990 DB

Für die „Rollende Landstraße Flachland" entwickelte Talbot 1990 einen achtachsigen Drehgestellwagen. Fünf Wagen wurden als Prototypen beschafft.

Die Wagen sind eine Weiterentwicklung der Saadkms 690 und unterscheiden sich von diesen im wesentlichen durch die 100 mm größere Ladebreite zwischen den Seitenwänden (2,60 m anstelle von 2,50 m) und die mit 600 mm über Schienenoberkante 150 mm höher liegende Ladefläche.

**498 5 000 – 498 5 004**

| | |
|---|---|
| Kuppellänge | 19090 mm* |
| Drehzapfenabst. | 13700 mm |
| Ladelänge | 18800 mm* |
| Höhe Ladeebene ü. SO | 600 mm |
| Lastgrenze CS | 44,0 t ★★ |
| Eigengewicht | 22160 kg |
| Bremse | KE-GP-A D, Fbr |

*Maße ohne Kopfstücke

5

➡

## Saadkkms 742

1992 DB

Zwei Jahre nach den Saadkkms 741 baute die WU Siegen drei achtachsige Wagen für die „Rollende Landstraße Flachland". Diese Saadkkms 742 haben Doppelachslaufwerke – eine Entwicklung der WU – mit 490 mm Laufkreisdurchmesser, bei denen die Lastübertragung nicht über Drehpfannen, sondern von der Wagenbrücke (über die Parabelfedern) direkt auf die Achslager erfolgt.

**498 5 500 – 498 5 502**

| | |
|---|---|
| Kuppellänge | 19590 mm* |
| Laufwerksmittenabst. | 13700 mm |
| Ladelänge | 19000 mm* |
| Eigengewicht | 21500 kg |

*Maße ohne Kopfstücke
übrige Daten wie Saadkkms 741

3

➡

Oben der Sdgmns 743 451 2 011 am 9.6.1997 im KLV-Bf Hamburg-Billwerder Moorfleet. Ob es allerdings sinnvoll ist, einen Container nebst Sattelauflieger in einem Taschenwagen zu befördern, sei dahingestellt ...
Rechts der Sdgmns 743 451 2 117 am 29.1.1996 im Bf Hamburg-Waltershof.

DB 1990

# Sdgmns 743

170 ➡

**451 2 000 – 451 2 169**

| | | |
|---|---|---|
| **LüP** | | **18340 mm** |
| **Drehgestell** | | **Y 25 Lss - 627** |
| **Drehzapfenabst.** | | **13300 mm** |
| **Ladelänge** | **Sattelaufl.** | **ca. 14,9 m** |
| | **für Ct u. WB** | **15900 mm** |
| **Höhe Ladeebene ü. SO** | | **270 mm** |
| | **für Ct u. WB** | **1175 mm** |
| **Lastgrenze DS** | | **69,0 t ★★** |
| **Eigengewicht** | | **21000 kg** |
| **Bremse** | | **KE-GP-A, z.T. Fbr** |

Für die Beförderung von Sattelaufliegern lieferte Talbot 1990/91 170 Taschenwagen an die Kombiwaggon, die weitestgehend den von der UIC standardisierten Taschenwagen-Typ 1b entsprechen. Abweichungen gegenüber dem UIC-Merkblatt 571-4 bestehen u.a. in den Radmulden (fest anstatt verstellbar) und der verkürzten Tasche.

Von den 1973 gebauten Sdkmss 707 unterscheiden sie sich durch die etwa 2 m größere Länge und die höheren Lastgrenzen. Sie besitzen 14 z.T. in Wagenlängsrichtung verschiebbare, klappbare Aufsetzzapfen für den Transport von Containern und Wechselbehältern.

Die Wagen erhielten einen orientroten Anstrich mit einem lichtgrauen Kombiwaggon-Schriftzug.

Belademöglichkeiten von Sdggnos / Sdggmrs 744:
Oben der Sdggmrs 744 495 5 013 mit zwei 40-Fuß-Containern am 4.8.1997 im Bezirksbahnhof Hamburg-Waltershof.
Links oben der neue Sdggnos 744 456 7 106 am 8.9.1991 mit vier Wechselpritschen bei Næstved.
*Foto: Jan Lundstrøm*
Links der Sdggnos 744 456 7 173 mit zwei Wechselpritschen und einem Sattelauflieger am 8.3.1993 im KLV-Bf Hamburg-Rothenburgsort.

# Sdggnos 744 Sdggmrs 744

1991 DB

1991/92 lieferte Talbot 270 Gelenkwageneinheiten an Kombiwaggon, bei denen eine Wagenhälfte als Container-Tragwagen, die andere als Taschenwagen ausgebildet ist.

Der enzianblau lackierte Containertragwagenteil mit 26 Aufsetzzapfen entspricht den Sggmrs 715. Der Taschenwagenteil der Sdggnos 744 verfügt über zwölf Containeraufsetzzapfen und ist zur optischen Unterscheidung gelborange lackiert.

Die Umzeichnung in Sdggmrs 744 erfolgte ab 1993. Für den neu eingerichteten Verkehr mit 140 km/h wurden 1997 bei den Wagen mit den Nummern 495 5 100 bis 495 5 129 die Gleitstücke in den Drehgestellen festgelegt. Sie erhielten die interne Bauartbezeichnung Sdggmrs 744.2. Ab 1998 werden diese 30 Wagen zu Sdggmrs 739 umgezeichnet.

| | |
|---|---|
| 744 | 495 5 000 – 495 5 099 |
| 744.2 | 495 5 100 – 495 5 129 |
| 744 | 495 5 130 – 495 5 269 |
| 739 | 495 5 500 – 495 5 529 |

| | |
|---|---|
| LüP | 33940 mm |
| Drehgestell | Y 25 Lss - 627 |
| Drehzapfenabst. | 2mal 14200 mm |
| Ladelänge | 2mal 16100 mm |
| bzw. 16100 mm + 1 Sattelauflieger | |
| Höhe Ladeebene ü. SO | 270 mm |
| für Ct u. WB | 1155 mm |
| Lastgrenze DS | 102,0 t ★★ |
| Eigengewicht | 32900 kg |
| Bremse | KE-GP-A, z.T. Fbr |

abweichende Daten für 744.2/739

| | |
|---|---|
| DB C 140 | 88,0 t |

270 ➡

Oben der Sahimms-u 900 487 6 624 am 12.10.1997 kurz nach der Revision im Hafen von Brake.
*Foto: Klaus Kirsch.*
Rechts der Sahimms 900 487 6 072 am 10.1.1998 in Brake Rbf.

DB 1981

# Sahimms, Sahimms-u 900

| | |
|---|---|
| **Prototypen** | **487 6 001 – ... 6 006** |
| **Sahimms** | **487 6 007 – ... 6 456** |
| **Sahimms-u** | **487 6 600 – ... 6 699** |

| | |
|---|---|
| **LüP** | **15000 mm** |
| **Drehgestell** | **713** |
| **Drehzapfenabst.** | **8000 mm** |
| **Lastgrenze D4** | **71,5 t ★★** |
| **D4 S** | **62,5 t** |
| **DB D 100** | **86,5 t** |
| **Tragfähigkeit** | **98,5 t** |
| **Eigengewicht** | **32800 kg** |
| **Bremse** | **KE-GP** |

**abweichende Daten für Prototypen**

| | |
|---|---|
| **Lastgrenze CS** | **62,5 t ★★** |
| **DB CE** | **86,0 t** |
| **Tragfähigkeit** | **86,0 t** |
| **Eigengewicht** | **33600 kg** |

Für den Transport schwerer Blechrollen entwickelte LHB gemeinsam mit Talbot einen sechsachsigen Haubenwagen, von dem 1981 sechs Prototypen gebaut wurden. Die Wagen besitzen in der Mitte drei Mulden für Coils von max. 45 t Gewicht, an den Enden je eine für 25-t-Coils. Jeweils zwei der insgesamt vier verschiebbaren Hauben können übereinander geschoben werden.

1984 wurden 300 Sahimms 900 in Serie gebaut, 1987 folgten 150 von WB Niesky gefertigte Wagen (Drehgestelle von Graaff). Von den Prototypen unterscheiden sie sich durch höhere Lastgrenzen.

1996/97 wurden etliche Wagen verkehrsrot lackiert. Außerdem erhalten ab 1997 im Werk Paderborn 100 Wagen Muldenauskleidungen mit verstärkten Gummimatten und werden in Sahimms-u 900 umgezeichnet.

449 →

Oben der Sahimms 901 487 7 031 am 14.8.1992 in Brake Rbf.

*Foto: Klaus Kirsch*

Links der Sahimms 901 487 7 071 am 8.11.1996 im Hamburger Hafen am Reiherstieg.

# Sahimms 901

1991 DB

1991 lieferte Graaff 100 Coil-Transportwagen mit Schiebeplanenhaube, deren Wagenbrücken-Konstruktion auf der der gleichzeitig gebauten Sahmms 711 basiert.

Das Untergestell besteht aus einer für eine Radsatzlast von 22,5 t ausgelegten Schweißkonstruktion, bei der als äußere Langträger zwei IPE 600 Verwendung finden. Verbunden sind die Langträger durch die Kopfstücke, die Querträger sowie die 8 mm starken Bleche der sieben Lademulden.

Der Wagenkasten besteht aus den festen Stirnwänden und der Schiebeplanenhaube: einer PVC-beschichteten Gewebeplane, die auf 15 Rohrspriegeln ruht und mittels einer 4-Punkt-Zentralverriegelung gegen die Stirnwände gedrückt wird. Zur Ladegutsicherung verfügen die Wagen über verstellbare Festlegearme.

**487 7 000 – 487 7 099**

| | |
|---|---|
| **LüP** | **16400 mm** |
| **Drehgestell** | **714** |
| **Drehzapfenabst.** | **9400 mm** |
| **Lastgrenze DS** | **70,0 t ★★** |
| **DB D 100** | **85,0 t** |
| **Tragfähigkeit** | **100,0 t** |
| **Eigengewicht** | **34700 kg** |
| **Bremse** | **KE-GP** |

100 ➡

# T – Wagen mit öffnungsfähigem Dach in Sonderbauart

Wagen mit 2 Radsätzen:
Lastgrenze ≥ 25 t / ≤ 30 t
Ladelänge ≥ 9 m / < 12 m

Wagen mit 4 Radsätzen:
Lastgrenze ≥ 50 t / ≤ 60 t
Ladelänge ≥ 15 m / < 18 m

**Kennbuchstaben stehen für folgende Abweichungen:**

- **a** mit 4 Radsätzen
- **b** bei Wagen mit 2 Radsätzen: Ladelänge ≥ 12 m
- **c** mit Stirnwandtüren
- **d** mit dosierbarer Schwerkraftentladung, wahlweise zweiseitig, hochliegend
- **e** lichte Türhöhe > 1,9 m
- **f** Fährbootwagen
- **g** für Getreide
- **i** mit Schiebewänden
- **kk** bei Wagen mit 2 Radsätzen: Lastgrenze ≥ 20 t / < 25 t, mit 4 Rads.: ≥ 40 t / < 50 t
- **l** mit schlagartiger Schwerkraftentladung, gleichzeitig zweiseitig, hochliegend
- **ll** wie vor, jedoch tiefliegend
- **m** bei Wagen mit 2 Radsätzen: Ladelänge < 9 m, mit 4 Rads.: < 15 m
- **n** bei Wagen mit 2 Radsätzen: Lastgrenze > 30 t, mit 4 Rads.: > 60 t
- **oo** mit schlagartiger Schwerkraftentl., mittig, tiefliegend
- **s** geeignet für Züge bis 100 km/h
- **ww** mit UIC-Funkenschutzblech
- **y** mit Innenauskleidung
- **z** Wagen kann als Tds oder Tdgs eingesetzt werden

Die Wagen mit öffnungsfähigem Dach in Sonderbauart dienen dem Transport nässeempfindlicher Güter und eignen sich für die Be- und Entladung mit Kranen bzw. Beladeanlagen.

Die ältesten sind die ab 1951 gebauten Tms-Wagen mit zweiteiligen Schiebedächern, deren Wagenkasten in Anlehnung an E-Wagen konstruiert wurde.

1957 wurden die ersten Wagen mit Schiebedächern und Schiebewänden (Tims) gebaut, die längeren Tbis folgten ab 1960.

Während die DB zweiachsigen Wagen mit Schiebedächern und -wänden den Vorzug gab, beschaffte die DR 1980 gedeckte Wagen mit Schwenkdächern (Tbekks).

Für den Transport schwerer Güter beschaffte die DB ab 1964 kurze Drehgestellwagen mit ein- oder mehrteiligen Schwenkdächern, ab 1973 auch mit Kunststoff-Rolldächern (Taems / Tamns). Diese werden u.a. für den Transport von Tonerde eingesetzt. Für die Beförderung von Coils haben einige Wagen Ladegestelle erhalten (Taehs).

Einen großen Teil der Wagen mit Schwenkdächern stellen Selbstentladewagen unterschiedlicher Bauformen. Sie gliedern sich in

- Zwei- und vierachsige Wagen (Td(gs-z/y) und Tad(gs-y)) mit trichterförmigen Laderaum, bei denen das Ladegut – durch gewölbten Schieber dosiert – wahlweise zu einer der beiden Wagenseite entladen werden kann. Sie werden z.B. für Getreide- oder Kalitransporte eingesetzt. Speziell für Kalitransporte wurden die Taoos-y – ursprünglich mit Dachklappen als Uaoos-y bezeichnet – entwickelt.
- Vorwiegend für Kalk- und Gips-Transporte werden die Tal(ns)-Wagen und die von der DR beschafften Takkll eingesetzt. Die Tal-Wagen haben – wie Fal-Wagen, auf deren Konstruktion sie basieren – einen sattelförmigen Laderaum, aus dem das Ladegut nur ungeregelt in Tiefbunker entladen werden kann.

Der Tcefs 845 579 5 052 am 16.10.1993 abgestellt in Hamm Rbf. *Foto: Harald Westermann*

## Gbtmks 66 Tcefs 845

1964 **DB**

Anstelle weiterer Gbmhs 51 beschaffte die DB ab 1964 für den Fährbootverkehr 100 Wagen in den gleichen Hauptabmessungen, jedoch mit Stirntüren und Schiebedächern. Diese Wagen wurden als Gbtmks 66, ab 1965 als Tcefs 845 eingereiht.

Die Aufteilung der Seitenwände war identisch mit der der Gbmhs 51, die Wandbekleidung bestand aber aus kunstharzverleimten Sperrholzplatten. Die Konstruktion der dreiteiligen Stirntüren entsprach den Hbcs 300, die zweiteiligen Schiebedächer generell denen der Tcms 850 und Tms 851.

Wie alle Fährbootwagen waren sie für den Einsatz in Großbritannien mit einer Vakuumbremsleitung und Handhebelbremsen ausgerüstet. Die letzten sechs Tcefs 845 musterte die DB AG 1994 aus.

**579 5 000 – 570 5 099**
**079 5 000 – 079 5 099**

| | |
|---|---|
| LüP | 12500 mm |
| Achsstand | 6800 mm |
| Ladelänge | 11160 mm |
| Länge d. Beladeöffn. | 5255 mm |
| Ladefläche | 25,7 m² |
| Laderaum | 57,0 m³ |
| Lastgrenze CS | 26,0 t |
| Eigengewicht | 13920 kg |
| Bremse | KE-GP |

1994
ausgemustert

Oben der Tbekks 846 [0775] 077 5 353 mit Feststellbremse am 5.6.1997 im Bf Bamberg. Rechts der Tbkks 847 071 0 000 am 3.2.1998 im Werk Magdeburg.
*Foto: Harald Westermann*

DR 1980

# Tbekks [5775, 0775] Tbekks 846

577 5 000 – 577 5 499
077 5 000 – 077 5 396

| | |
|---|---|
| LüP | 14220 mm |
| Achsstand | 8000 mm |
| Ladelänge | 12700 mm |
| Länge d. Beladeöffn. | 12700 mm |
| Ladefläche | 33,3 m² |
| Laderaum | 80,0 m³ |
| Lastgrenze CS | 24,5 t ★★ |
| Eigengewicht | 15500 kg |
| Bremse | KE-GP, z.T. Fbr |

159 ↘

1980/81 baute die Waggon Union Siegen für die DR 400 gedeckte Wagen mit einem beidseitig bedienbaren Hubschwenkdach.

Das Untergestell und der Wagenkasten entsprechen den Gbs [1550], sind jedoch an den Enden zur Aufnahme kräftiger Ecksäulen um je 100 mm verlängert. Die Schwenkdach-Bedienung erfolgt über Handräder, Kettentrieb, Spindel und Hubhebel, wobei beim Öffnen das Dach zuerst um 150 mm angehoben und dann zur Seite geschwenkt wird. Bei einigen Wagen wurden die Lade- und Lüftungsöffnungen mit Blechen verschlossen.

1994 kamen 341 Tbekks [0775] und noch 46 Tbekks [5775] zur DB AG.

DB 1996

# Tbkks 847

1 ↗

071 0 000

| | |
|---|---|
| Laderaum | 74,0 m³ |
| Lastgrenze CS ★★ | 23,5 t |
| Eigengewicht | 16150 kg |
| übrige Daten identisch mit Hbs-u 292 | |

Als Baumusterwagen für den Holzhackschnitzel-Transport erhielt Ende 1996 ein Hbs 292 das Schwenkdach eines Taems 891. Der Wagen wurde noch vor der eingehenden Erprobung abgestellt.

Der Tcms 850  572 5 068 am 17.7.1985 im Hafen von Brake. *Foto: Klaus Kirsch*

# Kmmfks 52    Tcs 850    Tcms 850

1955 **DB**

1955/56 beschaffte die DB bei der SEAG 600 Kmmfks 52 (in den Abmessungen der Kmmks 51) mit Hubschiebedächern und mit dreiteiligen Falttüren in den Stirnwänden.

Anders als bei den Gltmms 62 sind die Stirnwandtüren der Kmmfks 52 ohne ein Stirnwandjoch ausgeführt, so daß bei geöffnetem Dach und geöffneter Stirntür auch über 4 m lange Ladegüter mit Kranen verladen werden können. Im geschlossenen Zustand werden die Stirntüren durch einen zusätzlichen Verriegelungsbalken im oberen Bereich gesichert.

Die oben an den Stirntüren befestigte Bedienungsplattform für die Hubschiebedächer ist bei den Kmmfks 52 kürzer als bei den Kmmks 51, um das Zusammenfalten der Türen nicht zu behindern.

1965 erhielten sie die Bauartbezeichnung Tcs 850, ab 1980 Tcms 850. Der letzte Wagen wurde 1996 ausgemustert.

**072 5 000 – 072 5 609**

| | |
|---|---|
| **LüP** | **10000 mm** |
| **Achsstand** | **5400 mm** |
| **Ladelänge** | **8660 mm** |
| **Länge d. Beladeöffn.** | **4025 mm** |
| **Ladefläche** | **24,0 m²** |
| **Laderaum** | **49,0 m³** |
| **Lastgrenze CS** | **28,0 t** |
| **Eigengewicht** | **11800 kg** |
| **Bremse** | **KE-GP** |

**1996 ausgemustert**

Oben der Tms 851 075 7 052 am 18.10.1997 in Mannheim Rbf.
*Foto: Hans Ulrich Diener*
Rechts der mit einer Handbremsbühne ausgerüstete Tms 851 076 3 538 am 1.6.1997 in seinem Heimatbahnhof Siershahn.

**DB** 1951

# Kmmks 51 Ts 851 Tms 851

| | |
|---|---|
| Siegen. FB | 575 6 000 – ... 6 132 |
| Uerding. FB | 575 6 133 – ... 9 999 |
| | 576 3 000 – ... 3 599 |
| | 075 6 000 – ... 8 949 |
| | 076 3 500 – ... 3 599 |
| LüP | 10500 / 10000 mm |
| Achsstand | 5400 mm |
| Ladelänge | 8760 mm |
| Länge d. Beladeöffn. | 3990 mm |
| Ladefläche | 24,0 m² |
| Laderaum | 49,0 m³ |
| Lastgrenze CS | 28,0 / 28,5 t |
| Eigengewicht | 11700 / 11400 kg* |
| Bremse | (Hik-GP) KE-GP, z.T. Hbr |

*mit Blechfußboden 600 kg höher

Die 1948 von der SEAG entwickelten und ab 1951 in Serie gebauten Kmmks 51 haben ähnliche Abmessungen wie UIC-Standard-E-Wagen, zweiflügelige Türen sowie durch Knebelwellen gesicherte Kopfklappen. Die durchgehenden Obergurte der Seitenwände sind als Laufschienen für die zweiteiligen Hubschiebedächer ausgebildet und in der Mitte durch einen Querriegel verbunden.

Die ersten Wagen hatten (offene) Siegener Federböcke und Hik-GP-Bremsen, die meisten haben Uerdinger Federböcke sowie ab Baujahr 1955 KE-GP-Bremsen.

Bis 1967 beschaffte die DB rund 4.575 Wagen, die 1965 zu Ts 851, 1980 zu Tms 851 umgezeichnet wurden. Von der DB kamen 390 Tms 851 zur DB AG. Die von der DR gekauften Tms [0756, 0757] (Ende 1993 waren noch 54 Wagen im Bestand) wurden nicht mehr zurückgezeichnet.

102 ↘

Oben der Tims-ww 858 077 6 311 mit gebuckelten Schiebewänden am 21.8.1997 im Rbf Hamburg-Hohe Schaar.
Links der Tims-ww 858 077 6 042 mit ebenen Schiebewänden und Verstärkungsprofilen am 15.3.1996 in Schweinfurt Hbf.

# Kmmgks 58 Tis 858 Tims(-ww) 858

1957 **DB**

1957 bis 1966 beschaffte die DB insgesamt 4.005 kurze Schiebedach- / Schiebewandwagen und reihte diese als Kmmgks 58 ein.

Das Untergestell und die Dachkonstruktion entspricht den Kmmks 51. Hingegen sind die Stahlschiebewände, die fast die halbe Ladelänge freigeben, eine Neukonstruktion. Das Dach wird bei den Kmmgks 58 von den Stirnwänden und den kräftigen Mittelholmen getragen. Ein Teil der Wagen erhielt eine 500 mm langen Handbremsbühne.

Die bis 1961 gebauten Kmmgks 58 haben nach außen gewölbte Schiebetüren. Ab 1962 bekamen neue Wagen glatte Schiebetüren mit aufgeschweißten Verstärkungsprofilen.

500 der 1965 zu Tis 858, 1980 zu Tims 858 umgezeichneten Wagen wurden mit Funkenschutzblechen ausgerüstet und erhielten die Baurtbezeichnung Tims-ww 858. Zur DB AG kamen insgesamt 729 Wagen.

| | |
|---|---|
| | **577 0 000 – ... 4 009** |
| **Tims** | **077 0 000 – ... 1 699** |
| **Tims-ww** | **077 6 000 – ... 6 499** |
| **LüP** | **10500 / 10000 mm** |
| **Achsstand** | **5400 mm** |
| **Ladelänge** | **8752 mm** |
| **Länge d. Beladeöffn.** | **3990 mm** |
| **Ladefläche** | **23,8 m²** |
| **Laderaum** | **60,0 m³** |
| **Lastgrenze CS** | **26,5 t** |
| **Eigengewicht** | **13000 / 12600 kg** |
| **ab Bj. 1962** | **12600 / 12200 kg** |
| **Bremse** | **KE-GP, z.T. Hbr** |

122 ↘

Oben der Tbis 869 (Bauform A) 071 5 474 am 15.3.1996 in der Ortsgüteranlage Schweinfurt Hbf, rechts der Tbis 869 (Bauform B) 071 6 497 am 11.1.1998 im Rbf Maschen.

DB 1966

# Tbis 869

| | |
|---|---|
| **Bauform A** | **571 8 580 – ... 9 509** |
| **Bauform B** | **571 9 600 – ... 9 999** |
| | **578 0 000 – ... 0 499** |
| **Bauform A** | **071 5 000 – ... 5 929** |
| **Bauform B** | **071 6 000 – ... 7 099** |

| | Bauform A / B |
|---|---|
| LüP | 14020 mm |
| Achsstand | 8000 mm |
| Ladelänge | 12774 mm |
| L. d. Beladeöffn. | 6000 / 6070 mm |
| Ladefläche | 33,0 / 34,0 m² |
| Laderaum | 85,0 / 86,0 m³ |
| Lastgrenze CS | 25,5 / 26,0 t ★★ |
| Eigengewicht | 14200 / 13600 kg |
| Bremse | KE-GP |

670 ↘

Die ab 1966 gegenüber den Tbis 870 äußerlich nahezu unverändert gebauten Schiebedachwagen wurden als Tbis 869 (Bauform A) eingereiht. Von den Tbis 870 unterscheiden sie sich im wesentlichen dadurch, daß sie bereits für den AK-Einbau vorbereitet sind.

Bei der ab 1968 gebauten Bauform B wurde die Dachbedienung, die bei älteren Wagen durch Wurfhebel vom Dach aus erfolgen mußte, nach unten verlegt. Die Dächer dieser Wagen können mittels Handrädern an der Wagenstirnseite vom Boden aus bedient werden. Weitere Unterscheidungsmerkmale sind die durchbrochenen Unterzüge und das wesentlich schmalere mittlere Joch. Die lichte Beladebreite der Schiebewände ist gegenüber der Bauform A von 2mal 5,66 m auf 2mal 6,23 m vergrößert.

Insgesamt wurden bis 1976 2.027 Tbis 869 gebaut, von denen 1.889 zur DB AG kamen.

Oben der Tbis 870 571 8 401
mit ebenen Schiebewänden und
Verstärkungsprofilen im Januar 1989
im Hamburger Hafen.
Links der Tbis 870 571 6 324
mit gebuckelten Schiebewänden am
8.3.1993 im Gbf Hamburg-Bergedorf.

## Klmmgks 66 Tbis 870

1960 **DB**

1960 wurden die ersten Schiebedach-/Schiebewandwagen mit 12,74 m Ladelänge gebaut. Die Konstruktion dieser Klmmgks 66 entspricht den Kmmgks 58, die Ladelänge ist jedoch um rund 4 m, die lichte Höhe der Seitenwandöffnung von 2,00 m auf 2,07 m vergrößert.

Um das Eigengewicht der Schiebetüren zu begrenzen, sind diese nicht aus Stahlblech sondern, wie die Hubschiebedächer, aus Aluminium. Außerdem wurden die Festlege-Einrichtungen für das Ladegut modifiziert.

Etwa 650 Wagen der Lieferjahre 1960/61 erhielten nach außen gewölbte Schiebewände. Ab Baujahr 1962 wurden die Wagen (als Tbes-t-66) mit ebenen Wänden mit zwei Verstärkungsprofilen abgeliefert.

Bis 1966 wurden 2.480 Tbis 870 gebaut, von denen Ende 1993 noch 1.522 im Bestand waren.

**571 6 100 – 571 8 579**
**071 7 100 – 071 9 569**

| | |
|---|---|
| LüP | 14000 mm |
| Achsstand | 8000 mm |
| Ladelänge | 12774 mm |
| Länge d. Beladeöffn. | 6000 mm |
| Ladefläche | 33,0 m² |
| Laderaum | 86,0 m³ |
| Lastgrenze CS | 25,5 t ★★ |
| DB C 90 | 26,0 t |
| Eigengewicht | 14000 kg |
| Bremse | KE-GP |

331 ➘

Oben der Tbis 871 078 0 136 am 6.9.1997 im Rbf Hamburg-Alte Süderelbe.
Rechts der Tbis 871 078 0 570 mit Handbremsbühne am 1.6.1997 im Rbf Wanne-Eickel.

DB 1962

# Klmmgks 68 Tbis 871

571 5 000 – 571 6 059
078 0 000 – 078 1 059

| | |
|---|---|
| LüP | 14500 oder 14250 / 14000 mm |
| Achsstand | 8000 mm |
| Ladelänge | 12774 mm |
| Länge d. Beladeöffn. | 6000 mm |
| Ladefläche | 33,0 m² |
| Laderaum | 86,0 m³ |
| Lastgrenze CS | 25,0 / 25,5 t ★★ |
| DB C | 26,0 t |
| Eigengewicht | 14900 / 14400 kg |
| Bremse | KE-GP, z.T. Hbr |

381 ↘

Als Versuchswagen wurde 1961 ein Wagen mit zweiteiligem Hubschiebedach und dreiteiligen Schiebetüren gebaut, der im Aufbau den Klmmgks 66 entsprach, jedoch bereits ebene Schiebetüren mit aufgeschweißten Verstärkungsprofilen besaß (deren Anordnung jedoch von der späteren Serienausführung abwich).

1962/63 wurden 1.059 Klmmgks 68, bei der Ablieferung als Tbes-t-68 bezeichnet, in der Serienausführung gebaut. Ein Teil der Wagen wurde – als einzige Schiebewandwagen-Bauart – mit einer 500 mm langen Handbremsbühne ausgerüstet (z.T. inzwischen durch 250 mm lange Bühnen ersetzt).

840 Tbis 871 kamen 1994 noch in den Bestand der DB AG.

Oben der Tbis 875 078 1 333 am 26.1.1998 im Rbf Maschen.
Links der Tbis 875 578 1 055 (vier Tage nach Revision im AW Paderborn) am 28.5.1988 im Bf Hamburg-Sternschanze.

# Tbis 875

1970 DB

Parallel zu den Tbis 869 der Bauform B wurden zwischen 1970 und 1972 insgesamt 800 wagenbaulich gleiche Schiebedach-/Schiebewandwagen gebaut, die eine automatische Lastabbremsung erhielten.

Zwar wird die zulässige Höchstgeschwindigkeit der Wagen mit 120 km/h angegeben (Tbis 869 100 km/h), dennoch dürfen beide Bauarten – gemäß Lastgrenzraster – nur mit 100 km/h eingesetzt werden (obwohl lauftechnisch für 120 km/h geeignet).

Zur Unterscheidung von den Tbis 869 wurden die Wagen mit KE-GP-A Bremsen als Tbis 875 eingereiht. Bis auf zehn Wagen kamen alle zur DB AG, von denen die letzten erst 1997 von einer mit „5" auf eine mit „0" beginnende Nummer umgezeichnet wurden.

**578 0 500 – 578 1 299**
**078 1 100 – 078 1 899**

| | |
|---|---|
| **LüP** | **14020 mm** |
| **Achsstand** | **8000 mm** |
| **Ladelänge** | **12774 mm** |
| **L. d. Beladeöffn.** | **6070 mm** |
| **Ladefläche** | **34,0 m²** |
| **Laderaum** | **86,0 m³** |
| **Lastgrenze CS** | **25,5 t ★★** |
| **DB C** | **26,0 t** |
| **Eigengewicht** | **14200 kg** |
| **Bremse** | **KE-GP-A** |

502 ↘

Der Tamns 886 080 6 017 am 1.6.1997 im Bf Weilburg.

DB 1986

# Tams 886 Tamns 886

080 6 000 – 080 6 019

| | |
|---|---|
| LüP | 14290 / 14040 mm |
| Drehgestell | 652 |
| Drehzapfenabst. | 9000 mm |
| Länge d. Beladeöffn. | 12792 mm |
| Ladelänge | 12792 mm |
| Ladefläche | 35,3 m² |
| Laderaum | 71,3 m³ |
| Lastgrenze DS | 65,5 / 66,0 t ★★ |
| Eigengewicht | 24300 / 23800 kg |
| Bremse | KE-GP, z.T. Hbr |

20

→

Auf der Basis der Eaos 051 baute Talbot 1986 eine kleine Serie von 20 Rolldachwagen.

Die Tams 886 (ab 1988 Tamns 886) besitzen daher nicht – wie die älteren Rolldachwagen – mittlere Schiebetüren, sondern zwei 1,80 m breite Türen auf jeder Wagenseite, die nach außen zu öffnen sind. Die Konstruktion der Kunststoff-Rolldächer wurde von den Taes 889/892 übernommen.

Die Wagen sind vorwiegend für den Transport von witterungsempfindlichen Schüttgütern vorgesehen und für eine Radsatzlast von 22,5 t ausgelegt. Derzeit werden alle 20 Wagen im Tonerdeverkehr eingesetzt.

Die Weiterbeschaffung unterblieb, da nach Abschluß des Versuchseinsatzes schon der längere Eanos 052 durchkonstruiert war und als Basis für neue Rolldachwagen herangezogen werden sollte (s. Tamns 893).

Der in Bochum Hbf beheimatete Taehms 888 086 6 292 am 20.5.1996 im Rbf Hamburg-Hohe Schaar.

## KKks Tae(h)s 888 Taems, Taehms 888

1965 DB

Für den Transport schwerer, sperriger Güter wurde 1964 je ein Prototyp eines Drehgestellwagens mit 10,25 m Ladelänge und vierschaligem bzw. einteiligem Schwenkdach beschafft und als KKks 01 eingereiht.

Während Talbot von den KKks mit mehrteiligem Schwenkdach 1964 eine Serie von 50 Wagen (ab 1968 als Taes 887 bezeichnet) baute – der letzte Taes 887 wurde 1991 ausgemustert –, erfolgte die Serienfertigung von 281 Taes 888 erst 1965/66.

1972/73 erhielten die meisten Taes 888 (270 Wagen) Ladegestelle für den Transport von Blechrollen und wurden als Taehs 888 eingereiht. Ab 1980 wurden alle Wagen zu Taems bzw. Taehms 888 umgezeichnet.

1994 kamen noch 173 Taehms 888 und 21 Taems 888 zur der DB AG. Seit 1997 sind nur noch Taehms 888 im Bestand.

| | |
|---|---|
| Taems | 084 7 060 – 084 7 089 |
| Taehms | 086 6 100 – 086 6 381 |

| | |
|---|---|
| LüP | 11500 mm |
| Drehgestell | 887 |
| Drehzapfenabst. | 6100 mm |
| Ladelänge | 10250 mm |
| Ladefläche | 27,8 m² |
| Laderaum | 72,0 m³ |
| Lastgrenze C4 | 59,0 t ★★ |
| C4 S | 51,0 t |
| Eigengewicht | 20500 kg |
| Bremse | KE-GP, Hbr |
| **abweichende Daten Taehms** | |
| Lastgrenze C4 | 57,0 t ★★ |
| C4 S | 49,0 t |
| Eigengewicht | 21200 kg |

40 ↘

Oben der Taems 889 084 7 904 am 16.5.1995 im Rbf Hamburg-Hohe Schaar.
Rechts der Taems 890 085 1 394 mit Drehgestellen der Bauart 664 im Februar 1989 im Rbf Maschen.

→

DB 1973

# Taes 889 Taems, Taehms 889

| | |
|---|---|
| Taems | 084 7 350 – ... 7 999 |
| Taehms | 086 7 300 – ... 7 399 |

| | |
|---|---|
| **LüP** | **14040 mm** |
| **Drehgestell** | **664** |
| **Drehzapfenabst.** | **8500 mm** |
| **Ladelänge** | **12350 mm** |
| **Ladefläche** | **32,6 m²** |
| **Laderaum** | **73,5 m³** |
| **Lastgrenze CS** | **56,5 t ★★** |
| **Eigengewicht** | **22700 kg** |
| **Bremse** | **KE-GP-A** |
| | **abweichende Daten Taehms** |
| **Lastgrenze CS** | **53,5 t ★★** |
| **Eigengewicht** | **26400 kg** |

Nach einem Prototyp und einer Vorserie von zehn Wagen aus den Jahren 1973/74 wurden 1976 630 Taes 889 gebaut.

Die Wagen haben als erste DB-Bauart ein Kunststoff-Rolldach bekommen, das beim Öffnen an einem Wagenende in einem dafür vorgesehenen Korb zusammengefaltet wird. Gegenüber den bei älteren Wagen verwendeten Schwenkdächern bietet diese Bauform den Vorteil, daß das geöffnete Dach weder in das Profil des Nachbargleises ragt noch die Zugänglichkeit der seitlichen Ladeöffnungen, die bei den Taes 889 mit 4,00 m lichter Weite besonders breit sind, einschränkt.

1980 erhielten 100 Wagen ein aushebbares, etwa 3 t schweres Coil-Ladegestell und wurden zu Taehms 889 umgezeichnet, die übrigen Wagen erhielten die Bauartbezeichnung Taems 889. Zur DB AG kamen 68 Wagen mit Ladegestellen und 567 Taems 889.

449 ↘

Oben der Taems 890 085 1 119 mit Drehgestellen der BA 887 am 1.6.1997 im Bf Löhnberg.
Links der Taems 890 085 1 666 mit Y 25-Drehgestellen am gleichen Tag im Bf Siershahn.

# KKks Taes 890 Taems 890

1966

Ab 1966 wurden Drehgestell-Schwenkdachwagen mit einer gegenüber den Taes 888 um rund 2 m vergrößerten Ladelänge gebaut. Die Konstruktion dieser Taes 890 erfolgte in Anlehnung an die Taes 888.

Die ersten 160 Wagen erhielten (wie die Taes 888) Drehgestelle der Bauart 887, die zwischen 1968 und 1970 fertiggestellten 670 Taes 890 Drehgestelle der Bauart 664.

Zwischen 1980 und 1984 erfolgte die Umzeichnung zu Taems 890. Ende der achtziger Jahre wurde ein Teil der Taems 890 für den Tonerdetransport zwischen dem Westerwald und Italien hergerichtet: Einbau von Blechfußböden, Festlegen der Schiebetüren, Verstärkung von Dächern und Wandsäulen.

Zur DB AG kamen 827 Taems 890, von denen 1995 200 mit gebrauchten Y 25-Drehgestellen ausgerüstet wurden. Die angeschriebenen Lastgrenzen wurden nicht korrigiert.

| | |
|---|---|
| DG-BA 887 | 085 1 000 – ... 1 160 |
| DG-BA 661 | 085 1 161 – ... 1 839 |

| | |
|---|---|
| LüP | 14040 mm |
| Drehgestell | 887 oder 664 |
| | ab 1995 auch Y 25 Cs |
| Drehzapfenabst. | 8500 mm |
| Ladelänge | 12350 mm |
| Ladefläche | 32,7 m² |
| Laderaum | 88,0 m³ |
| Lastgrenze CS | 57,5 t ★★ |
| Eigengewicht | 22200 kg |
| Bremse | KE-GP |

**abweichende Daten für Wagen mit DG-BA 887 (z.T. auch mit Y 25)**

| | |
|---|---|
| Lastgrenze C | 57,0 t ★★ |
| CS | 49,0 t |
| Eigengewicht | 22700 kg |

736

Oben der Taems 891 085 2 221 mit seitlich angeordneter Dachbedienung und geripptem Schwenkdach am 9.10.1995 im Gbf Hamburg Kai rechts. Rechts der Taems 891 085 1 957, ehemals ein Taehms (Anschriftentafel für Ladeschema), mit stirnseitig angeordneter Dachbedienung am 4.8.1997 im Rbf Hamburg-Hohe Schaar.

DB 1971

# Taes, Taehs 891 Taems, Taehms 891

| | |
|---|---|
| Taems | 085 1 840 – 085 1 990 |
| | 085 2 000 – 085 3 066 |
| Taehms | 086 6 400 – 086 7 238 |

| | |
|---|---|
| LüP | 14040 mm |
| Drehgestell | 664 |
| Drehzapfenabst. | 8500 mm |
| Ladelänge | 12350 mm |
| Ladefläche | 32,7 m² |
| Laderaum | 88,0 m³ |
| Lastgrenze CS | 56,0 t ★★ |
| Eigengewicht | 23500 kg |
| Bremse | KE-GP-A |

**abweichende Daten für Taehms**

| | |
|---|---|
| Lastgrenze CS | 52,5 t |
| Eigengewicht | 27000 kg |

Die zwischen 1971 und 1974 gebauten Drehgestell-Schwenkdachwagen erhielten eine selbsttätige Lastabbremsung und wurden zur Unterscheidung von den Wagen mit KE-GP-Bremse als Taes 891 eingereiht.

Bei den ersten 145 Wagen ist die Dachbedienung stirnseitig angeordnet, die übrigen 1.534 Wagen haben die Handräder seitlich (und außerdem gerippte Dächer).

Ab 1973 erhielten 889 Taes 891 herausnehmbare Coil-Ladegestelle und wurden als Taehs 891 eingestellt. Ab 1980 erfolgte die Umzeichnung aller Wagen zu Taems bzw. Taehms 891.

Bereits ab 1979 wurden bei vielen Wagen sukzessive die Ladegestelle wieder ausgebaut. Zur DB AG kamen 1994 noch 416 Taehms und 1.206 Taems 891.

457 ↘

Der Taems 892 085 3 972 am 6.5.1997 im Hamburger Hafen am Reiherstieg.

# Taes 892 Taems 892

1976 DB

Als Nachfolgebauart der Taes 889 wurden in den Jahren 1976/77 380 Taes 892 mit Kunststoff-Rolldächern beschafft, von denen 200 für die DB gebaut wurden, weitere 180 nur von der DB geleast waren.

Die Taes 892 entsprechen konstruktiv – wie die Taes 889 – dem UIC-Merkblatt 571-3. Von den Taes 889 unterscheiden sie sich äußerlich durch die zusätzlichen Verstärkungsprofile neben den Türöffnungen. Außerdem haben sie zwölf Verzurreinrichtungen im Wagenboden. Auf die selbsttätige Lastabbremsung wurde verzichtet.

1993 endete der Mietvertrag für die 180 Wagen, so daß in den Bestand der DB AG nur 199 Taems 892 kamen. Die übrigen 180 Wagen werden seit 1994 als Taems 20.9 von der SNCF eingesetzt.

**085 3 600 – 085 3 979**

| | |
|---|---|
| LüP | 14040 mm |
| Drehgestell | 661.1 |
| Drehzapfenabst. | 8500 mm |
| Ladelänge | 12350 mm |
| Ladefläche | 32,6 $m^2$ |
| Laderaum | 73,5 $m^3$ |
| Lastgrenze CS | 57,5 t ★★ |
| Eigengewicht | 22200 kg |
| Bremse | KE-GP |

179 →

Oben der Tamns 893 080 6 254 am 16.4.1995 im Hafenbahnhof Hamburg-Waltershof.
Rechts der für den Tonerdetransport in Siershahn beheimatete Tamns 893 080 6 376 am 1.6.1997 im Bf Weilburg/Lahn.

DB 1988

# Tamns 893

**080 6 100 – 080 6 500**

| | |
|---|---|
| **LüP** | **15990 / 15740 mm** |
| **Drehgestell** | **652** |
| **Drehzapfenabst.** | **10700 mm** |
| **Ladelänge** | **14492 mm** |
| **Ladefläche** | **39,4 m²** |
| **Laderaum** | **80,0 m³** |
| **Lastgrenze DS** | **64,0 / 64,5 t ★★** |
| **Eigengewicht** | **25700 / 25300 kg** |
| **Bremse** | **KE-GP, z.T. Hbr** |

Da sich die Tams 886 bewährten, rüstete Talbot 1987 einen Wagen aus der laufenden Eanos 052-Fertigung ebenfalls mit einem Kunststoff-Rolldach aus.

Die Konstruktion des Daches konnte von den Vorgängerbauarten übernommen werden. Lediglich der Fangkorb mußte wegen der um 1,50 m größeren Dachlänge vergrößert werden. Anders als bei den Tams 886 verzichtete man bei dem als Tamns 893 eingereihten Prototypen auf die zweite Laderaumtür auf jeder Wagenseite und beließ nur die linke Türöffnung, das rechte Türfeld wurde durch ein Blech verschlossen.

1988 baute Talbot 200 Tamns 893-Serienwagen, die z.T. an dem Bedienungsende für das Rolldach eine 250 mm lange Handbremsbühne erhielten. Im Jahr 1992 wurden weitere 200 Wagen gebaut. Einige sind seit 1997 verkehrsrot lackiert.

401 →

Oben der Taoos-y 894 [9331] 069 5 227 sechs Tage nach der Ablieferung am 7.2.1996.
Links der vier Wochen alte Taoos-y 894 [9331] 069 5 016 am 22.8.1995 (auf dem Dach sind schon Kalispuren), beide im Rbf Hamburg-Hohe Schaar.

# Taoos-y 894 [9331]

1995 DB

Die von der DR beschafften Uaoos-y [9331] dienen ausschließlich dem Kalitransport. Der Laderaum wird bei ihnen mit vier Dachklappen verschlossen.

Die Bedienung der Dachklappen von einem Laufsteg ohne Handlauf aus entspricht nicht der Unfallverhütungsvorschrift. Außerdem forderte insbesondere die Firma Kali + Salz durchgehende Beladeöffnungen. Ab 1995 erhielten daher 331 Wagen im Werk Zwickau neue, geänderte Oberkästen und von der Bühne aus bedienbare Schwenkdächer anstelle der Ladeklappen im Dach. Etwa 150 Wagen wurden bis Ende 1995 in Rotbraun, die restlichen ab Anfang 1996 in verkehrsroter Farbgebung abgeliefert.

Eingesetzt werden die Wagen – vielfach in Ganzzügen – zwischen den Kaliabbaugebieten in Thüringen und Anhalt sowie u.a. dem Hamburger Hafen.

| | |
|---|---|
| Prototyp | 069 5 000 |
| Serie | 069 5 001 – 069 5 330 |
| LüP | 16000 mm |
| Drehgestell | Y 25 Cs - 839 |
| Drehzapfenabst. | 10960 mm |
| Länge d. Beladeöffn. | 10120 mm |
| Laderaum | 67,0 m³ |
| Lastgrenze CS | 55,5 t ★★ |
| DB D 100 | 59,5 t |
| Eigengewicht | 24300 kg |
| Bremse | KE-GP, z.T. Hbr |

331 ↑

Der Tamns 895 080 3 022 am 1.6.1997 im Bf Löhnberg. Die Wagen sind bereits für den Einbau der ZAK vorbereitet – zu erkennen an den Hebeln für die Luftabsperrhähne unter den Ecksäulen.

DB 1997

# Tamns 895

Die Tamns 895 werden seit 1997 von DB Cargo bei Waggonbau Niesky beschafft. Die Wagen haben ein neu entwickeltes Rolldach und nur eine schmale Tür auf jeder Wagenseite.

Als erste Wagenbauart erhalten sie serienmäßig die automatische Zugkupplung (ZAK); bis November 1997 ausgelieferte Wagen sind für den Einbau der ZAK vorbereitet, die Umrüstung soll bis Mai 1998 erfolgen. Aus diesem Grund besitzen die Tamns 895 anstelle der herkömmlichen Luftabsperrhähne an den Bremskupplungen ein durchgehendes Bediengestänge, das sowohl mit seitlich angeordneten Hebeln als auch vom Kuppelraum aus betätigt werden kann.

Eingesetzt werden die Wagen bislang ausschließlich in Tonerdezügen von Siershahn, Löhnberg und anderen Verladestellen über Limburg, Frankfurt/Main, Basel nach Domodossola. Hierbei ersetzen sie sukzessive die z.T. über 30 Jahre alten Taems 890/891.

**080 3 000 – 080 3 499**

| | |
|---|---|
| **LüP** | **14000 mm** |
| **Drehgestell** | **Y 25 Lsd 1 - 628/629** |
| **Drehzapfenabst.** | **9000 mm** |
| **Ladelänge** | **12000 mm** |
| **Ladefläche** | **35,5 m²** |
| **Laderaum** | **75,0 m³** |
| **Lastgrenze D4 S** | **69,0 t ★★** |
| **Eigengewicht** | **20700 kg** |
| **Bremse** | **KE-GP-A, Fbr** |

443 ↑

Der Tds 925 573 1 723 im Februar 1989 in der Wagenwaschanlage im Rbf Maschen.

## Ktmm, Ktmmv 60 Td 925 Tds 925

1958 DB

Nach 20 von Talbot gebauten Versuchswagen aus dem Jahr 1958, die bevorzugt für den Transport von Kalk, Dolomit, Rohzucker, Getreide, Mais und Salz eingesetzt wurden, beschaffte die DB 1958/59 600 Ktmm 60 und 206 Ktmmv 60, letztere mit lebensmittelechtem Innenanstrich.

Bis auf das Schwenkdach und dem aus diesem Grunde geänderten Oberkasten entsprechen die Wagen den Otmm 57, die Auslaufrutschen den Otmm 61. 1963 bis 1965 wurden alle Ktmmv 60 und 230 Ktmm 60 in Ktmm(v) 72 (ab 1965 Td 931) umgebaut. Die verbliebenen 390 Ktmm 60 wurden ab 1965 in Td 925 umgezeichnet.

Zwischen 1971/72 erhielten 700 Fc 086 neue Oberkästen und Schwenkdächer sowie, wie ein Teil der ursprünglichen Td 925 schon ab 1964, einen GP-Wechsel und wurden zu Tds 925 umgezeichnet. Die Wagen ohne GP-Wechsel wurden bis 1994 ausgemustert.

073 0 850 – 073 1 999

| | |
|---|---|
| **LüP** | **9140 mm** |
| **Achsstand** | **5500 mm** |
| **Länge d. Beladeöffn.** | **7390 mm** |
| **Laderaum** | **32,0 m³** |
| **Lastgrenze CS** | **27,5 t** |
| **Eigengewicht** | **12200 kg** |
| **Bremse** | **KE-GP, z.T. Hbr** |

25 ↘

Oben der Tds 926 073 2 441 am 16.4.1995 im Rbf Hamburg-Hohe Schaar.
Rechts der Tds 931 073 5 014 am 2.11.1994 in Mannheim Rbf.
*Foto: Hans Ulrich Diener*

DB 1972

742

## Tds 926

| | |
|---|---|
| 573 2 000 – 573 3 899 | |
| 073 2 000 – 073 3 899 | |
| Eigengewicht | 12400 kg |
| übrige Daten identisch mit Tds 931 | |

Von 1972 bis 1975 erhielten 1.900 Fc 087 ein Schwenkdach. Der Umbau entsprach der Herrichtung der Fc 089 zu Td(s) 928, jedoch wurden alle Wagen mit einen GP-Wechsel ausgerüstet. Die Bauartbezeichnung dieser Umbauwagen lautet Tds 926.

DB 1963

15

## Ktmm, Ktmmv 72 Td 931 Tds 931

| | |
|---|---|
| 073 5 000 – 073 5 425 | |
| LüP | 9140 mm |
| Achsstand | 5500 mm |
| Länge d. Beladeöffn. | 7390 mm |
| Laderaum | 32,0 m³ |
| Lastgrenze CS | 27,5 t |
| Eigengewicht | 12100 kg |
| Bremse | KE-GP, z.T. Hbr |

Von 1963 bis 1965 erhielten alle Ktmmv 60 und 230 Ktmm 60 Labyrinth-Dichtungen an den Schiebern. Sie bekamen die Bauartbezeichnung Ktmm(v) 72.

Nachdem genügend größere Ktmmv 69 zur Verfügung standen, wurden alle Ktmmv 72 zu Ktmm umgezeichnet. Ab 1965 erfolgte die Umzeichnung aller Wagen in Td 931.

Mitte der 60er Jahre wurden viele Wagen durch Bremsanlagen mit GP-Wechsel zu Tds. Den letzten Td musterte die DB 1992 aus.

Oben der Tds 928 073 6 185 mit Rüttelplatten über den Auslaufrutschen, neuem Übergangssteg und neuen Seilankern am 7.7.1997 im Rbf Hamburg-Hohe Schaar.
Links der Td 028 003 0 725 am 21.8.1997 am gleichen Aufnahmeort.

## Ktmm, Ktmmv 65 Td, Tds 928

1959 **DB**

Parallel zu den Otmm 61/64 beschaffte die DB zwischen 1959 und 1961 1.882 Neubau-Ktmm(v) 65, die sich von den Ktmm 60 lediglich durch das Doppelschakenlaufwerk und die – inzwischen bei fast allen Wagen entfernte – Regenrinne unterscheiden.

Zwischen 1962 und 1965 wurden 507 Wagen zu Ktmm(v) 73 umgebaut, die verbliebenen Ktmmv 65 zu Ktmm 65 und ab 1965 zu Td 928 umgezeichnet.

Da durch den Bau der Fc 090 ein Überhang an offenen Wagen mit kleinerem Laderaum bestand, ließ die DB ab 1963 2.950 Otmm 64 zu Ktmm 65 umbauen. Zu erkennen sind diese Wagen an der durch das obere Seitenwandblech gebildeten Tropfkante.

600 Umbauwagen erhielten einen GP-Wechsel und wurden als Ktmms 65/Tds 928 eingereiht. Ab 1993 richtete das AW Paderborn weitere Td 928 zu Tds 928 her.

| | |
|---|---|
| **Tds** | **573 0 000 – 573 0 849** |
| | **573 6 000 – 573 6 971** |
| **Td** | **003 0 000 – 003 2 449** |
| **Tds** | **072 1 000 – 072 1 699** |
| | **073 0 000 – 073 0 849** |
| | **073 3 900 – 073 3 999** |
| | **073 6 000 – 073 7 227** |

| | |
|---|---|
| **LüP** | **9140 mm** |
| **Achsstand** | **5500 mm** |
| **Länge d. Beladeöffn.** | **7390 mm** |
| **Laderaum** | **32,0 m³** |
| **Lastgrenze CS** | **27,5 t** |
| **Eigengewicht** | **12500 kg** |
| **Bremse** | **KE-GP, z.T. Hbr** |

**abweichende Daten für Td 928**

| | |
|---|---|
| **Lastgrenze C** | **27,5 t ★** |
| **Eigengewicht** | **12100 kg** |
| **Bremse** | **KE-G, z.T. Hbr** |

**1.886** ↘


**Tdgs-z 930 →**

Oben der Tdgs-z 930 074 3 271 mit Parabelfedern am 16.4.1995 im Bf Hamburg-Waltershof.
Rechts einer der wenigen roten Tdgs-z 930 074 2 974 am 16.6.1996 im Rbf Hamburg-Hohe Schaar.
Als gemeinsame Bauartmerkmale haben die Wagen Seilanker mit Abweisbügeln und Tritte mit nur einem Steg.

**DB** 1962

# Ktmmvs 69 Tdgs, Tdgs-z 930

| | |
|---|---|
| Tdgs-z | 014 9 000 – 014 9 299 |
| Tdgs | 074 0 200 – 074 2 229 |
| Tdgs-z | 074 2 230 – 074 2 842 |
| Tdgs | 074 2 843 – 074 2 942 |
| Tdgs-z | 074 2 943 – 074 3 837 |
| | 074 9 000 – 074 9 999 |

Parallel zu den Otmm 70 entstanden 1962 die Ktmmvs 69, die ausnahmslos lebensmittelechte Innenanstriche erhielten. Beide Bauarten sind bis auf die Oberkästen gleich.

Die bis 1963 gebauten Ktmmvs 69 erhielten Regenrinnen an den Wagenkästen. Außerdem waren die Ausschnitte in den Stützblechen mit eingeschweißten Flacheisen verstärkt, bei späteren Serien wurden die Bleche nur gekantet. Etwa 1.500 ab 1972 gebaute Tdgs-z 930 können sowohl für den Transport von Lebensmitteln als auch von anderen Gütern eingesetzt werden. Ab 1976 erhielten 895 Wagen Parabelfedern für 20 t Radsatzlast.

Da die Tdgs-z u.a. auch für den Transport von aggressiven Ladegütern wie Düngemit-

3.305 ➡

⬅ Tds 931

Der Tdgs 930 074 0 790 im Juli 1989 im Rbf Hamburg-Eidelstedt.
Zum Zeitpunkt der Aufnahme hatte der Wagen nicht nur mit Flacheisen verstärkte Ausschnitte in den Stützblechen, sondern auch noch Regenrinnen.

Der Tdgs-z 930 074 2 337 am 5.6.1997 im Bf Bamberg (REV 16.5.1997).
Der Wagen hat auf jeder Seite zwei über den Achsen angeordnete Seilanker.

Der Tdgs-z 930 074 9 031 am 21.8.1997 im Rbf Hamburg-Hohe Schaar.
Der Wagen hat mit Flacheisen verstärkte Ausschnitte in den Stützblechen und Seilanker am Wagenende sowie – wie alle auf dieser Seite abgebildeten Wagen – Hochleistungspuffer und alte Tritte mit zwei Stegen.

teln und Salzen eingesetzt werden, sind sie starken Abrostungen am Wagenkasten ausgesetzt. Obendrein rosten Lager, Rundschieber und Bremsgestänge fest. Daher wurden zwischen 1984 und 1989 insgesamt 6.000 Td-Wagen, darunter 1.500 Tdgs-z 930, für den Weiterbetrieb aufgearbeitet.

Hierbei wurde u.a. der Innenanstrich mit Epoxyd-(EP)Dickschichtsystem – bei Tdgs (die nicht für Lebensmitteltransporte eingesetzt werden) mit Polyurethan-(PUR)Dickschichtsystem – erneuert. Die Rundschieberoberseiten sowie die Sattelfirste wurden mit Edelstahl beblecht.

Weitere 1.000 Tdgs 930 arbeitete das AW Paderborn 1991/92 für den Weiterbetrieb als universell einsetzbare Tdgs-z auf.

| | |
|---|---|
| **LüP** | **9640 mm** |
| **Achsstand** | **6000 mm** |
| **Länge d. Beladeöffn.** | **7900 mm** |
| **Laderaum** | **38,0 m³** |
| **Lastgrenze CS** | **27,0 t ★★** |
| **Eigengewicht** | **13000 kg** |
| **Bremse** | **KE-GP, z.T. Hbr** |

Oben der Tdgs-z 932 074 5 256 am 29.10.1996 im Bezirksbahnhof Hamburg-Unterelbe-Seehafenbahnhof. Rechts der Tds 933 073 4 127 am 16.4.1995 im Rbf Hamburg-Hohe Schaar.

DB 1977

1.488 →

## Tdgs-z 932

074 4 000 – 074 5 499

| | |
|---|---|
| LüP | 9640 mm |
| Achsstand | 6000 mm |
| Länge d. Beladeöffn. | 7900 mm |
| Laderaum | 38,0 m³ |
| Lastgr. CS | 27,0 t ★★ |
| Eigengewicht | 12700 kg |
| Bremse | KE-GP, z.T. Hbr |

1977 bis 1979 baute das AW Kaiserslautern 1.500 Fc 090 zu Tdgs-z 932 um. Die Wagen erhielten neue, den Tdgs-z 930 entsprechende Wagenkästen mit Schwenkdächern und lebensmittelechte Innenanstriche, gleichzeitig wurden die Langträger verstärkt.

Alle Tdgs-z 932 wurden zwischen 1984 und 1989 zum Weiterbetrieb für weitere 18 Jahre hergerichtet und erhielten dabei u.a. neue Innenbeschichtungen.

DB 1963

221 ↘

## Ktmm, Ktmmv 73 Td, Tds 933

| | | |
|---|---|---|
| Tds | 573 4 000 – 573 4 909 | |
| Td | 003 3 000 – 003 3 207 | |
| Tds | 073 4 000 – 073 4 334 | |
| Eigengewicht | Tds | 12500 kg |
| | Td | 12300 kg |

übrige Daten identisch mit Tds 928

Von 1963 bis 1966 erhielten 507 Ktmm(v) 65 eine Labyrinth-Dichtung an den Schiebern und wurden zu Ktmm(v) 73 umgezeichnet.

Ab 1965 wurden die Wagen – auch jene mit ehemals lebensmittelechtem Innenanstrich – zu Td 933 umgezeichnet. Mitte der 60er Jahre erhielten etwa zehn Wagen einen GP-Wechsel, weitere 200 Tds 933 folgten ab 1986.

Der Tdns 934 013 0 003 am 4.9.1988 in Wanne-Eickel. *Foto: Dr. Detlef Perner / GC*

## Tdns 934

1988 DB

Mitte der 80er Jahre war bei vielen Td-Wagen die Nutzungszeit abgelaufen. Talbot erhielt daher den Auftrag zur Entwicklung eines Rundschieber-Seitenentladewagens mit Schwenkdach. Vorgaben waren ein größerer Laderaum, Verbesserungen der Bedienungselemente für Schieber und Verschlüsse sowie von Korrosionsschutz und Dichtigkeit.

1988 baute Talbot 15 Prototypen in unterschiedlicher Ausführung, die die DB als Tdns 934 einreihte. Sie sind konstruktiv mit den gleichzeitig entwickelten Fcns 091 weitgehend identisch.

Allen gemeinsam ist die Ausrüstung mit Parabelfedern und Radsätzen für 22,5 t Radsatzlast, Handrädern anstelle von Handhebeln zur Bedienung der Drehschieber sowie einem Manschettenschutz für die Verschlußmechanik der Schieber. Unterschiede bestehen in den Werkstoffen für den Wagenkasten (Chromstahl, vollständig oder z.T. Edelstahl mit unterschiedlichen Beschichtungen).

**013 0 000 – 013 0 014**

| | |
|---|---|
| **LüP** | **10000 mm** |
| **Achsstand** | **6360 mm** |
| **Länge d. Beladeöffn.** | **8200 mm** |
| **Laderaum** | **42,0 m³** |
| **Lastgrenze CS** | **31,5 t ★★** |
| **Eigengewicht** | **13500 kg** |
| **Bremse** | **KE-GP, Hbr** |

15

➡

Der Tdgs 937 [0740] 014 5 679 am 8.10.1997 im Rbf Hamburg-Hohe Schaar.

DR 1971

## Kmmst 21.09 Tds [5730] Tds [0730] Tds 935

073 0 000 – 073 0 200

| | |
|---|---|
| LüP | 9640 mm |
| Achsstand | 6000 mm |
| Länge d. Beladeöffn. | 8000 mm |
| Laderaum | 38,0 m³ |
| Lastgrenze CS | 22,0 / 22,5 t ★★ |
| Eigengewicht | 14000 / 13500 kg |
| Bremse | KE-GP, z.T. Hbr |

1996 ausgemustert

1971/72 beschaffte die DR bei der Waggonfabrik Arbel Douai/F rund 3.900 zweiachsige Selbstentladewagen mit Schwenkdach.

Etwa 1.860 Wagen ohne Innenbeschichtung wurden als Kmmst/Tds bezeichnet. 1978 erhielten sie die Gattungsschlüsselnummer [5730], ab 1988 erfolgte die Umzeichnung zu Tds [0730].

1994 waren noch 201 – stark abgezehrte – Tds [0730] vorhanden, die (als P-Wagen) z.T. noch in Tds 935 umgezeichnet wurden.

DR 1971

## Kmmst Tdgs [5740] Tdgs [0740] Tdgs 937

014 5 000 – 014 5 999

| | |
|---|---|
| LüP | 9640 mm |
| Achsstand | 6000 mm |
| Länge d. Beladeöffn. | 8000 mm |
| Laderaum | 38,0 m³ |
| Lastgrenze CS | 22,0 / 22,5 t ★★ |
| Eigengewicht | 14000 / 13500 kg |
| Bremse | KE-GP, z.T. Hbr |

Rund 2.040 der 1971/72 bei Arbel Douai/F gebauten Wagen waren dem Transport von Getreide und Futtermitteln vorbehalten. Sie wurden ab 1978 als Tdgs [5740] eingereiht, ab 1988 in Tdgs [0740] umgezeichnet.

1992/93 wurden im RAW Magdeburg 828 Wagen zu Tdgs-z [0140] hergerichtet.

1994 kamen 1.138 Tdgs [0740] zur DB AG. Dort wurden sie in Tdgs 937 umgezeichnet.

601 ↘

←

Oben der Tds-y [0731] 073 2580 am 16.4.1995 im Rbf Hamburg-Hohe Schaar.
Links der Tds 935 [0730] 073 0 039 als Privatwagen der WHV Berlin am 12.8.1997 ebenfalls im Rbf Hamburg-Hohe Schaar. *Foto: Benno Wiesmüller*

# Tds-y [5735] Tds-y [0731] Tds-y 936

1975 **DR**

Von 1975 bis 1979 bauten Arbel Douai und ANF/F für die DR weitere, mit den Tds [5730] nahezu baugleiche Schwenkdachselbstentladewagen. Von diesen unterscheiden sie sich äußerlich nur z.T. durch die ab Baujahr 1978 geänderten Tritte an den Bühnen.

Die Wagen erhielten für den Transport von aggressiven Ladegütern (z.B. Brennkalk, Düngemitteln, Harnstoff, Schwefel und Steinsalz) eine Innenbeschichtung. Die Bauartbezeichnung lautete Tds-y [5735]. Von 1988 bis 1992 wurde sie in Tds-y [0731] geändert.

Mehrere hundert Wagen richtete das RAW Magdeburg 1992/93 zum Weiterbetrieb her (Tdgs-z [0142] und Tdgs-z [0143]). Von den verbliebenen Wagen kamen 584 zur DB AG und wurden hier zwar noch als Tds-y 936 eingereiht, aber nicht mehr umgezeichnet.

**073 8 000 – 073 8 499**

| | |
|---|---|
| **LüP** | **9640 mm** |
| **Achsstand** | **6000 mm** |
| **Länge d. Beladeöffn.** | **8000 mm** |
| **Laderaum** | **38,0 m³** |
| **Lastgrenze CS** | **22,0 / 22,5 t ★★** |
| **Eigengewicht** | **14000 / 13500 kg** |
| **Bremse** | **KE-GP, z.T. Hbr** |

5

↓

Der nicht als Tdgs-y sondern nur als Tdgs 938 [0742] bezeichnete 014 6 326 am 6.10.1996 im Hafen von Brake. *Foto: Klaus Kirsch*

**DR** 1975

## Tdgs-y [5745] Tdgs-y [0742] Tdgs-y 938

**014 6 100 – 014 6 799**

| | |
|---|---|
| **LüP** | **9640 mm** |
| **Achsstand** | **6000 mm** |
| **Länge d. Beladeöffn.** | **8000 mm** |
| **Laderaum** | **38,0 m³** |
| **Lastgrenze CS** | **22,0 / 22,5 t ★★** |
| **Eigengewicht** | **14000 / 13500 kg** |
| **Bremse** | **KE-GP, z.T. Hbr** |

217 ↘

Gleichzeitig mit den von 1975 bis 1979 für den Transport von aggressiven Ladegütern gebauten Tds-y [5735] beschaffte die DR bei Arbel Douai und ANF/F 700 baugleiche Wagen für den Transport von Getreide und Futtermitteln. Die als Tdgs-y [5745] eingereihten Wagen verfügen über eine lebensmittelechte Innenbeschichtung.

Zwischen 1988 und 1992 wurden sie in Tdgs-y [0742] umgezeichnet. Wie auch die Tdgs [0740] trugen sie bei der DR einen großen Schriftzug „Getreide“ am Wagenkasten.

1992/93 erhielt ein Teil der Wagen eine neue Innenbeschichtung und wurde, je nach Ursprungsbaujahr, zu Tdgs-z [0142] oder Tdgs-z [0143] umgezeichnet.

Zur DB AG kamen 1994 noch 478 Wagen, die als Tdgs-y 938 eingereiht wurden.

Oben der Tdgs-y 939 [0743] 014 6 801 am 21.7.1994 im Bf Ebeleben. *Foto: Bernd Schröder*
Links der Tds-y 939 [0734] 073 7603 am 16.4.1995 im Rbf Hamburg-Hohe Schaar.

# Tds-y [5737] Tds-y [0734] Tds-y 939
# Tdgs-y [5747] Tdgs-y [0743] Tdgs-y 939

1978 DR

Die einzige Selbstentladewagenbauart mit Schwenkdach, die die DR nicht im Ausland beschaffte, waren die von Waggonbau Niesky speziell für den Transport von feinkörnigen Schüttgütern und mineralischen Düngemitteln 1978 entwickelten Tds-y [5737].

Bis 1980 wurden 270 Wagen gebaut, die sich von den in Frankreich beschafften Bauarten in vielen Baugruppen (Wagenkasten, Auslaufrutschen etc.) unterscheiden. 24 Wagen mit lebensmittelechter Innenauskleidung wurden als Tdgs-y [5747] eingereiht.

Zwischen 1988 und 1992 erfolgte die Umzeichnung der Tds-y [5737] in Tds-y [0734] und der Tdgs-y [5747] in Tdgs-y [0743].

Von den 1994 vorhanden 163 Tds-y [0734] und 24 Tdgs-y [0743] erhielt ein Teil noch die Bauartbezeichnung Tds-y bzw. Tdgs-y 939.

**014 6 800 – 014 6 823**

| | |
|---|---|
| **LüP** | **9640 mm** |
| **Achsstand** | **6000 mm** |
| **Länge d. Beladeöffn.** | **8000 mm** |
| **Laderaum** | **38,0 m³** |
| **Lastgrenze CS** | **26,5 t ★★** |
| **Eigengewicht** | **13500 kg** |
| **Bremse** | **KE-GP** |

3 ⬇

Oben der Tdgs-z 940 [0140] 014 0 272 (REV 9.12.92, Neuanstrich und DB AG-Anschriften vmtl. 1995). Rechts der Tdgs-z 940 [0140] 014 0702 mit Anschriften z.T. nach DR-Muster (REV 21.10.93). Beide Fotos entstanden am 16.4.1995 im Rbf Hamburg-Hohe Schaar.

DR 1992

# Tdgs-z [0140] Tdgs-z 940

**014 0 000 – 014 1 999**

| | |
|---|---|
| **LüP** | **9640 mm** |
| **Achsstand** | **6000 mm** |
| **Länge d. Beladeöffn.** | **8000 mm** |
| **Laderaum** | **38,0 m³** |
| **Lastgrenze CS** | **26,5 t ★★** |
| **Eigengewicht** | **13500 kg** |
| **Bremse** | **KE-GP, z.T. Hbr** |

In den Jahren 1992/93 arbeitete das RAW Magdeburg insgesamt 828 Tdgs [0740] im Zuge einer Instandsetzung G 7.0 zum Weiterbetrieb auf. Dabei erhielten die Wagen als neue Innenbeschichtung einen Dickschichtanstrich auf Epoxydharzbasis.

Die so hergerichteten Wagen können universell eingesetzt werden. Sie wurden noch mit dem Eigentumsmerkmal „DR" abgeliefert, erhielten jedoch ab Herbst 1993 neben der Reichsbahn-Gattungskennzahl [0140] gleichzeitig die neue DB-Bauartbezeichnung Tdgs-z 940.

826 ➡

Oben der Tdgs-z 941 [0142] 014 2 114 am 2.3.1995.
Links der Tdgs-z 942 [0143] 014 4251 – noch mit der Eigentumsbezeichnung „50 DR", am 16.4.1995.
Beide Fotos entstanden ebenfalls im Rbf Hamburg-Hohe Schaar.

## Tdgs-z [0142] Tdgs-z 941

1992 DR

Analog zu den Tdgs [0740] wurden 1992/93 im RAW Magdeburg 406 von Arbel gelieferte Tds-y [0731] und Tdgs-y [0742] der Baujahre 1975/76 zum Weiterbetrieb hergerichtet. Dabei erhielten sie eine neue Innenbeschichtung auf Epoxydharzbasis.

Die Wagen wurden bereits bei der DR als Tdgs-z 941 [0142] eingereiht.

**014 2 000 – 014 4 049**

**technische Daten identisch mit Tdgs-z 940**

406 →

## Tdgs-z [0143] Tdgs-z 942

1992 DR

Im gleichen Zeitraum setzte das RAW Magdeburg 177 von ANF in den Jahren 1978/79 gebaute Tds-y [0731] und Tdgs-y [0742] für den Weiterbetrieb instand.

Die als Tdgs-z 942 eingereihten Wagen sind, wie auch die Tdgs-z 941, z.T. an die Stickstoffwerke Piesteritz für den Transport von Harnstoff vermietet.

**014 4 100 – 014 4 649**

**technische Daten identisch mit Tdgs-z 940**

177 →

Oben der Tads-y 958 [0825] 082 0 685 am 5.6.1997 im Bf Bamberg, Heimatbahnhof ist Pressig-Rothenkirchen, Ladegut: Quarzsand, Dolomit.
Rechts der Tadgs [5843] 584 4221 am 19.5.1995 im Rbf Hamburg-Hohe Schaar.

DR 1976

# Tads-y [5834, 0834]
# Tadgs-y [5842, 5843, 5844 / 0842, 0843, 0844]

| | | |
|---|---|---|
| Tads-y | [0834] | 083 4 000 – ... 500 |
| Tadgs-y | [0842] | 084 3 000 – ... 349 |
| | [0843] | 084 3 501 – ... 899 |
| | [0844] | 084 4 000 – ... 999 |

| | |
|---|---|
| LüP | 19040 mm |
| Drehgest. | Y 25 Cs oder Cs 2 - 839 |
| Drehzapfenabst. | 14000 mm |
| Länge d. Beladeöffn. | 14614 mm |
| Laderaum | 66,5 m³ |
| Lastgrenze CS | 54,0 / 54,5 t ★★ |
| DB D | 58,0 / 58,5 t |
| Eigengewicht | 26000 / 25500 kg |
| Bremse | KE-GP, z.T. Hbr |

1.133 ➡

Zwischen 1976 und 1979 beschaffte die DR bei Arbel Douai/F rund 1.500 vierachsige Selbstentladewagen mit einem einschaligen Hubschwenkdach. (Bei 1.000 1976/77 gebauten Wagen war die Lastgrenze im s-Verkehr ursprünglich auf 46,0 t beschränkt.)

Die Wagen hatten lebensmittelechte Innenanstriche und wurden als Tadgs-y [5843] und [5844] (vereinzelt auch als Tadgs-y [5842]) eingereiht. Besonderes Kennzeichen war der Schriftzug „Getreide“ am Wagenkasten.

1987 wurden die Nummern aller T-Wagen geändert: Als erste Ziffer erhielten sie eine „0“ anstelle der „5“. Allerdings wurden vielfach aus Tadgs-y [5843] nun Tadgs-y [0844] und aus Tadgs-y [5844] Tadgs-y [0843]. Mehrere hundert Wagen, deren (lebensmittelech-

Der Tadgs-y [0844] 084 4008 am 2.3.1995 im Rbf Hamburg-Hohe Schaar.

Der Tadgs-y 958 [0825] 082 3 927 am 7.2.1996 im Rbf Hamburg Süd.

Der Tadgs-y 958 [0826] 082 4 348 mit Handbremse am 19.8.1997 im Rbf Hamburg-Hohe Schaar.

# Tads-y [0819, 0822] Tads-y 958
# Tadgs-y [0825, 0826] Tadgs-y 958

ter) Innenanstrich schadhaft war, wurden zu Tads-y [5834] bzw. [0834] umgezeichnet.

Da bei der DB die gleichen Nummernkreise von Tadgs 959 belegt waren, wurden die DR-Wagen ab 1992 erneut umgenummert und erhielten dabei neue Gattungsschlüsselnummern: Wagen ohne lebensmittelechten Innenanstrich wurden zu Tads-y [0819, 0822], Tadgs-y erhielten die Gattungsschlüsselnummern [0825, 0826] – jeweils ohne und mit Handbremse.

Bei Gründung der DB AG lief die Umzeichnung jedoch gerade erst an. Von 1.469 Wagen hatten 143 Tads-y und 200 Tadgs-y neue Nummern, die Mehrzahl hatte noch die alten – z.T. auch noch mit „5" beginnenden – Gattungsschlüsselnummern.

| | | |
|---|---|---|
| Tads-y | [0822] | 082 0 375 – ... 899 |
| | [0819] | 082 1 125 – ... 424 |
| | [0822] | 082 1 425 – ... 849 |
| Tadgs-y | [0825] | 082 3 375 – ... 999 |
| | [0826] | 082 4 125 – ... 399 |
| | [0825] | 082 4 400 – ... 849 |



Tadgs-y 957 ➡

Zwei Tadgs 957 [0823] im Rbf Hamburg-Hohe Schaar: Oben der Wagen 082 3 179 am 12.9.1995. Rechts der Tadgs 957 [0823] 082 3 248 am 19.8.1997.

**DR** 1985

# Tadgs-y [5823, 5824 / 0823, 0824] Tadgs-y 957
# Tads-y [0820, 0821] Tads-y 957

| | | |
|---|---|---|
| Tads-y | [0820] | 082 0 000 – ... 374 |
| | [0821] | 082 1 000 – ... 124 |
| Tadgs-y | [0823] | 082 3 000 – ... 374 |
| | [0824] | 082 4 000 – ... 124 |

| | |
|---|---|
| LüP | 19040 mm |
| Drehgestell | Y 25 Rs - 866 |
| Drehzapfenabst. | 14000 mm |
| Länge d. Beladeöffn. | 14614 mm |
| Laderaum | 82,5 m³ |
| Lastgrenze CS | 53,0 t ★★ |
| DB D 100 | 57,0 t |
| Eigengewicht | 27000 / 26680 kg |
| Bremse | KE-GP, z.T. Hbr |

1985/86 ließ die DR bei den Waggonfabriken La Brugeoise et Nivelles/B und Arbel Douai/F 500 Wagen in den gleichen Hauptabmessungen sowie mit gleichen Untergestellen und Wagenkastenabstützungen wie die Tadgs-y 958, jedoch mit einem von 66,5 $m^3$ auf 82,5 $m^3$ vergrößerten Laderaum bauen.

Die in Belgien gebauten Wagen wurden als Tadgs-y [5823], die in Frankreich gebauten als Tadgs-y [5824] eingereiht. Zwischen 1988 und 1994 wurden sie zu Tadgs-y [0823] bzw. Tadgs-y [0824] umgezeichnet. Ab 1992 erfolgte die Umzeichnung der nicht mehr für Lebensmittelverkehre einsetzbaren Wagen in Tads-y [0820] (B) bzw. Tads-y [0821] (F).

Zur DB AG kamen 1994 68 Tads-y [0820], 19 Tads-y [0821], 306 Tadgs-y [0823/5823] und 105 Tadgs-y [0824/5824].

497 →

← Tadgs-y 958 

Oben der Tadgs 959 084 4 927 mit Y 25-Drehgestellen am 7.7.1997 im Rbf Hamburg-Hohe Schaar.
Links der Tadgs 959 084 4 283 mit Drehgestellen der Bauart 661 am 9.8.1997 im Hafen von Brake.

# Tadgs 959

1972 DB

Die Tadgs 959 entwickelt Talbot für die Beförderung nässeempfindlicher Schüttgüter wie Getreide, Futtermittel und Quarzsand. Bedieneinrichtungen und Handhabung entsprechen denen der zweiachsigen Td-Wagen.

Der Laderaum der Tadgs hat vier mit Rundschiebern verschließbare Auslauföffnungen je Wagenseite sowie ein einteiliges Schwenkdach, das von einer der beiden Plattformen mit einem Handrad bedient werden kann.

Nach einem Prototyp aus dem Jahr 1972 wurden von 1973 bis 1985 insgesamt 1.385 Wagen, die meisten von Talbot, gebaut.

Die Wagen der einzelnen Baulose unterscheiden sich u.a. wie folgt: 120 Tadgs 959 aus dem Jahr 1973 haben auf dem Wagenkasten liegende Dachantriebswellen (bei allen anderen innenliegend), 285 1973 und 1977 gebaute Wagen Drehgestelle der Bauart 661 bzw. 661.1, die übrigen Y 25-Drehgestelle.

| | |
|---|---|
| | **584 3 600 – ... 4 985** |
| **Bj. 1984/85** | **084 3 600 – ... 3 999** |
| **Bj. 1983** | **084 4 000 – ... 4 199** |
| **Prototyp** | **084 4 200** |
| **Bj. 1973** | **084 4 201 – ... 4 320** |
| **Bj. 1977** | **084 4 321 – ... 4 485** |
| **Bj. 1979 ff.** | **084 4 486 – ... 4 985** |

| | |
|---|---|
| **LüP** | **21640 mm** |
| **Drehgestell** | **661** |
| **ab Baujahr 1977** | **661.1** |
| **ab Baujahr 1979** | **Y 25 Cs - 621** |
| **Drehzapfenabst.** | **16600 mm** |
| **Länge d. Beladeöffn.** | **16800 mm** |
| **Laderaum** | **80,0 m³** |
| **Lastgrenze CS** | **55,0 t ★★** |
| **Eigengewicht** | **24800 kg** |
| **Bremse** | **KE-GP** |

1.097 ➡

Oben der in Menden beheimatete Tal 963 066 3 153 mit Minden-Dorstfeld-Drehgestellen (DG-BA 931) am 31.5.1997 im Bf Flandersbach. Rechts der Tal 963 066 3 261 mit Drehgestellen der Bauart 661 am gleichen Tag im Rbf Duisburg-Wedau.

**DR** 1959

# KKt 62 Tad 963 Tal 963

| | |
|---|---|
| | 566 3 030 – ... 3 471 |
| DG-BA 931 | 066 3 030 – ... 3 257 |
| DG-BA 661 | 066 3 258 – ... 3 337 |
| Umbauwg. | 066 3 338 – ... 3 471 |

| | |
|---|---|
| LüP | 11500 mm |
| Umbauwagen | 11560 mm |
| Drehgestell | 931/932 oder 661 |
| Drehzapfenabst. | 6100 mm |
| Länge d. Beladeöffn. | 10400 mm |
| Laderaum | 71,5 m³ |
| Lastgrenze C4 | 55,5 t ★★ |
| Eigengewicht | 23600 kg |
| DG-BA 661 | 24000 kg |
| Bremse | KE-G, Hbr |

360 →

1959 wurde versuchsweise ein OOtz 50 mit einem einteiligen Schwenkdach ausgestattet. Da sich die Konstruktion bewährte, baute Talbot für die DB zwischen 1959 und 1966 insgesamt 228 KKt 62-Serienwagen, die alle auf Drehgestellen der Bauart 931 laufen.

1970/71 beschaffte die DB weitere 80 Wagen, die jedoch Drehgestelle der Bauart 661 und Hochleistungspuffer erhielten.

Von 1978 bis 1983 wurden 29 – mit vierteiligem Hubschwenkdach gelieferte – ehemalige KKt 61 / Tad 962 sowie 104 Fad 167 nachträglich mit einem einteiligen Schwenkdach ausgerüstet und ebenfalls als Tad 963 bzw. ab 1980 als Tal 963 eingereiht. Diese Wagen (mit Minden-Dorstfeld-Drehgestellen) haben beim Umbau Hochleistungspuffer erhalten.

Ein großer Teil der Tal 963 wird im Kalk- und Schwefelkiesverkehr eingesetzt.

Oben der Tal 964 066 3 526 mit Drehgestellen der Bauart 661 am 2.11.1994 in Mannheim Rbf.
*Foto: Hans Ulrich Diener*
Links der Tal 964 066 3 509 (Heimatbahnhof Menden (Sauerland)) mit Minden-Dortsfeld-Drehgestellen am 10.10.1997 im Bf Horlecke.
*Foto: Rolf Sepinski*

# KKt 70 Tad 964 Tal 964

**1962 DB**

Zusammen mit den OOt 71 wurden 1962 bei O&K die ersten 19 KKt 70 mit hydraulischer Klappenbetätigung und Lenkerstangenverschlüssen gebaut. Da die Wagen für Ladegut mit schlechten Gleiteigenschaften vorgesehen waren (z.B. Schwefelkies), wurde die Sattelneigung auf 65° gegenüber der Waagerechten erhöht, was zu einer deutlichen Laderaumverringerung im Vergleich zu den KKt 62 führte.

Während die Wagen der ersten Lieferung ebene Klappen haben und auf Drehgestellen der Bauart 931 laufen, erhielten die 18 zwischen 1968 und 1970 bei O&K und Talbot gebauten Tad 964 Einheitsklappen mit zusätzlichen Daumenwellen und Drehgestelle der Bauart 661. Außerdem wurde die Hydraulik geändert. Ab 1980 lautet die Bauartbezeichnung Tal 964.

| | |
|---|---|
| **DG-BA 931** | **066 3 500 – ... 3 524** |
| **DG-BA 661** | **066 3 525 – ... 3 539** |

| | |
|---|---|
| **LüP** | **11560 mm** |
| **Drehgestell** | **931/932 oder 661** |
| **Drehzapfenabst.** | **6100 mm** |
| **Länge d. Beladeöffn.** | **10400 mm** |
| **Laderaum** | **53,5 m³** |
| **Lastgrenze C4** | **52,5 t ★★** |
| **Eigengewicht** | **27750 kg** |
| **Bremse** | **KE-G, Hbr** |

**abweichende Daten für Wagen mit verstärkten Klappen**

| | |
|---|---|
| **Lastgrenze C4** | **51,5 t ★★** |
| **Eigengewicht** | **28450 kg** |

36 ➡

Oben der Tal-y [0663] 066 3933 als Privatwagen der Mitteldeutschen Salzwerke am 21.4.1994 im Bf Zwickau.
*Foto: Harald Westermann*
Rechts Tals 966 066 7 017 am 10.7.1994 im Bf Wuppertal-Dornap.
*Foto: Bernd Pluntke*

**DR** 1978

# Tads-y [5667] Tal-y [5667, 0663] Tal-y 965

| | |
|---|---|
| **DR** | **066 3 000 – 066 3 064** |
| **DR [P]** | **066 3 900 – 066 3 964** |

| | |
|---|---|
| **LüP** | **12540 mm** |
| **Drehgestell** | **Y 25 Cs 2 - 839** |
| **Drehzapfenabst.** | **7500 mm** |
| **Länge d. Beladeöffn.** | **10250 mm** |
| **Laderaum** | **56,0 m³** |
| **Lastgrenze C** | **51,5 t ★** |
| **Eigengewicht** | **28200 kg** |
| **Bremse** | **KE-GP, Hbr** |
| **Höchstgeschw.** | **80 km/h** |

**1996 ausgemustert**

Für den Transport von Steinsalz zwischen dem VEB Kali- und Steinsalzbetrieb „Saale“, Werk Bernburg und dem Kombinat VEB Chemische Werke Buna beschaffte die DR 1978 bei Arbel Douai/F 65 Tads-y [5667]. Die Wagen erhielten ein einteiliges, von einer der beiden Bühnen aus zu bedienendes Schwenkdach und Entladeklappen mit Lenkerstangenverschlüssen.

Um die durch das aggressive Ladegut hervorgerufene Korrosion zu begrenzen, wurden die Entlade- und Bremseinrichtungen nachträglich geändert, so daß die zulässige Höchstgeschwindigkeit auf 80 km/h begrenzt werden mußte. Ab 1980 erfolgte die Umzeichnung zu Tal-y [5667], zwischen 1988 und 1992 zu Tal-y [0663].

52 Tal-y [0663] kamen als Privatwagen der Mitteldeutschen Salzwerke zur DB AG. Sie wurden jedoch nicht mehr umgezeichnet.

Der Tals 967 066 7 078 (Heimatbf. Dortmund-Hörde) am 31.5.1997 im Rbf Duisburg-Wedau.

## Tads 966 Tals 966

1973 DB

1973 baute Talbot 70 Tads 966, die weitgehend den zuletzt gelieferten Tad 964 mit Einheitsklappen und zusätzlicher Daumenwelle entsprechen. Gegenüber diesen wurde der Wagenoberkasten jedoch um 150 mm verlängert. Außerdem erhielten die Tals 966 einen GP-Wechsel.

Anfangs waren 51 Wagen im Schwefelkies- und 19 Wagen im Kalkverkehr eingesetzt.

| 066 7 000 – 066 7 069 | |
|---|---|
| LüP | 11560 mm |
| Drehgestell | 661 |
| Drehzapfenabst. | 6100 mm |
| Länge d. Beladeöffn. | 10540 mm |
| Laderaum | 53,5 m³ |
| Lastgrenze C4 S | 52,5 t ★★ |
| Eigengewicht | 27350 kg |
| Bremse | KE-GP, Hbr |

67 ➡

## Tads 967 Tals 967

1974 DB

Die Tads 967 wurden 1974 für den Kalkverkehr gebaut. Der Sattelboden ist 49° gegen die Waagerechte geneigt, außerdem ist der Freiraum unter dem Quersattel größer als bei den Tals 966. Die Tals 967 sind 330 mm länger und haben einen größeren Laderaum.

Die hydraulisch betätigten Klappen mit Lenkerstangenverschlüssen und zusätzlichen Daumenwellen können von den Bedienbühnen paarweise, von der Seite alle auf einmal geöffnet und geschlossen werden.

| 066 7 070 – 066 7 145 | |
|---|---|
| LüP | 11890 mm |
| Drehgestell | 661 |
| Drehzapfenabst. | 6100 mm |
| Länge d. Beladeöffn. | 10532 mm |
| Laderaum | 71,5 m³ |
| Lastgrenze C4 S | 54,0 t ★★ |
| Eigengewicht | 25800 kg |
| Bremse | KE-GP, Hbr |

76 ➡

Der Talns 968 066 5 048 mit Drehgestellen der Bauart 665 am 31.5.1997 im Bf Flandersbach.

DB 1981

# Tals 968 Talns 968

| | |
|---|---|
| Bj. 1981 | 066 5 000 – ... 5 139 |
| Bj. 1984 | 066 5 140 – ... 5 142 |
| Bj. 1990 | 066 5 143 – ... 5 192 |

| | |
|---|---|
| LüP | 12540 mm |
| Drehgestell | 665 |
| Drehzapfenabst. | 7500 mm |
| Länge d. Beladeöffn. | 11160 mm |
| Laderaum | 71,5 $m^3$ |
| Lastgrenze D | 64,5 t ★★ |
| DS | 54,5 t |
| Eigengewicht | 25300 / 25000 kg |
| Bremse | KE-GP, z.T. Hbr |

abweichende Daten
für Wagen 066 5 140 ff.

| | |
|---|---|
| Drehgestell | ab Bj. 1990 642 / 652 |
| Lastgrenze D4 | 66,5 t ★★ |
| DS | 56,5 t |

Die Talns 968 basieren auf der Konstruktion der Falns 182. Das Schwenkdach mit innenliegender Dachantriebswelle wurde von den Tadgs 959 übernommen. Die Dachstiele wurden – erstmals bei Schwenkdachwagen – gekröpft ausgeführt, so daß der Wagenkasten oben stirnseitig verlängert werden konnte.

140 Talns 968 baute Talbot 1981 mit Drehgestellen der BA 665. 1984 wurden drei neu gebaute Wagen aus Edelstahl sowie sechs Wagen der ersten Serie als Erprobungsträger für unterschiedliche Korrosionsschutzmaßnahmen hergerichtet.

Die Erfahrungen wurden 1990/91 beim Bau von 50 Wagen in Mischbauweise (unter partieller Verwendung von Edelstahl) mit Dickschichtanstrich für Salzverkehre der Wacker-Chemie berücksichtigt. Diese in Stetten beheimateten Wagen erhielten die interne Bauartnummer 968.3 und laufen auf Drehgestellen der Bauart 642 oder 652.

192 →

Oben der Talns 969.3 066 5 436 am 24.9.1996 im Rbf Gelsenkirchen-Bismarck (in Wagenmitte die zusätzliche Schwenkdachlagerung).
*Foto: Harald Westermann*
Links der Talns 969-Prototyp (Versuchswagen 01) 066 5 300 im Juni 1993 bei einer Meßfahrt in Seelze Rbf. *Foto: Rolf Sepinski*

# Talns 969, 969.3

1995 DB

1991 baute ABB Henschel zwei Talns 969-Prototypen auf Basis der Falns 121. Sie hatten eine größere Ladelänge als die älteren Tals-Bauarten, so daß sie für viele Verkehre infolge zu kleiner Tiefbunkeröffnungen nicht eingesetzt werden konnten. Die Wagen wurden 1996 zu Falns 122 umgebaut.

Die DB AG ging daher bei der Bestellung der Serienwagen für Untergestell und die hydraulisch betätigten Klappen auf die Längenabmessungen der Talns 968 zurück, um die universelle Einsetzbarkeit der Talns 969.3 zu gewährleisten.

Die 100 von ABB Henschel 1995/96 gelieferten Talns 969.3 sind daher mit einer LüP von 12,54 m 500 mm kürzer als die Prototypen. Der Laderaum verringerte sich hierdurch zwar von 81,5 m³ auf 77,4 m³, ist aber immer noch etwa 6 m³ größer als bei den Talns 968. Das Schwenkdach ist zusätzlich in Wagenmitte gelagert.

| | |
|---|---|
| **Prototypen** | **066 5 300 – ... 5 301** |
| **Serie** | **066 5 400 – ... 5 499** |
| | |
| **LüP** | **12540 mm** |
| **Drehgestell** | **655** |
| **Drehzapfenabst.** | **7200 mm** |
| **Länge d. Beladeöffn.** | **11612 mm** |
| **Laderaum** | **77,4 m³** |
| **Lastgrenze D4 S** | **65,0 t ★★** |
| **Eigengewicht** | **25100 kg** |
| **Bremse** | **KE-GP-A, Hbr** |
| | |
| **abweichende Daten für Prototypen** | |
| **LüP** | **13040 mm** |
| **Drehzapfenabst.** | **7700 mm** |
| **Länge d. Beladeöffn.** | **12112 mm** |
| **Laderaum** | **81,5 m³** |
| **Lastgrenze D4 S** | **64,0 t ★★** |
| **Eigengewicht** | **25700 kg** |

100 ↑

Oben der Takkll [0673] 067 3277 am 18.4.1994 in seinem Heimatbahnhof Niedersachswerfen.
Rechts der Takkll [0673] 067 3305 am 25.2.1994 ebenfalls im Bf Niedersachswerfen.
*Fotos: Harald Westermann*

**DR** 1961

# KKt 22 Takkll [0673] Takkll 980

Für den Transport von Kalk und Gips beschaffte die DR bei Waggonbau Niesky ab 1953 die ersten Drehgestell-Selbstentladewagen mit trichterförmigen Laderaum und reihte diese als KKt 22 ein. Die Wagen hatten vier Klappdeckel, die von zwei Laufstegen vom Dach aus betätigt werden mußten. Die Bedienung der Entladeklappen erfolgte mit einem großen Handrad von der Bühne aus.

1961 baute Niesky ähnliche KKt 22 mit einem um 600 mm verlängerten Untergestell. Der Wagenkasten wurde unverändert von der Vorgängerbauart übernommen, das stirnseitige Geländer der Dachlaufstege jedoch um 100 mm erhöht. Die Wagen trugen ab 1972 die Bezeichnung Tad (mit Wagennummern ab 583 0000).

1980 wurden sie zu Takkll [5673], nach 1988 zu Takkll [0673] umgezeichnet. 51 Wagen kamen noch zur DB AG. Für sie war die Bauartbezeichnung Takkll 980 vorgesehen.

| | |
|---|---|
| **DR** | **067 3 101 – 067 3 345** |
| **LüP** | **12240 mm** |
| **Drehgestell** | **Niesky - 962** |
| **Drehzapfenabst.** | **7000 mm** |
| **L. d. Beladeöffn.** | **2mal 2500 mm** |
| **Laderaum** | **25,0 m³** |
| **Lastgrenze C** | **46,0 t** |
| **Eigengewicht** | **22700 kg** |
| **Bremse** | **Hik-GP, Hbr** |
| **Höchstgeschw.** | **80 km/h** |

15

↓

# U – Sonderwagen, die nicht zu den Gattungen F, H, L, S oder Z gehören

Die stückzahlmäßig größte Gruppe der Sonderwagen, die nicht zu den Gattungen F, H, L, S oder Z gehören, bilden bei der DB AG die Staubgutwagen. Sie sind für die Beförderung staubförmiger und feinkörniger Güter geeignet, wie z.B. Zement, Kalksteinmehl, Quarzsand, Soda und Aluminiumoxyd sowie für Lebensmittel wie Zucker, Mehl, Grieß und Salz.

Diese Ucs- und Uacs-Wagen werden durch druckdicht verschließbare Öffnungen im Behälterscheitel beladen und können durch Rohrleitungen in Silos entladen werden. Hierzu wird das Ladegut mit Druckluft aufgelockert und dadurch „fließfähig" gemacht. Der höchstzulässige Betriebsüberdruck beträgt 2,5 bar.

Weitere Sonderwagen der DB AG sind Übergangswagen für andere Kupplungssysteme. Hierbei handelt es sich zum einen um zweiachsige Wagen, die an einem Wagenende mit einer SA-3-Kupplung für die Beförderung russischer Wagen ausgerüstet sind. Andere U-Wagen besitzen einseitig die gleiche Mittelpufferkupplung, wie manche Fal-Wagen. Damit die generell leer fahrenden Übergangswagen nicht von den folgenden, schweren Wagen aus dem Gleis gezogen werden, sind sie mit Betonballast beschwert.

Obwohl stückzahlmäßig gering (da es sich vielfach um Einzelstücke oder um Bauarten handelt, die nur in kleinen Serien beschafft wurden) werden die meisten Bauartnummern bei den U-Wagen von Tiefladewagen belegt. Deren Bauarten sind sehr unterschiedlich und reichen vom zweiachsigen Tiefladewagen bis hin zum 32-achsigen Tragschnabelwagen.

Schließlich sind bei der DB AG Drehgestelle für einen aus drei Sattelaufliegern gebildeten Versuchs-Trailerzug als Uss eingestellt.

Wagen mit 2 Radsätzen:
Lastgrenze ≥ 25 t / ≤ 30 t

Wagen mit 4 Radsätzen:
Lastgrenze ≥ 50 t / ≤ 60 t

Wagen mit 6
oder mehr Radsätzen:
Lastgrenze ≥ 60 t / ≤ 75 t

**Kennbuchstaben stehen für folgende Abweichungen:**

| | |
|---|---|
| **a** | **mit 4 Radsätzen** |
| **aa** | **mit 6 oder mehr Radsätzen** |
| **c** | **mit Entladung unter Druck (mittels Druckluft)** |
| **i** | **mit Tiefladebühne** |
| **k** | **bei Wagen mit 2 oder 3 Rads.: Lastgrenze < 20 t, mit 4 Rads.: < 40 t, mit 6 oder mehr Rads.: < 50 t** |
| **kk** | **bei Wagen mit 2 oder 3 Rads.: Lastgrenze ≥ 20 t / < 25 t, mit 4 Rads.: ≥ 40 t / < 50 t mit 6 oder mehr Rads.: ≥ 50 t / < 60 t** |
| **oo** | **mit schlagartiger Schwerkraftentladung, mittig, tiefliegend** |
| **s** | **für Züge bis 100 km/h** |
| **ss** | **für Züge bis 120 km/h** |
| **y** | **mit Innenauskleidung** |

Oben der Uis 632 990 9 913 am 6.5.1996 im Rbf Hamburg Süd. Rechts der Uikk 631 990 3 900 am 13.11.1982 im Hafen von Brake.

*Foto: Klaus Kirsch*

DB 1957

## St 309a Ui 631 Uikk 631

10 →

| 990 3 900 – 990 3 914 | |
|---|---|
| LüP | 12240 mm |
| Achsstand | 9000 mm |
| Ladelänge | 11000 mm |
| Tiefladelänge | 5500 mm |
| Tiefladehöhe ü. SO | 500 mm |
| Lastgrenze C | 21,0 t |
| Eigengewicht | 15300 kg |
| Bremse | nur Hbr |

Von 1957 bis 1966 baute Krupp 15 zweiachsige, als St 309a eingereihte, Tiefladewagen (ab 1965 Ui 631, ab 1980 Uikk 631).

Sie haben vier durchgehende, aus Profilen zusammen geschweißte Langträger, die mit Querstreben untereinander verbunden sind. Diese Träger bilden eine 5,50 m lange Tiefladefläche. Im Bereich der Radsätze haben die Uikk 631 je zwei Klapprungenpaare und hölzerne Ladeschwellen, so daß auch längere Güter transportiert werden können.

DB 1976

## Uis 632

25 →

| 990 9 900 – 990 9 924 | |
|---|---|
| LüP | 12240 mm |
| Achsstand | 9000 mm |
| Ladelänge | 11000 mm |
| Tiefladelänge | 5500 mm |
| Tiefladehöhe ü. SO | 550 mm |
| Lastgrenze CS | 25,5 t |
| Eigengewicht | 14500 kg |
| Bremse | KE-GP, Fbr |

Die 25 in zwei Serien 1976 und 1984 von der Waggon Union gebauten Uis 632 ähneln den Uikk 631. Die ebenfalls 5,50 m lange Ladebühne wird jedoch nur von zwei breiten Langträgern gebildet, die durch stabile Querriegel miteinander verbunden sind.

Sie besitzen eine auf einen Radsatz wirkende Feststellbremse sowie, wie die Uikk 631, Binderinge und Befestigungsbohrungen zum Sichern der Ladung.

Oben der Uikk 633 990 3 937 am 15.4.1993 im Rbf Wanne-Eickel.
*Foto: Harald Westermann*
Links der Uis 632 990 9 907 im April 1996 im Hamburger Hafen.
*Foto: Benno Wiesmüller*

## St, Stm 35a Ui 633 Uikk 633



In den Jahren 1951 bis 1967 beschaffte die DB in mehreren Serien bei SEAG, MAN und Krupp insgesamt 20, als St bzw. Stm 35a eingereihte, zweiachsige Tiefladewagen.

Die ab 1965 zu Ui 633 umgezeichneten Wagen haben zwei an den Enden eingezogene, hohe Außenlangträger. Über den Radsätzen sind ebene Plattformen mit je einem abnehmbaren Querträger. Unter dem 5,20 m langen und 2,71 m breiten Tiefladeraum haben die Wagen zwei feste und zwei herausnehmbare Querträger, auf denen die Ladung aufliegt. Die Wagen haben nur eine auf einen Radsatz wirkende Handbremse mit umklappbarer Spindel, jedoch keine Druckluftbremse.

Zwei von MAN 1967 gebaute Wagen sind als Uikk 633 noch im Bestand.

**990 3 920 – 990 3 939**

| | |
|---|---|
| **LüP** | **11240 mm** |
| **Achsstand** | **7000 mm** |
| **Ladelänge** | **10000 mm** |
| **Tiefladelänge** | **5200 mm** |
| **Tiefladehöhe** | **450 mm** |
| **Lastgrenze C** | **21,0 t** |
| **Eigengewicht** | **11720 kg** |
| **Bremse** | **nur Hbr** |

Oben der Uis 634 990 9 952 am 6.8.1986 in København (Sydhavn).
*Foto: Jan Lundstrøm*
Rechts der Uis 636 990 9 960 am 23.9.1994 in Mannheim Rbf.
*Foto: Hans Ulrich Diener*

DB 1969

## Uis 634

**990 9 950 – 990 9 952**

| | |
|---|---|
| LüP | 13440 mm |
| Achsstand | 8000 mm |
| Ladelänge | 12200 mm |
| Tiefladelänge | 6500 mm |
| Tiefladehöhe | 450 mm |
| Lastgrenze CS | 28,0 t |
| Eigengewicht | 11500 kg |
| Bremse | KE-GP, Hbr |

1969 baute MAN drei Tiefladewagen, die in der Konstruktion den Uikk 633 ähnelten, jedoch über eine Druckluftbremse verfügten. Außerdem waren die Wagen 2,20 m länger.

Durch die gleichzeitige Vergrößerung des Achsstandes um 1,00 m konnte der Tiefladeraum auf 6,50 m verlängert werden. Alle drei Uis 634 wurden 1994 ausgemustert.

1994 ausgemustert

DB 1978

## Uis 636

**990 9 960 – 990 9 969**

| | |
|---|---|
| LüP | 13440 mm |
| Achsstand | 8500 mm |
| Ladelänge | 12200 mm |
| Tiefladelänge | 6500 mm |
| Tiefladehöhe | 450 mm |
| Lastgrenze DS | 31,5 t ★★ |
| Eigengewicht | 12500 kg |
| Bremse | KE-GP, Fbr |

Als Folgebau der Uis 634 entstanden 1978 bei Krupp zehn Uis 636. Obwohl die Wagen äußerlich in vielen Punkten von den Uis 634 abweichen, sind sie verkehrlich ähnlich.

Die Abmessungen des 2,71 m breiten Tiefladeraums sind gleich. Die beiden mittleren der insgesamt vier Querträger sind herausnehmbar. Anders als die Uis 634 besitzen sie vom Boden zu bedienende, auf einen Radsatz wirkende Feststellbremsen.

10 →

Oben der Uiks 635 991 4 918 am 11.9.1996 im Hamburger Hafen am Reiherstieg.
Links der Uiks 635, noch mit einer älteren Wagennummer 991 3 917, im August 1987 in Hamburg-Harburg.
*Foto: Peter Driesch*

# Uiks 635

1968 DB

Die Uiks 635 entwickelte die Firma Talbot in Zusammenarbeit mit dem BZA Minden. 1968 wurden vier Prototypen, 1972/73 weitere 24 Wagen gebaut.

Die Ladefläche, die auf 7,45 m Länge und 2,25 m Breite als 400 mm über Schienenoberkante (SO) liegender Tiefladeraum ausgespart ist, liegt 805 mm über SO. Unter dem Tiefladeraum sind zwei feste und zwei in die Ladeebene hochschwenkbare Querträger.

Die Wagen haben absenkbare Kopfstücke (ab Wagen 991 4 915 in Normalstellung festgelegt), so daß Langgut über mehrere Wagen verladen werden kann. 14 Wagen können darüber hinaus – paarweise kurzgekuppelt – mit Drehschemeln eingesetzt werden, die an unterschiedlichen Positionen innerhalb des Tiefladeraums angebracht werden können.

Zwei Uiks 635 sind seit 1989 an LHB für den Transport von Vorortzügen vermietet.

| | |
|---|---|
| **m. Drehsch.** | **991 4 900 – ... 4 913** |
| | **991 4 915 – ... 4 927** |
| **LüP** | **15590 mm** |
| **Achsstand** | **9000 mm** |
| **Ladelänge** | **13350 mm** |
| **Tiefladelänge** | **7450 mm** |
| **Tiefladehöhe** | **805 / 400 mm** |
| **Lastgrenze CS** | **19,0 t ★★** |
| **DB C 100** | **27,0 t** |
| **Eigengewicht** | **12800 kg** |
| **Bremse** | **KE-GP** |

**abweichende Daten für Einsatz mit Drehschemel**

| | |
|---|---|
| **Ladehöhe** | **825 mm** |
| **Lastgrenze CS** | **18,0 t ★★** |
| **DB C 100** | **20,0 t** |
| **Eigengewicht** | **13620 kg** |

27

→

Der Uiks 637 991 4 931 am 11.9.1996 im Hamburger Hafen am Reiherstieg.

DB 1978

## Uiks 637

| 991 4 930 – 991 4 939 | |
|---|---|
| LüP | 15590 mm |
| Achsstand | 9000 mm |
| Ladelänge | 11830 mm |
| Tiefladelänge | 7450 mm |
| Tiefladehöhe ü. SO | 805 / 400 mm |
| Lastgrenze CS | 19,5 t ★★ |
| DB C 100 | 27,5 t |
| Eigengewicht | 12300 kg |
| Bremse | KE-GP, Hbr |

10

1978 wurden bei Talbot zehn weitere zweiachsige Tiefladewagen gebaut, deren Konstruktion den Uiks 635 entsprach. Allerdings verzichtete man bei diesen als Uiks 637 eingereihten Wagen auf die absenkbaren Kopfstücke, so daß die Ladelänge auf 11,83 m eingeschränkt wurde und nicht über mehrere Wagen geladen werden kann.

Anders als beim Uiks 635 sind alle vier Querträger hochschwenkbar.

DB 1971

## Uais 720 Uaikks 720

| 992 5 000 – 992 5 009 | |
|---|---|
| LüP | 21300 mm |
| Drehzapfenabst. | 14900 mm |
| Ladelänge | 20060 mm |
| Tiefladelänge | 10000 mm |
| Tiefladehöhe ü. SO | 644 mm |
| Lastgrenze CS | 48,5 t ★★ |
| DB C 100 | 50,0 t |
| Eigengewicht | 31500 kg |
| Bremse | KE-GP-A, Fbr |

10

Die zehn Uais 720 (ab 1980 Uaikks 720) baute Krupp 1971.

Sie haben eine geschlossene, 10,0 m lange und 2,50 m breite Tiefladefläche. Über den Drehgestellen sind 4,80 m lange und ebenfalls 2,50 m breite Ladeflächen, die seitlich durch je zwei abnehmbare Rungen begrenzt werden. Die Wagen laufen auf Regeldrehgestellen der Bauart 664, von denen eines mit einer Feststellbremse ausgerüstet ist.

Oben der Uaik 721 991 9 911 im Oktober 1988 in Bebra Rbf.
*Foto: Rudolf Ossig*

Links der Uaikks 720 (noch mit der alten Wagennummer) 992 4 905 am 4.10.1986 in Brake Hafen-Anschluß.
*Foto: Klaus Kirsch*

# SSt 54 Uaik 721

**1956 DB**

In den Jahren 1956 bis 1967 baute die SEAG 14 als SSt 54 / Uaik 721 eingereihte Tiefladewagen mit gekröpfter Ladebrücke.

Die 8,00 m lange Tiefladefläche wird aus vier aus Blechen zusammengeschweißten, Langträgern gebildet, die im Abstand von 1,54 m durch Quertraversen miteinander verbunden sind.

Über den Drehgestellen befinden sich auf jeder Seite je zwei Klapprungen und vier feste hölzerne Ladeschwellen, auf denen längere Güter transportiert werden können. Die Handbremsspindel und die Bühnengeländer können umgeklappt werden.

Die Wagen der Baujahre 1956 bis 1960 wurden inzwischen vollzählig ausgemustert; die ältesten noch vorhandenen Wagen wurden 1963 gebaut.

**991 9 906 – 991 9 913**

| | |
|---|---|
| **LüP** | **20040 mm** |
| **Drehzapfenabst.** | **13500 mm** |
| **Ladelänge** | **18800 mm** |
| **Tiefladelänge** | **8000 mm** |
| **Tiefladehöhe ü. SO** | **570 mm** |
| **Lastgrenze C** | **35,0 t** |
| **Eigengewicht** | **30160 kg** |
| **Bremse** | **KE-GP, Hbr** |

6

Oben der Uaikk 727 991 7 910 am 12.1.1985 im Hafen von Brake. Rechts der Uais 732 992 3 913 am 11.9.1983 am gleichen Aufnahmeort.
*Fotos: Klaus Kirsch*

DB 1964

## SSt 42 Uai 727 Uaikk 727

| | 991 7 910 – 991 7 912 |
|---|---|
| LüP | 19540 mm |
| Drehzapfenabst. | 13000 mm |
| Ladelänge | 18300 mm |
| Tiefladelänge | 7500 mm |
| Tiefladehöhe ü. SO | 700 mm |
| Lastgrenze CS | 49,0 t ★★ |
| DB C 100 | 50,0 t |
| Eigengewicht | 30850 kg |
| Bremse | KE-GP, Hbr |

1964 baute Krupp für die DB zehn Tiefladewagen, die als SSt 42 eingereiht wurden.

Die Wagen ähnelten den SEAG-Uaik 721, waren jedoch 500 mm kürzer (dies galt auch für die 2,50 m breite, aus Längs- und Querträgern gebildete Tiefladefläche) und liefen auf Minden-Dorstfeld-Drehgestellen. Über den Drehgestellen hatten die Wagen ebene, geschlossene Ladeflächen. Die letzten drei Uaikk 727 wurden 1994 ausgemustert.

1994 ausgemustert

DB 1975

## Uais 732

| | 992 3 900 – 992 3 915 |
|---|---|
| LüP | 19940 mm |
| Drehzapfenabst. | 14900 mm |
| Ladelänge | 18700 mm |
| Tiefladelänge | 10000 mm |
| Tiefladehöhe ü. SO | 650 mm |
| Lastgrenze CS | 50,0 t ★★ |
| Eigengewicht | 29500 kg |
| Bremse | KE-GP-A, Fbr |

Die jüngsten vierachsigen Tiefladewagen der DB waren (vor Zugang der DR-Wagen) die 1975/76 von LHB gebauten Uais 732.

Die Wagen entstanden in Anlehnung an die Uaikks 720 und haben wie diese eine 2,50 m breite, geschlossene Tiefladefläche sowie 4,12 m lange, ebene Ladeflächen über den Drehgestellen. Die Wagen haben keine Rungen und Bühnengeländer und laufen auf der Y 25-Bauart ähnelnden Drehgestellen.

16 →

Oben der Uai 737 991 5 966 am 12.9.1991 bei Næstved. *Foto: Jan Lundstrøm*
Links der Uaiks 733 992 6 905 im Oktober 1981 im Hafenbezirksbahnhof Hamburg-Roß. *Foto: Peter Driesch*

## Uaiks 733

1973 DB

Mit 28,44 m LüP waren die sechs 1973 bei LHB beschafften Uaiks 733 die längsten vierachsigen Tiefladewagen der DB. Sie waren insbesondere für den Transport sperriger, aber relativ leichter Ladegüter geeignet.

Die hydraulisch seitenverschiebbare, gekröpfte Ladebrücke hatte zwischen den beiden äußeren Langträgern 15 feste und acht (in die Ebene der Langträger) hochschwenkbare, eine Wanne bildende Querträger.

**992 6 900 – 992 6 903**

| | |
|---|---|
| **LüP** | **28440 mm** |
| **Drehzapfenabst.** | **23400 mm** |
| **Ladelänge** | **27200 mm** |
| **Tiefladelänge** | **18000 mm** |
| **Tiefladehöhe ü. SO** | **520 / 840 mm** |
| **Lastgrenze CS** | **38,0 t ★★** |
| **Eigengewicht** | **42000 kg** |
| **Bremse** | **KE-GP-A D, Fbr** |

**1995 ausgemustert**

## SSt 32a Uai 737

1954 DB

Die neun 1954 bei MAN gebauten SSt 32a / Uai 737 haben ihren Ursprung in einer Konstruktion von LHW aus dem Jahr 1940/41.

Die Uai 737 besitzen fischbauchförmige, in der Mitte 900 mm hohe Außenlangträger, zwischen denen sich ein 2,40 m breiter Tiefladeraum mit sechs abnehm- und verschiebbaren Querträgern befindet. An den Wagenenden sind auf beiden Seiten je zwei abnehmbare Klapprungen angebracht.

**991 5 940 – 991 5 971**

| | |
|---|---|
| **LüP** | **20340 mm** |
| **Drehzapfenabst.** | **13800 mm** |
| **Ladelänge** | **19100 mm** |
| **Tiefladelänge** | **9000 mm** |
| **Tiefladehöhe ü. SO** | **595 mm** |
| **Lastgrenze C** | **52,5 t** |
| **Eigengewicht** | **27500 kg** |
| **Bremse** | **Hik-G oder KE-G, Hbr** |

**3**

Oben der Uais [9910] 992 2213 am 1.6.1997 im Rbf Wanne-Eickel. Rechts der Uaik [9910] 991 9207 am 31.5.1992 im Bf Magdeburg-Elbbahnhof. *Foto: Willi Rosumek*

**DR** 1967

## SSt 66 Dok-Nr. 6032 Uaik [9910] Uaik 744

| | |
|---|---|
| DR | 991 9 207 – 991 9 208 |
| LüP | 20040 mm |
| Drehzapfenabst. | 13500 mm |
| Ladelänge | 18800 mm |
| Tiefladelänge | 8000 mm |
| Tiefladehöhe ü. SO | 620 mm |
| Lastgrenze C | 31,5 t ★ |
| Eigengewicht | 30200 kg |
| Bremse | KE-GP, Hbr |

1996 ausgemustert

1967 beschaffte die DR bei der SEAG zwei vierachsige Tiefladewagen mit Holzbohlen-Fußboden im Bereich der Tiefladefläche.

Die Ladeflächen über den Drehgestellen sind mit durchgehenden Blechen abgedeckt. In den technischen Merkmalen entsprechen die bei der DR als Uaik [9910] eingereihten (nicht mehr in Uaik 744 umgezeichneten) Wagen im wesentlichen den für die DB beschafften SSt 54 / Uaik 721.

**DR** 1985

## Uais [9910] Dok-Nr. 6033 Uais 745

| | |
|---|---|
| | 992 2 209 – 992 2 213 |
| LüP | 17480 mm |
| Drehzapfenabst. | 12900 mm |
| Ladelänge | 17480 mm |
| Tiefladelänge | 8000 mm |
| Tiefladehöhe ü. SO | 582 mm |
| Lastgrenze DS | 51,5 t |
| Eigengewicht | 32200 kg |
| Bremse | KE-GP, Hbr |

5

→

1985 baute die Waggon Union Siegen für die DR fünf Uais [9910]. Die bei der DB AG als Uais 745 eingereihten Wagen haben eine stufenlos mechanisch bis zu ±400 mm seitenverschiebbare, gekröpfte Ladebrücke mit geschlossener Ladefläche.

An einem Ende verfügen die Wagen über eine Handbremse mit feststehendem Bühnengeländer. Die Drehgestelle entsprechen der DB-Bauart 642.

Oben der Uai [9910] 991 7307 am 1.6.1992 im Bf Magdeburg-Elbbahnhof.
Links der Uaik [9910] 991 9204 einen Tag zuvor ebenfalls im Bf Magdeburg-Elbbahnhof. *Fotos: Willi Rosumek*

## SSt 66 Dok-Nr. 6029 Uaik [9910] Uaik 743 / 746

1965 DR

Die fünf von der DR bei La Brugeoise et Nivelles/B 1965 beschafften Uaik [9910] ähneln den Uaik 721 der DB, sind jedoch 1,60 m länger. Die Tiefladebühne hat hingegen nahezu die gleichen Abmessungen.

Ursprünglich war vorgesehen, vier Wagen bei der DB AG als Uaik 743 einzureihen. Um Überschneidungen bei der Bauartnummer mit den KLV-Wagen zu vermeiden, sollen sie nun zu Uaik 746 umgezeichnet werden.

| | 991 9 201 – 991 9 204 |
|---|---|
| LüP | 21640 mm |
| Drehzapfenabst. | 13900 mm |
| Ladelänge | 20400 mm |
| Tiefladelänge | 8000 mm |
| Tiefladehöhe ü. SO | 570 mm |
| Lastgrenze C | 31,5 t ★ |
| Eigengewicht | 30500 kg |
| Bremse | KE-G, Hbr |

1

↘

## Uais [9910] Dok-Nr. 6028 Uais 748

1964 DR

Die fünf 1964 bei La Brugeoise et Nivelles/B gebauten Uaik [9910] entsprachen in der Ausbildung der Wagenbrückenenden und der Drehgestelle weitgehend den Uaik 746.

Die Wagen hatten jedoch eine 2,50 m breite Tiefladewanne. Die von sieben Querriegeln gebildete, ebene Aufstandsfläche war 1,73 m breit. Vier Wagen kamen noch zur DB AG, wurden jedoch nicht mehr umgezeichnet und bereits 1994 ausgemustert.

| DR | 991 7 304 – 991 7 308 |
|---|---|
| LüP | 21700 mm |
| Drehzapfenabst. | 13960 mm |
| Ladelänge | 20460 mm |
| Tiefladelänge | 9000 mm |
| Tiefladehöhe ü. SO | 380 / 850 mm |
| Lastgrenze C | 40,0 t ★ |
| Eigengewicht | 31500 kg |
| Bremse | KE-G, Hbr |

1994 ausgemustert

Oben der Uaai 754 993 0 911 am 23.9.1994 in Mannheim Rbf.
*Foto: Hans Ulrich Diener*
Rechts der Uais [9910] 992 2312 am 1.6.1992 im Bf Magdeburg-Elbbahnhof. *Foto: Willi Rosumek*

DR 1986

## Uais [9910] Dok-Nr. 6034 Uais 749

992 2 310 – 992 2 312

| | |
|---|---|
| LüP | 19720 mm |
| Drehzapfenabst. | 13900 mm |
| Ladelänge | 17700 mm |
| Tiefladelänge | 9000 mm |
| Tiefladehöhe ü. SO | 400 / 857 mm |
| Lastgrenze D | 51,5 t ★ |
| Eigengewicht | 31200 kg |
| Bremse | KE-GP, Hbr |

2

Parallel zu den Uais 745 lieferte die Waggon-Union 1986 fünf vierachsige Tiefladewagen mit wannenförmiger, unten offener Ladefläche an die DR.

Die Ausbildung der Ladebrückenenden und die Wahl der Drehgestellbauart erfolgten bei den Uais 749 in Anlehnung an die Uais 745. Die lichte Breite der Tiefladefläche an der Wannenoberkante beträgt 2,50 m, die Breite der durch sieben Querriegel gebildeten waagerechten Aufstandsfläche 1,84 m.

DB 1967

## SSt 56 Uaai 755

993 0 920 – 993 0 921

| | |
|---|---|
| LüP | 21240 mm |
| Drehzapfenabst. | 12000 mm |
| Ladelänge | 18600 / 20000 mm |
| Tiefladelänge | 7320 / 11700 mm |
| Tiefladehöhe ü. SO | 626 / 730 mm |
| Lastgrenze C | 60,0 t ★ |
| Eigengewicht | 26600 kg |
| Bremse | KE-GP, Fbr |

2

1967 baute Krupp zwei SSt 56, die bis auf die fehlenden Ladeschienen den 1963 gebauten SSt 56 der Maschinenfabrik Esslingen gleichen.

Da sich die Ladung direkt auf den unterschiedlich hoch angeordneten Quertraversen abstützt, haben die Wagen eine Tiefladelänge von 7,32 m im mittleren Teil bzw. 11,70 m zwischen den äußeren Traversen. Die Tiefladebreite beträgt einheitlich 1,80 m.

Der Uaai 755 993 0 921 im September 1994 im Hamburger Hafenbezirksbahnhof Roß.
*Foto: Benno Wiesmüller*

Der Uaais 756 993 5 901 am 5.6.1993 im Rbf Mannheim.
*Foto: Frank Naumann*

## SSt 56 Uaai 754

1963 DB

1963 beschaffte die DB bei der Maschinenfabrik Esslingen zwei sechsachsige Tiefladewagen für den Transport von Schmalspurfahrzeugen mit 1000 mm Spurweite.

Bei diesen SSt 56 sind die Puffer zum Be- und Entladen ausschwenkbar, Zughaken und Bremskupplungen nach unten klappbar.

Im mittleren Teil sind die Ladeschienen auf einer Länge von 7,49 m verschiebbar, so daß alle gängigen Spurweiten von 750 mm bis 1524 mm eingestellt werden können. Die Außenlangträger aus Doppel-T-Profilen sind in 1,50 m Abstand mit Querträgern verbunden.

**993 0 910 – 993 0 911**

| | |
|---|---|
| **LüP** | **21240 mm** |
| **Drehzapfenabst.** | **12000 mm** |
| **Ladelänge** | **18600 / 20000 mm** |
| **Tiefladehöhe ü. SO** | **760 mm** |
| **Lastgrenze C** | **60,0 t ★** |
| **Eigengewicht** | **26600 kg** |
| **Bremse** | **KE-GP, Fbr** |

2

## Uaais 756

1977 DB

**993 5 900 – 993 5 901**

Für den Transport von besonders langer, sperriger Ladung baute die Waggon Union Siegen 1977 zwei bei der DB als Uaais 756 eingereihte, sechsachsige Tiefladewagen.

Das Ladegut kann sowohl auf vier Quertraversen im 7,10 m langen Tiefladebereich aufgelegt werden, als auch direkt auf die beiden äußeren Langträger, die auf einer Länge von 17,50 m eine ebene Ladefläche bilden.

| | |
|---|---|
| **LüP** | **21240 mm** |
| **Drehzapfenabst.** | **12000 mm** |
| **Ladelänge** | **17500 mm** |
| **Tiefladelänge** | **7100 mm** |
| **Tiefladehöhe ü. SO** | **640 / 865 mm** |
| **Lastgrenze DS** | **73,0 t** |
| **DB C 100** | **80,0 t** |
| **Eigengewicht** | **23000 kg** |
| **Bremse** | **KE-GP, Fbr** |

1

Oben der Uaaik 761 993 2 911 am 31.7.1994 in Darmstadt-Kranichstein.
*Foto: Hans Ulrich Diener*
Rechts der Uaaikks 758 993 6 900 am 2.6.1997 ebenfalls im Rbf Mannheim.

DB 1970

## Uaais 758 Uaaikks 758

993 6 900 – 993 6 901

| | |
|---|---|
| LüP | 25200 mm |
| Drehzapfenabst. | 18400 mm |
| Ladelänge | 22000 mm |
| Tiefladelänge | 14900 mm |
| Tiefladehöhe ü. SO | 760 / 930 mm |
| Lastgrenze DS | 60,0 t |
| Eigengewicht | 31000 kg |
| Bremse | KE-GP, F br |

2 →

1970 baute LHB zwei sechsachsige Tiefladewagen für den Transport langer Güter, bei denen die Kopfstücke hydraulisch in die Ladebene abgesenkt werden können.

Die beiden Außenlangträger bilden eine ebene Ladefläche. Bis zu 14,90 m lange Ladung kann auch zwischen den Langträgern auf sechs Quertraversen transportiert werden. Insgesamt zwölf Rungen können zur Ladungssicherung hochgeklappt werden, die Ladebreite zwischen ihnen beträgt 1,60 m.

DB 1954

## SSt 49 Uaaik 761

993 2 901 – 993 2 917

| | |
|---|---|
| LüP | 23040 mm |
| Drehzapfenabst. | 15900 mm |
| Ladelänge | 21800 mm |
| Tiefladelänge | 9000 mm |
| Tiefladehöhe ü. SO | 800 mm |
| Lastgrenze C | 49,5 t ★ |
| DB CE | 79,5 t |
| Eigengewicht | 40400 kg |
| Bremse | Hik-G bzw. KE-G, Hbr |

1 ↓

Die 18 von 1954 bis 1967 bei SEAG und LHB gebauten sechsachsigen SSt 49/Uaikk 761 entsprechen konstruktiv den Uaik 721.

Die Wagen haben an beiden Enden umklappbare Handbremsspindeln und Bühnengeländer, jedoch keine Klapprungen.

Die gekröpfte Ladebrücke wird aus vier aus Blechen zusammengeschweißten Langträgern gebildet, die im Abstand von 1,50 m mit Querträgern verbunden sind. Die Außenlangträger sind im Tiefladebereich verbreitert.

Oben der Uaai [9930] noch mit der DR-Nummer 993 5217 am 23.4.1996 im Hamburger Hafen am Reiherstieg. Links der Uaai [9930] 993 0203 am 21.5.1991 in Radebeul-Ost.

*Foto: Willi Rosumek*

## SSt 66 Dok-Nr. 6061 Uaaikk [9930] Uaaikk 763

1964 **DR**

1964 beschaffte die DR bei La Brugeoise et Nivelles/B zwei sechsachsige Tiefladewagen, die den Uaaik 761 der DB in vielen Baugruppen ähneln.

Die Uaaikk [9930] sind 1,40 m länger, die Tiefladebühne entspricht in allen Abmessungen den Uaaik 761. Anders als diese haben die bei der DB AG als Uaaikk 763 bezeichneten Wagen eine mechanisch seitenverschiebbare Ladebrücke.

| | |
|---|---|
| DR | 993 0 202 – 993 0 205 |
| LüP | 24440 mm |
| Drehzapfenabst. | 15500 mm |
| Ladelänge | 21000 mm |
| Tiefladelänge | 9000 mm |
| Tiefladehöhe ü. SO | 800 mm |
| Lastgrenze C4 | 47,0 t ★ |
| DR C4 | 77,0 t |
| Eigengewicht | 43000 kg |
| Bremse | KE-G, Hbr |

1997 ausgemustert

## Uaais [9930] Dok-Nr. 6065 Uaaikks 764

1986 **DR**

1986 ließ die DR bei der Waggon Union Siegen zehn sechsachsige Tiefladewagen bauen.

Die Uaais [9930] haben eine stufenlos mechanisch bis zu ±400 mm seitenverschiebbare, gekröpfte Ladebrücke mit geschlossener Ladefläche und an beiden Enden Handbremsen und feststehenden Bühnengeländern.

Die dreiachsigen Drehgestelle der bei der DB AG als Uaaikks 764 eingereihten Wagen entstanden in Anlehnung an die zweiachsige DB-Bauart 642.

| | |
|---|---|
| | 993 6 211 – 993 6 220 |
| LüP | 22380 mm |
| Drehzapfenabst. | 15500 mm |
| Ladelänge | 20000 mm |
| Tiefladelänge | 9200 mm |
| Tiefladehöhe ü. SO | 739 mm |
| Lastgrenze D4 S | 57,0 t |
| DR C4 S | 78,0 t |
| Tragfähigkeit | 84,0 t |
| Eigengewicht | 42000 kg |
| Bremse | KE-GP, Hbr |

11 ➡

Der Uaai [9930] 993 0209 am 6.4.1993 in Magdeburg-Elbbahnhof.
*Foto: Willi Rosumek*

Der Uaais [9940] 994 5207 am 11.4.1994 ebenfalls im Bf Magdeburg-Elbbahnhof.
*Foto: Harald Westermann*

DR 1967

## SSt 66 Dok-Nr. 6064 Uaaik [9930] Uaaik 765

| | 993 0 209 |
|---|---|
| LüP | 25100 mm |
| Drehzapfenabst. | 17600 mm |
| Ladelänge | 19500 mm |
| Tiefladelänge | 10500 mm |
| Tiefladehöhe ü. SO | 790 mm |
| Lastgrenze C4 | 42,0 t ★ |
| DR C4 | 72,0 t |
| Tragfähigkeit | 75,0 t |
| Eigengewicht | 48000 kg |
| Bremse | KE-GP, Hbr |

1997 ausgemustert

1967/68 baute La Brugeoise et Nivelles/B für die DR zwei sechsachsige Uaai [9930], deren Konstruktion sich an achtachsige Bauarten anlehnte.

Während bei anderen vier- und sechsachsigen Tiefladewagen die Kopfstücke und Pufferträger Bestandteil der Wagenbrücke sind, waren sie hier an den Drehgestellen angebracht.

Die gekröpfte Ladebrücke war nur 19,50 m lang. Die Tiefladefläche wurde aus vier, durch Querträger im Abstand von 1,50 m miteinander verbundenen, Langträgern gebildet.

DR 1985

## Uaais [9940] Dok-Nr. 6119 Uaais 777

| | 994 5 206 – 994 5 207 |
|---|---|
| LüP | 22690 mm |
| Drehzapfenabst. | 14900 mm |
| Ladelänge | 16900 mm |
| Tiefladelänge | 7300 mm |
| Tiefladehöhe ü. SO | 780 mm |
| Lastgrenze D4 S | 78,0 t |
| Tragfähigkeit | 113,0 t |
| Eigengewicht | 55000 kg |
| Bremse | KE-GP, Hbr |

2

Zusammen mit den sechsachsigen Tiefladewagen (Dok.-Nr. 6065) baute die WU Siegen 1985 drei achtachsige Uaais [9940] für die DR nach den gleichen Konstruktionsprinzipien. Auch bei ihnen ist die 16,60 m lange, gekröpfte Ladebrücke mit geschlossener Tiefladefläche mechanisch seitenverschiebbar.

Auf beiden Drehgestellen der Uaais 777 sind die Bühnen mit Gitterrosten abgedeckt und allseitig mit festen Geländern ausgerüstet. Beide Drehgestelle haben eine Spindelhandbremse.

Der Uaai 778 994 0 922 am 2.7.1989 im Hafen von Brake.
*Foto: Klaus Kirsch*

Der Uaais 779 994 5 901 am 15.4.1993 im Rbf Wanne-Eickel.
*Foto: Harald Westermann*

## SSt 15 Uaai 778

1940

Die in den Jahren 1940/41 bei LHW gebauten achtachsigen SSt 15 zählen zu den ältesten Tiefladewagen der DB AG.

Die sechs Wagen, von denen vier 1959 bei MAN umgebaut wurden (zwei weitere, inzwischen ausgemusterte 1963 im AW Schwerte), haben 15,64 m lange, gekröpfte, umsetzbare Wagenbrücken. Die vier 350 mm breiten und in der Mitte 410 bzw. 510 mm hohen Langträger der Ladebrücke bilden eine 7,20 m lange Tiefladefläche. Die vierachsigen Drehgestelle sind mit umklappbaren Handbremsspindeln und Bühnengeländern ausgerüstet.

**994 0 920 – 994 0 923**

| | |
|---|---|
| **LüP** | **23824 mm** |
| **Drehzapfenabst.** | **15100 mm** |
| **Ladelänge** | **15640 mm** |
| **Tiefladelänge** | **7200 mm** |
| **Tiefladehöhe ü. SO** | **790 mm** |
| **Lastgrenze C4** | **65,5 t ★** |
| **DB CE** | **88,5 t** |
| **Tragfähigkeit** | **95,0 t** |
| **Eigengewicht** | **40400 kg** |
| **Bremse** | **Hik-G, Hbr** |

2 ↘

## Uaais 779

1978 DB

In den Jahren 1978 und 1987 baute die Wagon Union Siegen für die DB je einen achtachsigen Uaais 779.

Die Tiefladewagen haben als geschlossene Plattformen ausgebildete, auf Straßenfahrzeuge umsetzbare, 17,0 m lange, gekröpfte Ladebrücken mit durchgehend 2,40 m breiter Ladefläche.

Die vierachsigen Drehgestelle wurden unter Verwendung von Elementen der zweiachsigen Bauart 665 konstruiert. Ein Drehgestell ist mit einer Feststellbremse ausgerüstet.

**994 5 900 – 994 5 901**

| | |
|---|---|
| **LüP** | **23070 mm** |
| **Drehzapfenabst.** | **15000 mm** |
| **Ladelänge** | **17000 mm** |
| **Tiefladelänge** | **7400 mm** |
| **Tiefladehöhe ü. SO** | **785 mm** |
| **Lastgrenze D4 S** | **86,0 t** |
| **DB CE 100** | **94,5 t** |
| **Tragfähigkeit** | **130,0 t** |
| **Eigengewicht** | **46000 kg** |
| **Bremse** | **KE-GP, Fbr** |

2 ➡

Oben der Uaais 780 994 5 910 im Juli 1994 in Bebra. *Foto: Rudolf Ossig*
Rechts der Uaai [9940] 994 0221 am 14.9.1993 im Bf Magdeburg-Elbbahnhof. *Foto: Harald Westermann*

DB 1976

## Uaais 780

| | 994 5 910 |
|---|---|
| LüP | 22860 mm |
| Drehzapfenabst. | 15000 mm |
| Ladelänge | 15600 mm |
| Tiefladelänge | 7450 mm |
| Tiefladehöhe ü. SO | 760 mm |
| Lastgrenze D4 S | 81,5 t |
| DB CE 100 | 89,0 t |
| Tragfähigkeit | 108,5 t |
| Eigengewicht | 50340 kg |
| Bremse | KE-GP-A, Hbr |

1

Der von Krupp 1976 umgebaute Uaais 780 besitzt zwei vierachsige Drehgestelle mit feststehenden Bühnengeländern und Bremsspindeln. Bedingt durch die große Bauhöhe der Drehgestelle ist der Wagen mit 1,90 m ungewöhnlich hoch.

Die 15,60 m lange, gekröpfte Ladebrücke hat in Wagenmitte eine 2,75 m breite Tiefladefläche und kann auf DB-Straßenschwerlastfahrzeuge umgesetzt werden.

Zwei ähnliche Wagen beschaffte die DB bereits 1969 als Dienstgüterwagen.

DR 1972

## SSt 66.0 Dok-Nr. 6104 Uaai [9940] Uaai 785

| | |
|---|---|
| DR | 994 0 218 – 994 0 221 |
| LüP | 36260 mm |
| Drehzapfenabst. | 25200 mm |
| Auflageabstand | 28400 mm |
| Tiefladelänge | 20500 (18960) mm |
| Tiefladehöhe ü. SO | 980 mm |
| Lastgrenze C4 | 36,0 t ★ |
| Tragfähigkeit | 100,0 t |
| Eigengewicht | 80000 kg |
| Bremse | KE-G, Fbr |

1997 ausgemustert

1972 beschaffte die DR bei SFB in Frankreich vier achtachsige Tiefladewagen mit seitenverschiebbaren, gekröpften Wagenbrücken (mit äußerer Auflage in 28,40 m Abstand). Die Uaai [9940] haben auf 18,96 m Länge ebene, 2,40 m breite Tiefladeflächen.

Typisch für alle von der Societe Franco Belge beschafften Wagen sind die Drehgestelle, bei denen die Radsätze über dazwischenliegende Schraubenfedern abgefedert sind.

Der Uaai [9940] 994 0301 am 11.4.1994 in Magdeburg-Elbbahnhof.
*Foto: Harald Westermann*

Der Uaais [9940] 994 5205 am 1.6.1997 im Rbf Wanne-Eickel.

## Uaai [9940] Dok-Nr. 6105 Uaai 782

1962 **DR**

1962 baute La Brugeoise et Nivelles/B zwei achtachsige Tiefladewagen für die DR, die diese als Uaai [9940] einstellte.

Die Wagen haben eine ungewöhnliche, von LHW aus dem Jahr 1944 stammende Drehgestellkonstruktion, bei der zwei der vier Radsätze in einem separaten Flacheisendrehgestell gelagert sind. Die wannenförmige Ladebrücke ist 22,65 m lang. Die Tieflademulde ist 2,26 m breit, die aus neun Querriegeln und den beiden Innenlangträgern gebildete waagerechte Aufstandsfläche 1,60 m.

| | |
|---|---|
| DR | 994 0 301 |
| LüP | 29500 mm |
| Drehzapfenabst. | 18750 mm |
| Auflageabstand | 21750 mm |
| Ladelänge | 15600 mm |
| Tiefladelänge | 15000 mm |
| Tiefladehöhe ü. SO | 555 / 1040 mm |
| Lastgrenze D4 | 67,0 t ★ |
| Tragfähigkeit | 99,0 t |
| Eigengewicht | 61000 kg |
| Bremse | KE-G, Hbr |

1997 ausgemustert

## SSt 66.0 Dok-Nr. 6118 Uaaikks [9940] Uaaikks 788

1976 **DR**

1976 bis 1986 baute die WU Siegen für die DR fünf achtachsige Uaais [9940]. Sie haben 28,85 m lange, mechanisch seitenverschiebbare, gekröpfte Wagenbrücken mit ebener 2,40 m breiter Tiefladefläche.

Die Drehgestelle ähneln denen des von Krupp gebauten Uaais 780, haben aber größere, mit Geländern gesicherte Bühnen und zusätzliche Auflagepunkte über den hinteren Radsätzen für die Innenführung der Wagenbrücke. Zur DB AG kamen noch vier Wagen, die zu Uaaikks 788 umgezeichnet werden.

| | |
|---|---|
| DR | 994 5 202 – 994 5 205 |
| LüP | 36110 mm |
| Drehzapfenabst. | 28250 mm |
| Innenführung | 23460 mm |
| Ladelänge | 28850 mm |
| Tiefladelänge | 20500 mm |
| Tiefladehöhe ü. SO | 1023 mm |
| Lastgrenze D4 S | 54,0 t |
| DR C4 S | 84,0 – 86,0 t |
| Tragfähigkeit | 94,0 t, z.T. 113,0 t |
| Eigengewicht | 74000 – 76000 kg |
| Bremse | KE-GP, Fbr |

2 ↘



Uaais 786 →

Der Uaais 786 994 5 300 am 20.7.1996 im Hafen von Brake.
*Foto: Klaus Kirsch*

Der Uaai 792 994 0 961 im November 1987 in Nürnberg Rbf.
*Foto: Peter Driesch*

DB 1995

# Uaais 786

| | 994 5 300 |
|---|---|
| LüP | 27714 mm |
| Drehzapfenabst. | 19000 mm |
| Tiefladelänge | 12050 mm |
| Tiefladehöhe ü. SO | 625 mm |
| Lastgrenze D4 S | 72,5 t |
| DB DE | 88,5 t |
| Tragfähigkeit | 125,0 t |
| Eigengewicht | 48300 kg |
| Bremse | KE-GP, Hbr |

1

1941 lieferte LHW zwei Tiefladewagen mit 19,60 m langer, gerader Ladebrücke. Zwischen den 1,16 m hohen Außenlangträgern ist ein 2,13 m breiter Tiefladeraum. Die Ladung stützt sich auf zwei festen und vier eingehängten Querträgern ab. Die Drehgestelle waren baugleich mit denen der Uaai 778. Beide (bei der DB als SSt 30a eingereihte) Wagen wurden vor 1990 ausgemustert.

1995 wurde ein Wagen mit 1986 gebauten Drehgestellen (ähnlich denen der Uaais 779, jedoch mit umlaufenden Bühnengeländer) als Uaais 786 wieder in Betrieb genommen.

1944

# SSt 313 Uaai 792

| | 994 0 961 |
|---|---|
| LüP | 20800 mm |
| Drehzapfenabst. | 10000 mm |
| Ladelänge | 13600 mm |
| Tiefladelänge | 7000 mm |
| Tiefladehöhe ü. SO | 615 mm |
| Lastgrenze C4 | 73,0 t |
| DB CE | 94,5 t |
| Tragfähigkeit | 120,0 t |
| Eigengewicht | 43000 kg |
| Bremse | KE-G, Hbr, Fbr |

1944 baute LHW zwei Tiefladewagen, die 1954 bei LHB umgebaut und von der DB als SSt 313 eingestellt wurden.

Sie hatten vierachsige Drehgestelle mit umklappbaren Bühnengeländern und Spindelbremsen. Die beiden zur Wagenmitte angeordneten Radsätze waren separat in einem Flacheisendrehgestell gelagert.

In die gerade, 13,60 m lange Ladebrücke waren vier stufenlos verschiebbare und abnehmbare Querträger eingehängt.

1994 ausgemustert

← Uaaikks 788

Oben der Uaais [9940] 994 5101 am 20.7.1996 im Hafen von Brake.
*Foto: Klaus Kirsch*
Links der Uaai 806 995 0 912 am 1.6.1997 im Rbf Wanne-Eickel.

## Uaais [9940] Dok-Nr. 6120 Uaais 789

1986 DR

Der Uaais [9940] wurde 1986 von der Waggon Union Siegen gebaut.

Der Wagen hat eine 21,00 m lange, seitenverschiebbare, gerade Wagenbrücke. Die Außenlangträger sind durch zwei feste und vier verschiebbare Querträger – die eine 1,51 m breite, ebene Aufstandsfläche bilden – miteinander verbunden. Der Tiefladeraum ist 1,26 m tief und 2,13 m breit. Die Drehgestelle entsprechen denen des Uaais 786.

| | 994 5 101 |
|---|---|
| LüP | 26790 mm |
| Drehzapfenabst. | 19000 mm |
| Ladelänge | 21000 mm |
| Tiefladelänge | 12000 mm |
| Tiefladehöhe ü. SO | 590 mm |
| Lastgrenze D4 S | 78,0 t |
| Tragfähigkeit | 117,0 t |
| Eigengewicht | 50000 kg |
| Bremse | KE-GP, Hbr |

1

→

## SSt 50a Uaai 806

1957 DB

Von den drei bei der Ablieferung als SSt 50a bezeichneten Uaai 806, die ab 1957 von MAN bzw. Krupp gebaut wurden, ist nur der letzte, 1964 gebaute Wagen noch im Bestand.

Er hat eine umsetzbare, gekröpfte Ladebrücke mit geschlossener Ladefläche. An den Brückenenden sind acht abnehmbare Rungen, an der Tiefladefläche zehn abnehmbare Klapprungen. Die fünfachsigen Drehgestelle entsprechen denen der Uaai 808.

| | 995 0 910 – 995 0 912 |
|---|---|
| LüP | 26980 mm |
| Drehzapfenabst. | 17000 mm |
| Ladelänge | 18220 mm |
| Tiefladelänge | 7200 mm |
| Tiefladehöhe ü. SO | 850 mm |
| Lastgrenze CE | 95,0 t ★ |
| Tragfähigkeit | 135,0 t |
| Eigengewicht | 63000 kg |
| Bremse | (Hik-G) KE-GP, Hbr |

1

↘

Oben der Uaai 808 995 0 920 am 26.9.1992 im Hafen von Brake. *Foto: Klaus Kirsch*
Rechts der Uaai [9950] 995 0301 am 14.4.1992 im Bf Magdeburg-Elbbahnhof. *Foto: Willi Rosumek*

1943

## SSt 17 Uaai 808

| | 995 0 920 |
|---|---|
| LüP | 28740 mm |
| Drehzapfenabst. | 18700 mm |
| Ladelänge | 19420 mm |
| Tiefladelänge | 10800 mm |
| Tiefladehöhe ü. SO | 620 mm |
| Lastgrenze CE | 101,5 t |
| Tragfähigkeit | 140,0 t |
| Eigengewicht | 57600 kg |
| Bremse | Hik-G, Hbr |

1943 baute LHW einen zehnachsigen Tiefladewagen mit einer 19,42 m langen, umsetzbaren, geraden Ladebrücke. Bei der DB erhielt er die Bauartbezeichnung SSt 17.

Die Ladebrücke besteht aus den mittig 1,36 m hohen Außenlangträgern, zwischen denen sich ein 2,12 m breiter Tiefladeraum befindet. Die sechs eingehängten Querträger können auf Ablagen, die die Ladebrücke an den Enden überragen, abgelegt werden.

1

→

DR 1972

## SSt 66.0 Dok-Nr. 6155 Uaai [9950] Uaai 809

| | |
|---|---|
| DR | 995 0 301 – 995 0 302 |
| LüP | 32300 mm |
| Drehzapfenabst. | 19600 mm |
| Auflageabstand | 22640 mm |
| Tiefladelänge | 13000 mm |
| Tiefladehöhe ü. SO | 800 / 1220 mm |
| Tragfähigkeit | 130,0 t |
| Eigengewicht | 87000 kg |
| Bremse | KE-G, Fbr |

Die beiden bei SFB in Frankreich 1972 für die DR gebauten Uaai [9950] haben 22,64 m lange Wagenbrücken (Auflageabstand) mit wannenförmiger, 1,96 m breiter Tiefladefläche. Auf den Außenträgern sind für breitere Ladungen 10,00 m lange Lastauflagen.

Je ein zwei- und ein dreiachsiges Drehgestell tragen die Verbindungsbrücken, auf der sich die Wagenbrücke abstützt. Die DB AG übernahm 1994 noch einen Wagen.

1997 ausgemustert

Der Uaai [9950] 995 0206 am 11.3.1990 im Bf Radebeul Ost.
*Foto: Thomas Landwehr*

Der Uaai 812 995 0 930 am 3.9.1988 in der Hagener Schwerlastgruppe.
*Foto: Rolf Sepinski*

## SSt 66.0 Dok-Nr. 6154 Uaai [9950] Uaai 810

1972 DR

Die sieben ebenfalls von SFB 1972 für die DR gebauten Uaai [9950]/Uaai 810 unterscheiden sich von den Uaai 809 nur durch die gekröpfte Wagenbrücke mit 2,60 m breiter, ebener Tiefladefläche.

Bei den für SFB-Wagen typischen Drehgestellen werden jeweils zwei bzw. drei Radsätze über dazwischenliegende Schraubenfedern und Lastausgleichshebel abgefedert. Je zwei Drehgestelle tragen eine Verbindungsbrücke mit Kopfstücken und Pufferbohlen. Zur DB AG kamen noch sechs Wagen.

**995 0 202 – 995 0 208**

| | |
|---|---|
| LüP | 34500 mm |
| Drehzapfenabst. | 21800 mm |
| Auflageabstand | 24840 mm |
| Tiefladelänge | 15000 mm |
| Tiefladehöhe ü. SO | 980 mm |
| Tragfähigkeit | 130,0 t |
| Eigengewicht | 90000 kg |
| Bremse | KE-G, Fbr |

4 ↘

## Uaai 812

1970 DB

Der 1970 von SEAG gebaute Uaai 812 besteht aus zwei fünfachsigen Drehschemelwagen mit hydraulisch absenkbaren Kopfstücken, die leer kurzgekuppelt werden.

Beim Transport langer Güter stellt das Ladegut die einzige Verbindung zwischen den ungekuppelten Wagen her. Die 3,10 m breiten Drehschemel sind seitenverschiebbar und können mit Tragsätteln für Ladungen mit kreisförmigen Querschnitt bis zu 4,50 m Durchmesser ausgerüstet werden.

**995 0 930**

| | |
|---|---|
| LüP | 19704 mm* |
| Drehzapfenabst. | 8970 mm* |
| Tiefladehöhe ü. SO | 1100 mm |
| Tragfähigkeit | 159,0 t |
| Eigengewicht | 41000 kg |
| Bremse | KE-GP-A, Fbr |

*kurzgekuppelt

1 ➡

Der Uaai 815 995 2 900 mit (gemäß Bauartdefinition) gerader Ladebrücke am 6.9.1987 in Rbf Wanne-Eickel. *Foto: Viktor Schiffer*

Der nicht mehr von der DB AG übernommene Uaai [9940] 995 2206 am 13.4.1992 im Bf Magdeburg-Elbbahnhof. *Foto: Willi Rosumek*

1938

## SSt 40 Uaai 815

| | 995 2 901 |
|---|---|
| LüP | 32374 mm |
| Drehzapfenabst. | 20200 mm |
| Ladelänge | 20740 mm |
| Tiefladelänge | 10000 mm |
| Tiefladehöhe ü. SO | 630 mm |
| Lastgrenze C4 | 83,5 t |
| CE | 107,5 t |
| Tragfähigkeit | 140,0 t |
| Eigengewicht | 73900 kg |
| Bremse | Hik-G, Hbr |

1 →

Die Linke-Hofmann-Werke bauten ab 1938 mehrere zwölfachsige Tiefladewagen mit geraden Ladebrücken, von denen die DB zwei als SSt 40 / Uaai 815 einreihte.

Sie haben dreiachsige Drehgestelle, von denen jeweils zwei eine Verbindungsbrücke tragen. Auf dieser ruht die 20,74 m lange Ladebrücke mit 1,40 m hohen Langträgern. Diese wird an den Enden (in Längsrichtung) von Ablagekonsolen für sechs, zwischen den Langträgern einhängbare Quertraversen überragt. Die Tiefladebreite beträgt 2,08 m.

DR 1971

## SSt 66.0 Dok-Nr. 6167 Uaai [9940] Uaai 818

| | 995 2 203 – 995 2 204 |
|---|---|
| LüP | 31500 mm |
| Drehzapfenabst. | 15800 mm |
| Auflageabstand | 20350 mm |
| Tiefladelänge | 9000 mm |
| davon eben | 7200 mm |
| Tiefladehöhe ü. SO | 860 mm |
| Tragfähigkeit | 150,0 t |
| Eigengewicht | 92200 kg |
| Bremse | KE-G, Fbr |

2 →

1971 baute SFB für die DR fünf zwölfachsige Tiefladewagen mit 20,35 m langen, mechanisch seitenverschiebbaren, gekröpften Wagenbrücken mit ebener Ladefläche.

Die Wagen haben die SFB-typischen Drehgestelle mit Abfederung über Schraubenfedern und Lastausgleichshebel. Zwei dreiachsige Drehgestelle tragen ein Joch, auf der sich die Wagenbrücke abstützt. Zur DB AG kamen noch zwei Uaai 818.

Der Uaais 819 995 3 210 am 12.12.1996 im Rbf Hamburg-Hohe Schaar.

Der Uaai 820 995 2 910 im April 1984 im AW Bremen.

*Foto: Rolf Sepinski*

## Uaai [9940] Dok-Nr. 6168 Uaai 819

1986 DR

Die vier zwölfachsigen Uaai [9940] wurden 1986 von der WU Siegen für die DR gebaut.

Sie haben 20,12 m lange, seitenverschiebbare, gekröpfte Wagenbrücken mit ebenen 2,60 m breiten Tiefladeflächen.

Die Wagen laufen auf dreiachsigen Drehgestellen. Jeweils zwei Drehgestelle tragen eine Verbindungsbrücke. An den Kopfenden haben die Verbindungsbrücken große Bühnen mit umlaufenden Geländern.

Die DB AG reihte die Wagen (die vorübergehend „z"-gestellt waren) als Uaai 819 ein.

| | 995 3 207 – 995 3 210 |
|---|---|
| LüP | 30840 mm |
| Drehzapfenabst. | 19600 mm |
| Tiefladelänge | 9000 mm |
| Tiefladehöhe ü. SO | 900 mm |
| Tragfähigkeit | 162,0 t |
| Eigengewicht | 89000 kg |
| Bremse | KE-GP, Hbr |

4

➡

## SSt 43 Uaai 820

1965 DB

Der zwölfachsige Uaai 820 wurde 1965 von Krupp als SSt 43 an die DB geliefert.

Die 19,80 m lange, (wie bei allen großen Tiefladewagen) auf Straßenfahrzeuge umsetzbare, gekröpfte Ladebrücke hat eine 2,70 m breite ebene Tiefladefläche. Getragen wird sie von zwei Verbindungsbrücken, die mit umklappbaren Geländern und Handbremsspindeln ausgerüstet sind. Diese ruhen auf dreiachsigen Drehgestellen.

| | 995 2 910 |
|---|---|
| LüP | 31440 mm |
| Drehzapfenabst. | 19100 mm |
| Tiefladelänge | 8500 mm |
| Tiefladehöhe ü. SO | 900 mm |
| Lastgrenze C4 | 73,0 t ★ |
| DB CE | 100,5 t |
| Tragfähigkeit | 156,5 t |
| Eigengewicht | 84000 kg |
| Bremse | KE-GP, Hbr |

1

➡

Oben der Uaai 821 995 2 920
am 5.8.1997 im Rbf Hamburg Süd.
*Foto: Benno Wiesmüller*
Rechts der Uaais 823 995 7 000
am 16.9.1990 in Heilbronn.
*Foto: Willi Rosumek*

DB 1970

## Uaai 821

| | |
|---|---|
| | **995 2 920** |
| **LüP** | **30213 mm*** |
| **Dr.zapfenabst.** | **13814/19614 mm*** |
| **Tiefladelänge** | **8000 mm*** |
| **Lastgrenze C4** | **69,5 t** |
| **DB CE** | **85,5 t** |
| **Tragfähigkeit mit Dlt** | **180,0 t** |
| **Eigengewicht mit Dlt** | **83800 kg** |
| **ohne Dlt** | **74400 kg** |
| **Bremse** | **KE-GP-A, Hbr** |

***mit 9860 mm langen Durchladelängsträgern (Dlt)**

1

Der zwölfachsige Uaai 821 wurde 1970 von Krupp gebaut. Er kann entweder mit 9,86 m langen Durchladelängsträgern (zum Einhängen der Ladung) oder als Tragschnabelwagen für selbsttragende Lasten eingesetzt werden.

Die lichte Einhängebreite ist von 2,40 m bis 3,40 m einstellbar, die Einhängetiefe beträgt 2,25 m. Die Tragschnäbel ruhen – außen oder innen abgestützt – auf den Verbindungsbrükken, die von je zwei dreiachsigen Drehgestellen getragen werden. Auf beiden Verbindungsbrücken befinden sich Steuerkabinen.

DB 1989

## Uaais 823

| | |
|---|---|
| | **995 7 000** |
| **LüP** | **37080 mm** |
| **Drehzapfenabst.** | **23500 mm** |
| **Innenführung** | **18260 mm** |
| **Tiefladelänge** | **9500 mm** |
| **Tiefladehöhe ü. SO** | **900 mm** |
| **Tragfähigkeit** | **230,0 t** |
| **Eigengewicht** | **102200 kg** |
| **Bremse** | **KE-GP, Fbr** |

1

1989 baute Krupp für die DB einen 16-achsigen Tiefladewagen. Dieser Uaais 823 hat vier vierachsige Drehgestelle, von denen jeweils zwei mit einem Tragrahmen verbunden sind.

Auf diesen Tragrahmen ruht die 23,50 m lange Ladebrücke, die in der Mitte eine 2,70 m breite, ebene Ladefläche hat.

Nach Abnahme der Wagenbrücke kann der Wagen mit anderen Lastträgern oder Drehschemeln ausgerüstet werden.

Oben der Uaai 831 996 0 405 ohne Durchladelängsträger im April 1994 in Bebra Rbf. *Foto: Rudolf Ossig*
Der Uaai [9940] 996 0402 im März 1993 in Berlin-Rummelsburg. *Foto: Slg. Carstens*

## SSt 66 Dok-Nr. 6190 Uaai [9940] Uaai 830

1958 **DR**

1958/59 baute die SEAG für die DR für den Transport von Transformatoren drei 20-achsige Tragschnabelwagen. Die maximale Einhängelänge von Lasten beträgt 20 m.

Die Tragschnäbel, die bei leeren Wagen kurzgekuppelt werden können, stützen sich auf zwei Verbindungsbrücken ab, diese wiederum auf zwei fünfachsigen Drehgestellen, von denen die äußeren große Handbremsbühnen haben.

**996 0 401 – 996 0 402**

| | |
|---|---|
| LüP | 33030 mm* |
| Dr.zapfenabst. | 6500/16040 mm* |
| Einhängelänge | max. 20000 mm |
| Tragfähigkeit | 240,0 t |
| Eigengewicht | 137.000 kg |
| Bremse | Hik-G, Hbr |

*mit kurzgekuppelten Tragschnäbeln

1

## Uaai [9940] Dok-Nr. 6191 Uaai 831

1986 **DR**

1986/87 ließ die DR von der WU Siegen zwei weitere 20-achsige Tragschnabelwagen bauen, die als Uaai [9940] eingereiht wurden.

Sie können sowohl für selbsttragende Lasten, als auch mit 12,60 m langen Durchladelängsträgern eingesetzt werden. Die Einhängebreite ist von 2,00 m bis 3,50 m einstellbar.

Die Tragschnäbel, die je nach Erfordernis außen oder innen geführt werden können, sind hydraulisch seitlich verschiebbar, die Bedienung erfolgt von den Steuerkabinen auf beiden Verbindungsbrücken.

**996 0 404 – 996 0 405**

| | |
|---|---|
| LüP | 45120 mm* |
| Dr.zapfenabst. | 18730/28330 mm* |
| Tiefladelänge | 9160 mm* |
| Tragfähigkeit mit Dlt | 249,0 t |
| ohne Dlt | 273,0 t |
| Eigengewicht ohne Dlt | 171.000 kg |
| Bremse | KE-GP-A, Hbr |

*mit 12600 mm langen Durchladelängsträgern (Dlt)

2

Der Uaai 837 996 4 901 im November 1997 in der Schwerlastgruppe des Gbf Hagen. *Foto: Joachim Reinhard*

Der Uaai 839 997 2 901 am 13.4.1997 in Plochingen. *Foto: Hans Ulrich Diener*

DB 1973

# Uaai 839

| | 997 2 901 |
|---|---|
| LüP | 51195 mm* |
| Drehzapfenabst. | 25615 mm* |
| Tragfähigkeit | 454,0 t |
| Eigengewicht | 250.000 kg |
| Bremse | KE-GP-A, Hbr |

*mit kurzgekuppelten Tragschnäbeln

1

1970 und 1973 baute Krupp je einen 32-achsigen Uaai 839. Diese beiden Tragschnabelwagen bestehen aus zwei 16-achsigen Teilen (je vier Achsen in einem Drehgestell, zwei Drehgestelle mittels Traversen verbunden), die leer kurzgekuppelt werden können.

Die größten Tiefladewagen der DB AG können – je nach Transportaufgaben – zu 24-achsigen Lastträgerwagen umgerüstet werden. Der seit 1995 als Uaai 837 eingereihte Wagen wird nur noch so eingesetzt.

DB 1970

# Uaai 839 Uaai 837

| | 996 4 901 |
|---|---|
| LüP | 37580 mm* |
| Drehzapfenabst. | 18000 mm* |
| Tragfähigkeit | 398,0 t |
| Eigengewicht | 130.000 kg |
| Bremse | KE-GP-A, Hbr |

*kurzgekuppelt

1

Der von Krupp 1970 gebaute Uaai 839 wird seit 1995 ohne Tragschnäbel, als 24-achsiger Lastträgerwagen für nicht selbsttragende Güter eingesetzt. Von dem Uaai 838, mit dessen Durchladelängsträgern er eingesetzt werden kann, unterscheidet er sich dadurch, daß (anstelle der inneren) die äußeren Drehgestelle eine gemeinsame Brücke tragen. Die Bauartbezeichnung wurde in Uaai 837 geändert.

Der Uaai 838 996 4 900 am 17.6.1989 bei einem Transport mit Durchladeträgern im Bf Næstved.
*Foto: Jan Lundstrøm*

# Uaai 838

1973 DB

Der 24-achsige Uaai 838 wurde 1973 von Krupp gebaut. Er kann sowohl als Tragschnabelwagen für selbsttragende Lasten, als auch mit 13,00 m langen Durchladelängsträgern zum Einhängen von Lasten eingesetzt werden. Ihre Einhängelänge beträgt 10,72 m, die Einhängetiefe 2,40 m, die Einhängebreite maximal 3,60 m.

Je vier Achsen sind in einem Drehgestell gelagert, von denen die beiden zur Wagenmitte weisenden Drehgestelle mittels Traversen verbunden sind. Auf den Traversen und den jeweils äußeren Drehgestellen, die die Kopfstücke mit den Pufferbohlen tragen, stützen sich Verbindungsbrücken ab.

Die Verbindungsbrücken tragen je einen Tragschnabel, der (wie bei allen Tragschnabelwagen) außen oder innen geführt werden kann. Die Tragschnäbel sind hydraulisch um ±550 mm seitlich verschiebbar, die Bedienung erfolgt von Steuerkabinen auf beiden Verbindungsbrücken.

| | | |
|---|---|---|
| | | **996 4 900** |
| LüP | | 51372 mm* |
| Dr.zapfenabst. | | 23022/31822 mm* |
| Tiefladelänge | | 10720 mm* |
| Tragfähigkeit | mit Dlt | 313,0 t |
| | ohne Dlt | 341,0 t |
| Eigengewicht | mit Dlt | 215.000 kg |
| | ohne Dlt | 187.300 kg |
| Bremse | | KE-GP-A, Hbr |

*mit 13000 mm langen Durchladelängsträgern (Dlt)

| | |
|---|---|
| LüP | 39022 mm** |
| Drehzapfenabst. | 19472 mm** |

**mit kurzgekuppelten Tragschnäbeln

1

➡



Uaais 836 ➡

Der Uaai 836 996 0 900 am 6.1.1993 mit Lastträgern in Emden Rbf.
*Foto: Harald Westermann*

Der Uaai [9972] 997 2401 am 25.10.1991 in Berlin-Rummelsburg.
*Foto: Willi Rosumek*

**DB** 1964

## SSt 60 Uaai 836

| | |
|---|---|
| | 996 0 900 |
| LüP | 20800 mm* |
| Drehzapfenabst. | 15300 mm* |
| Tragfähigkeit | 317,0 t |
| Eigengewicht | 82870 kg |
| Bremse | KE-G, Fbr |
| | *kurzgekuppelt |

| techn. Daten mit Lastträgern | |
|---|---|
| LüP | 40000 – 45900 mm |
| Dr.zapfenabst. | 23500 – 33700 mm |
| Tragfähigkeit | 210,0 – 280,0 t |

1

→

1964 baute MAN einen 20-achsigen Tiefladewagen, den die DB als SSt 60/Uaai 836 einreihte.

Er besteht aus vier fünfachsigen Drehgestellen, von denen jeweils zwei eine Verbindungsbrücke tragen. Die Verbindungsbrükken haben in der Mitte hydraulisch seitenverschiebbare Verschubträger, auf die Drehschemel oder (private) Lastträger für Spezialtransporte aufgesetzt werden können.

Leer werden die beiden Wagenhälften an den Verbindungsbrücken mit einer 6,30 m langen Stange kurzgekuppelt.

**DR** 1971

## SSt 66.0 Dok-Nr. 6195 Uaai [9972] Uaai 840

| | |
|---|---|
| DR | 997 2 401 – 997 2 402 |
| LüP | 51820 mm* |
| Dr.zapfenabst. | 10930/24930 mm* |
| Einhängelänge | max. 13000 mm |
| Tragfähigkeit | 450,0 t |
| Eigengewicht | 260.000 kg |
| Bremse | KE-G, Fbr |
| | *mit kurzgekuppelten Tragschnäbeln |

1

→

Die 32-achsigen, umspurbaren Uaai [9972]-Tragschnabelwagen wurden 1971 von der Societe Franco Belge/F für die DR gebaut.

Die Tragschnäbel, in die bis zu 13,00 m lange Lasten eingehängt werden können, ruhen auf zwei Fahrgestellteilen, auf denen sich auch die Steuerkabinen befinden. Als Laufwerke dienen im Wechsel angeordnete vier- und zweiachsige Drehgestelle, von denen die drei äußeren und die beiden inneren durch Zwischenbrücken verbunden sind.

← Uaai 837 ff.

Oben die „leitungsfreie" Seite des 8,54 m langen Ucs 909 910 8 194 am 5.6.1997 im Bf Schwandorf. Links der Ucs 909 910 8 746, ein 9,04 m langer Wagen (von der „Leitungsseite"), am 1.6.1997 im Rbf Wanne-Eickel.

# Kds 56 Ucs 909

1955 **DB**

Zeitgleich mit dem Bau der Kds 54 beschaffte die DB ab 1955 Wagen mit 34 m³ Behältervolumen und reihte sie als Kds 56 ein. Wegen ihrer Höhe von 4,62 m sind sie nur mit Sondergenehmigung international einsetzbar.

Bis 1971 wurden insgeamt 1.293 Kds 56 (ab 1965 Ucs 909) gebaut, wobei die Wagen bis zum Baujahr 1968 das gleiche Untergestell erhielten, wie die Kds 54. Die ersten Kds 56 hatten ebenfalls Doppelschakenlaufwerke. Die Untergestelle der ab 1969 gebauten Wagen wurde auf 9,04 m verlängert.

Fünf Kds 56 erhielten Aluminiumbehälter, ein AK-Versuchswagen war 9,70 m lang.

Nach dem Verkauf von 490 Wagen an die EVA im Jahr 1979 sind die Bestandszahlen bis heute nahezu konstant.

| | |
|---|---|
| **LüP 9,04 m** | **910 7 470 – ... 798** |
| **AK-Versuchswagen** | **910 7 799** |
| **LüP 9,04 m** | **910 7 800 – ... 999** |
| **Alubehälter** | **910 8 000 – ... 004** |
| **LüP 8,54 m** | **910 8 005 – ... 606** |
| **LüP 9,04 m** | **910 8 607 – ... 766** |

| | |
|---|---|
| **LüP** | **8540 oder 9040 mm** |
| **Achsstand** | **5000 mm** |
| **Laderaum** | **34,0 m³** |
| **Lastgrenze CS** | **28,9 – 26,8 t*** |
| **Eigengewicht** | |
| **LüP 8,54 m** | **i.M. 11200 kg** |
| **LüP 9,04 m** | **i.M. 11800 kg** |
| **Bremsbauart** | **KE-GP, z.T. Hbr** |

***in 0,1-t-Abstufung in Abhängigkeit vom Eigengewicht**

723 ➡



**Ucs 908 ➡**

Der oben abgebildete Ucs 908 910 5 927, am 4.6.1997 im Bf Furth i.W., entspricht der Serienausführung mit Handbremse. Rechts der Ucs 908 910 5 341, ohne Handbremse und „runderer" Leitungsführung, einen Tag später im Bf Schwandorf.

# DB 1955

# Kds 54 Ucs 908

Die Ucs 908 dienen der Beförderung feinkörniger und staubförmiger Güter wie z.B. Aluminiumhydroxyd, Flugasche, Natriumsulfit, Phosphate, Quarzsand oder Zement sowie Lebensmitteln wie z.B. Salz oder Zucker.

Die beiden Behälter haben mit Klappdeckeln verschließbare Füllöffnungen. Durch eine mit 2,5 atü betriebene Druckluftentleerungseinrichtung, können sie in Silos entleert werden. Die Wagen sind mit Druckmessern und Sicherheitsventilen ausgerüstet.

Die ersten zehn Kd 54 mit Hik-G-Bremsen baute Talbot 1953. Sie werden nur noch als Dienstgüterwagen für Spezialsand verwendet.

| | |
|---|---|
| 27m³ | 910 5 000 – ... 5 730 |
| 25m³ DS | 910 5 731 – ... 5 779 |
| 27m³ DS | 910 5 780 – ... 5 880 |
| 27m³ | 910 5 881 – ... 6 229 |

676 ↘

← Ucs 909

Der Ucs 908 910 5 837 mit Dyckerhoff-Reklame, am 14.10.1990 im Rbf Mainz-Bischofsheim, hat zwei 13,5-m³-Behälter, die alte Bauform der Handbremsbühne und Doppelschakenlaufwerke.

Der Ucs 908 910 5 766 mit 12,5-m³-Behältern, Handbremse und Doppelschakenlaufwerken sowie nachträglich an die Behälter geschweißten Rüttelplatten am 11.1.1998 im Rbf Maschen.

Die „leitungsfreie" Seite des Ucs 908 910 6 139 ohne Handbremse mit 13,5-m³-Behältern und akw-Reklame am 5.6.1997 im Bf Weiden/Opf.

1955/56 beschaffte die DB 150 Kds 54 mit Doppelschakenlaufwerken und Behältervolumen von 25 m³ oder 27 m³ sowie KE-GP-Bremsen. Einige dieser Wagen sind noch im Einsatz.

Von 1956 bis 1964 wurde die Serienausführung der Kds 54 mit Einfachschakenlaufwerken und 27 m³ Fassungsraum der Behälter – insgesamt 1.071 Wagen – gebaut.

Die Wagen werden grundsätzlich nur für jeweils einen bestimmten Beförderungszweck eingesetzt und sind beheimatet. Ein Teil ist vermietet und läuft u.a. mit Reklame der Firmen akw, Dyckerhoff oder Quarzwerke.

| | |
|---|---|
| **LüP** | **8540 mm** |
| **Achsstand** | **5000 mm** |
| **Laderaum** | **27,0 m³, z.T. 25,0 m³** |
| **Lastgrenze CS** | **29,1 – 27,7 t*** |
| **Eigengewicht** | **11600 / 11000 kg** |
| **DS 25m³** | **i.M. 11600 kg** |
| **DS 27m³** | **i.M. 12000 kg** |
| **Bremsbauart** | **KE-GP, z.T. Hbr** |

***in 0,1-t-Abstufung in Abhängigkeit vom Eigengewicht**

Der angemietete und in München-Ost beheimatete Ucs 910 910 6 230 am 30.5.1996 in Mannheim Rbf.
*Foto: Hans Ulrich Diener*

Leider ist es bislang nicht gelungen, ein Foto eines Upps 911 zu beschaffen. Nebenstehend ein Bild des Ucs 909 910 8 690 (mit bereits geänderter Leitungsführung und tiefliegenden Auslaufstutzen) am 1.6.1997 im Rbf Wanne-Eickel.
Die Bereiche wesentlicher Bauartänderungen (Abbau von Leitungen, Manometern und Sicherheitsventilen sowie Umbau der Entleerungseinrichtung mit Handrädern für die Schieberbetätigung) sind jeweils auf einer Seite markiert.

**VTG** 1966

## Ucs 910

**910 6 230 – 910 6 231**

| | |
|---|---|
| **LüP** | **11900 mm** |
| **Achsstand** | **8000 mm** |
| **Laderaum** | **52 ,0 m³** |
| **Lastgrenze CS** | **25,5 t ★★** |
| **Eigengewicht** | **14500 kg** |
| **Bremse** | **KE-GP, Hbr** |

2 ↗

Die VTG beschaffte 1966 bei LHB über hundert zweiachsige Staubgutwagen mit 52 m³ Laderaum, die für Lebensmitteltransporte eine Innenbeschichtung besitzen. Diese Ucs wurden mit Wagennummern ab 910 5 025, sieben baugleiche Uckks mit Nummern ab 918 0 039 eingestellt.

In den Jahren 1996 und 1997 mietete die DB zwei Wagen an und reihte diese als Ucs 910 ein.

**DB** 1997

## Upps 911 (ohne Abbildung)

**914 1 000 – 914 1 002**

| | |
|---|---|
| **LüP** | **9040 mm** |
| **Achsstand** | **5000 mm** |
| **Laderaum** | **34,0 m³** |
| **Lastgrenze CS** | **28,9 – 26,8 t*** |
| **Eigengewicht** | **11000 – 12300 kg** |
| **Bremsbauart** | **KE-GP, Hbr** |

***in 0,1-t-Abstufung in Abhängigkeit vom Eigengewicht**

3 ↗

1997 baute das Werk Paderborn drei Ucs 909 für den Transport nässeempfindlicher, leicht fließender Feinschüttgüter um.

Da für diesen Einsatzzweck die Entladung allein durch Schwerkraft erfolgen kann, wurden die Druckluftentleerungseinrichtungen ausgebaut und die (in Aschaffenburg beheimateten) Wagen in Upps 911 umgezeichnet. Ob tatsächlich alle, wie angegeben, mit Handbremsen ausgerüstet sind, erscheint fraglich.

Der Uacs 946 930 5 010 am 9.5.1994 im Gbf Hamm.
*Foto: Jörg van Essen, MdB*
Der Uacs 947 932 1 036 am 18.10.1997 in Mannheim Rbf.
*Foto: Hans Ulrich Diener*

## KKds 55 Uacs 946

1954 **DB**

1954 baute Talbot für den Transport von Tonerde 24 KKds 55, die vier Druckbehälter mit je 14 m³ Laderaum und Auflockerungsböden hatten. Die Wagen liefen auf Minden-Dorstfeld-Drehgestellen und waren mit KE-GP-Bremsen ausgerüstet.

Alle Wagen kamen noch in den Bestand der DB AG. 1994 waren sie im Bahnhof Rheinfelden/Baden beheimatet und wurden für den Transport von Aluminiumoxyd eingesetzt.

**930 5 000 – 930 5 029**

| | |
|---|---|
| LüP | 14090 mm |
| Drehgestell | 931 |
| Drehzapfenabst. | 7350 mm |
| Laderaum | 56,0 m³ |
| Lastgrenze C | 56,0 t ★★ |
| CS | 44,0 t |
| Eigengewicht | 23600 kg |
| Bremse | KE-GP, z.T. Hbr |

1

## Uacs 947

1982 **EVA**

1985 mietete die DB von der VTG für einen Zeitraum von zehn Jahren sieben 1982 gebaute, vierachsige Staubgutwagen mit 69 m³ Laderaum vom VTG-Typ 8069.80.

Ab 1990 wurden weitere Wagen von der EVA gemietet, so daß der Bestand bis 1993 auf 13 Wagen anstieg. Eingesetzt werden die Wagen, die bei der DB als Uacs 947 eingereiht sind, für den Transport von Kalksteinmehl der Firma Karl Kraft in Heidenheim.

**932 1 030 – 932 1 038**
**932 5 000**

| | |
|---|---|
| LüP | 15200 mm |
| Drehgestell | ähnl. DB-BA 664 |
| Drehzapfenabst. | 11500 mm |
| Laderaum | 69,0 m³ |
| Lastgrenze CS | 50,0 t ★★ |
| Eigengewicht | 22000 kg |
| Bremse | KE-GP, Hbr |

10

Oben der Uaoos-y [9331] 933 1021 noch mit DR-Anschriften am 3.5.1995 im Rbf Hamburg-Hohe Schaar. Rechts der Uaoos-y 948 [9331] 933 1 496 mit DB-AG-Anschriften am 7.2.1996 ebenfalls im Rbf Hamburg-Hohe Schaar.

**DR** 1980

# Uaoos-y [9331] Uaoos-y 948

| | |
|---|---|
| | 933 0 000 – 933 0 499 |
| | 933 1 000 – 933 1 499 |
| Zentralbedienung | 933 1 338 |
| LüP | 16000 mm |
| Drehgestell | Y 25 Cs - 839 |
| Drehzapfenabst. | 10960 mm |
| Länge d. Ladeluken | 700 mm |
| Laderaum | 67,0 m³ |
| Lastgrenze CS | 56,0 t ★★ |
| DB D100 | 60,0 t |
| Eigengewicht | 23800 kg |
| Bremse | KE-GP, z.T. Hbr |

In den Jahren 1980/81 beschaffte die DR bei Arbel Industrie/Douai-F 490 Güterwagen für den Export von Kali. Diese Uaoos-y [9331] haben vier Dachklappen, die zum Beladen einzeln von Laufstegen auf dem Wagenscheitel geöffnet werden müssen.

1994 kamen 487 Wagen in den Bestand der DB AG, die zu Uaoos-y 948 umgezeichnet wurden. Wegen starker Korrosionsschäden durch die Kalitransporte wurde in den Jahren 1993/94 bei 154 Uaoos-y 948 der obere Teil des Wagenkastens einschließlich der Ladeluken erneuert. 1994 erhielt ein Wagen versuchsweise eine von der Übergangsbühne aus zu bedienende Zentralbedienung für die Ladeklappen.

Da einige Kunden Wagen mit durchgehenden Beladeöffnungen forderten, wurden die übrigen Wagen mit Schwenkdächern ausgerüstet und in Taoos-y 894 umgezeichnet.

156 →

Der RoadRailer-Zug – vorn der Endadapter Uss 983 950 0 003 – am 27.2.1994 in Darmstadt Kranichstein.
*Foto: Hans Ulrich Diener*

Der Kombirail-Trailerzug kurz nach der Fertigstellung im Oktober 1992 auf dem Talbot-Werksgelände.
*Werkfoto: Talbot*

## Us 676 – 677 (Kombirail)

1992 DB

Das von Talbot, Remafer und Fruehauf entwickelte System Kombirail wurde von der UIC 1993 für den internationalen Verkehr zugelassen.

Ein Trailerzug ist als Privatwagen bei der DB eingestellt. Die DRRS-Drehgestelle mit Mitteladapter sollten die Bauartbezeichnung Us 676, die Endadapter Us 677 erhalten.

| | |
|---|---|
| Us 676 | 950 0 100 [P] |
| Us 677 | 950 0 700, ... 0 701 [P] |

| | |
|---|---|
| LüP mit 2 Sattelaufl. | 32490 mm |
| Drehgestell | DRRS - 676/677 |
| Lastgrenze DS ★★ | 38,6 t |
| Eigengewicht Sattelaufl. | 9400 kg |
| Bremse | KE-GP-A |

## Uss 745 Uss 981 – 983 (RoadRailer)

1990 DB

1990 wurde der Prototyp eines DB-Trailerzuges vorgestellt. Dieser „Roadrailer Europa“ besteht aus dreiachsigen Sattelaufliegern, die für den Einsatz auf der Schiene auf Drehgestelle (Adapter) geschoben werden; die Straßenachsen werden pneumatisch angehoben und verriegelt. Gekuppelt werden die Auflieger untereinander und mit den Laufwerken mit Spezial-Kupplungen.

Die Laufwerke sind aus Gußdrehgestellen der Y 25-Familie abgeleitet und erhielten bei der DB die Bauartbezeichnung (Uss) 745.

Im Februar 1991 wurde diese Bauartbezeichnung in Uss 981 für den Frontadapter, Uss 982 für die beiden Mittenadapter und Uss 983 für den Endadapter geändert.

| | |
|---|---|
| Uss 981 | 950 0 000 |
| Uss 982 | 950 0 001 – 950 0 002 |
| Uss 983 | 950 0 003 |

| | | |
|---|---|---|
| LüP mit 3 Sattelaufl. | | 46810 mm |
| LüP mit 2 Sattelaufl. | | 33030 mm |
| LüP mit 1 Sattelaufl. | | 19240 mm |
| Drehgestell | | Y 25 Guß - 745 |
| Lastgrenze DS | | 38,5 t ★★ |
| | CSS | 33,5 t |
| Eigengewicht | Uss 981 | 7920 kg |
| | Uss 982 | 6840 kg |
| | Uss 983 | 8200 kg |
| Bremse | | KE-GP-A, Fbr |

seit 1997
im Bestand

Oben der U [9083] 908 4839 am 8.10.1995 vor einem russischen Kesselwagen im Rbf Hamburg Süd. Rechts der Us [9084] 910 0174 am 29.1.1996 ebenfalls mit russischen Kesselwagen im Rbf Hamburg Süd.

**DR** 1984

# U, Us [9083, 9084] U, Us 998

| | |
|---|---|
| U 998 | 908 4 400 – 908 4 846 |
| Us 998 | 910 0 100 – 910 0 546 |
| LüP | 10160 mm |
| Achsstand | 6000 mm |
| Lastgrenze C | 00,0 t ★★ |
| Eigengewicht | 13800 kg |
| Bremse | KE-G, Hbr |
| **abweichende Daten für Us 998** | |
| Lastgrenze CS | 00,0 t ★★ |
| Eigengewicht | 14300 kg |
| Bremse | KE-GP, Hbr |

Als Sonderbauart „Kuppelwagen für Fährhafen Mukran" zur Beförderung russischer Güterwagen mit SA-3-Kupplung ließ die DR von 1984 bis 1990 im RAW Leipzig rund 450 Wagen bauen.

Auf die Untergestelle sind Traggerüste für Ballastgewichte aus Beton geschweißt. Ein Teil der Wagen wurde s-fähig hergerichtet und bekam eine Bremsanlage mit GP-Wechsel. Während bei den U [9083] zur Beschwerung nur Betonschwellen verwendet wurden, erhielten die Us [9083] und Us [9084] speziell angefertigte Betonblöcke mit Stahleinfassungen an den Kanten.

Zur DB AG kamen 385 U(s) [9083] und 51 Us [9084], die z.T. zu U(s) 998 umgezeichnet wurden. Eingesetzt werden sie heute u.a. für die Beförderung russischer Kesselwagen.

141 →

Oben der Us 999 910 0 023 am 9.10.1995 im Erzverladebahnhof Hamburg-Waltershof-Hansaport. Links der Us 999 910 0 043 am 31.5.1997 im Rbf Duisburg-Ruhrort – die Betongewichte sind übrigens nicht braun lackiert, sondern durch Erzstaub rotbraun geworden.

# Us 999

1982 DB

Zur Beförderung von mit AK ausgerüsteten Wagen durch Loks mit Haken-Bügelkupplungen erhielten zwischen 1982 und 1987 im AW Fulda insgesamt 59 Kls 442 und Kls 443 auf einer Wagenseite eine AK, einige Wagen bekamen zusätzlich eine automatischer Lastabbremsung.

Damit die Wagen bei schweren Anhängelasten in engen Bögen nicht aus dem Gleis gezogen werden, wurden sie zur Beschwerung mit Ballastblöcke aus Beton versehen, so daß sich das Eigengewicht auf rund 39 t erhöhte.

Bei einem Teil der Wagen beließ man den Wagenkasten incl. Bordwände, bei anderen wurden die Betongewichte direkt auf das Untergestell gesetzt. Alle Us 999 sind in Erzverladebahnhöfen wie z.B. Emden, Hamburg-Waltershof oder Duisburg beheimatet.

**910 0 000 – 910 0 058**

| | |
|---|---|
| **LüP** | **13860 mm** |
| **Achsstand** | **8000 mm** |
| **Ladelänge** | **12500 mm*** |
| **Ladefläche** | **34,6 m²*** |
| **Lastgrenze CS** | **26,5 t*** |
| **Eigengewicht** | **39000 kg** |
| **Bremse** | **KE-GP, z.T. KE-GP-A** |

***Die Angaben an den Wagen haben nur theoretische Bedeutung, da die Us 999 – wegen der Ballastblöcke – nicht beladen werden können!**

53 →

# Z – Kesselwagen

**mit Behältern aus Metall für den Transport von flüssigen oder gasförmigen Erzeugnissen**

Wagen mit 4 Radsätzen:
Lastgrenze ≥ 50 t / ≤ 60 t

**Kennbuchstaben stehen für folgende Abweichungen:**

- **a** mit 4 Radsätzen
- **e** mit Heizeinrichtung
- **w** (DR) für flüssige Brenn- und Treibstoffe

Kesselwagen waren bislang – mit Ausnahme im Dienstgutverkehr – eine Domäne von Privateinstellern. Neben den Mineralölgesellschaften, die noch bis in die sechziger Jahre den Hauptanteil der Kesselwagen selbst vorhielten, sind dies vor allen Dingen Gesellschaften wie die EVA, die KVG oder die VTG. Die zwei letztgenannten sowie Ermewa und Nacco haben auch bereits 1992 den größten Teil der ehemaligen Reichsbahn-Kesselwagen und -Staubgutwagen übernommen.

Lediglich einige von VagÓnka Tatra 1963 gebaute Kesselwagen blieben noch im Bestand der DR und wurden vorwiegend dazu genutzt, die Treibstoffreserven der russischen Armee bei deren Abzug abzutransportieren. 1996 reihte die DB AG diese Kesselwagen als Za 997 ein.

# Pwg – Güterzugbegleitwagen Drehgestelle

**Packwagen für Güterzüge**

**Kennbuchstaben haben folgende Bedeutung:**

- **h** mit Dampfheizleitung
- **s** geeignet für Züge bis 100 km/h

Zum Abschluß sollen die Güterzugbegleitwagen, die noch zur DB AG gekommen sind, und wichtige Güterwagen-Drehgestelle vorgestellt werden.

Güterzugbegleitwagen zählen zwar zu den Bahndienstwagen, waren aber früher in nahezu jedem Güterzug zu finden. Sie dienten als Aufenthaltsraum für den Zugführer. Da dessen Aufgaben bei Güterzügen heute generell vom Lokführer wahrgenommen werden, sind die Wagen überflüssig geworden.

Lediglich für spezielle Züge, die auch heute noch begleitet werden – dies sind z.B. die Autozüge zur Insel Sylt – hält die DB AG weiterhin eine geringe Zahl von Güterzugbegleitwagen vor.

Die Darstellung der Drehgestelle erfolgt in der Reihenfolge ihrer Entwicklung, Die hierbei häufig verwendeten Abkürzungen „DG“ und „BA“ bedeuten Drehgestell bzw. Bauart.

Der Za 997 755 0 000 wenige Tage nach der Ablieferung im Bf Heringen/Werra. *Foto: Rudolf Ossig*

## ZZh-w Za-w [7550] Za 997

1962 **DR**

Die ursprünglich als ZZh bzw. ZZh-w eingereihten etwa 1.200 Za-w [7550] (für Kraftstoffe, Lösungsmittel, Magnesiumchlorid etc.) und 400 Zae [7781] (Wagen mit Heizung für Schweröle) wurden von 1962 bis 1964 von Vagónka Tatra (Prag) für die DR gebaut.

Zum Jahresende 1992 waren noch 609 Za und Za-w [7550] sowie 221 Zae [7781] im Bestand. Die meisten wurden 1993 – wie die übrigen Kesselwagenbauarten – an die Ermewa, KVG, Nacco und VTG verkauft.

Einige Za-w [7550] blieben für den Treibstofftransport beim Abzug der russischen Truppen im Bestand der DR. Nachdem dieses Aufgabengebiet entfallen war, wurden 1996/97 im Werk Leipzig-Engelsdorf 58 Wagen aufgearbeitet. Diese bei der DB AG als Za 997 eingereihten Wagen werden von Heringen/Werra für den Transport von Magnesiumchlorid-Lösung eingesetzt.

**755 0 000 – 755 0 099**

| | |
|---|---|
| **LüP** | **13650 mm** |
| **Drehgestell** | **Niesky - 962** |
| **Drehzapfenabst.** | **7500 mm** |
| **Laderaum** | **63,0 m³** |
| **Lastgrenze C** | **56,5 t** |
| **Eigengewicht** | **22600 kg** |
| **Bremse** | **KE-GP, Hbr** |

58 ➡

Der Pwgs 041 950 6 864 am 13.4.1980 in seinem Heimatbahnhof Tübingen. *Foto: Viktor Schiffer*

Der Pwg [9404] 940 0270 am 27.1.1991 im Bf Ebeleben. *Foto: Bernd Schröder*

1941

## Pwgs 41 Pwgs 041

950 5 001 – 950 6 915*

| | |
|---|---|
| LüP | 10300 mm |
| Achsstand | 6000 mm |
| Ladelänge | 4570 mm |
| Ladefläche | 12,3 m² |
| Laderaum | 25,8 m³ |
| Lastgrenze CS | 6,0 t |
| Eigengewicht | 11500 kg |
| Bremse | Hik-GP, Hbr |

*auch andere Pwgs-Bauarten

1995 ausgemustert

Mit der Beschaffung von schnellauffähigen Güterwagen entstand Mitte der dreißiger Jahre der Bedarf an Güterzugbegleitwagen für eine Geschwindigkeit von 100 km/h.

1936 entwickelte die Reichsbahn daher eine neue Bauart geschweißter Güterzugbegleitwagen, die im Zweiten Weltkrieg vereinfacht wurde. Von diesen ab 1941 gebauten Wagen kamen etwa 300 zur DB und erhielten hier die Bauartbezeichnung Pwgs 41. Ende 1993 waren nur noch neun Pwgs 41 vorhanden, die z.T. als Streckenbeobachtungswagen für geschobene Züge umgebaut waren.

DR 1956

## Pwgs 88 Pwg [9404]

| | |
|---|---|
| DR | 940 0 000 – 940 0 999 |
| LüP | 8940 mm |
| Achsstand | 4850 mm |
| Ladefläche | 8,68 m² |
| Lastgrenze C | 5,5 t |
| Eigengewicht | 13500 kg |
| Bremse | Hik-GP, Hbr |

1995 ausgemustert

Die DR beschaffte ab 1956 bei Waggonbau Niesky kurze Universalpackwagen, die sowohl für Reisezüge als auch für den Einsatz als Güterzugbegleitwagen geeignet waren. Die Bauartbezeichnung der Güterzugbegleitwagen lautete Pwgs 88, ab 1978 Pwg [9404] (Reisezugpackwagen Daa [9326] oder [9964]).

Oben der Pwghs 054 950 5 614 am 5.6.1997 im Bf Bamberg. Links: Der Pwghs 054 950 5 602 ist einer der für den Autozugverkehr Niebüll – Westerland hergerichten Wagen (Stirnfenster). Das Foto zeigt ihn am 2.8.1991 in Westerland.

# Pwghs 54 Pwghs 054

1957 **DB**

Basierend auf der Konstruktion der Gms 54 / Gls 205 entstanden 1957/58 unter Verwendung von Teilen gedeckter Verbandsbauart-Güterwagen 1.199 Güterzugbegleitwagen.

Der Aufbau des Kastengerippes ist identisch mit dem der Gms 54. Vom Laderaum wurden ein Zugführerabteil und ein WC – beide mit Übersatzfenster – abgetrennt.

Da Güterzugbegleitwagen mit einer Handbremse ausgerüstet sein mußten, damit der Zugführer bei Gefahr den Zug zum Stehen bringen konnte, haben (fast) alle eine Handbremsbühne, die durch eine Tür in der Wagenstirnwand zugänglich ist.

Von 57 Pwghs 54, die Ende 1993 noch vorhanden waren, existierten Ende 1997 noch sieben Wagen, die – z.B. für den Westerlandverkehr – weiterhin benötigt werden. Sie sind für ihren speziellen Einsatzzweck in unterschiedlicher Form modifiziert.

**950 5 001 – 950 6 915***

| | |
|---|---|
| LüP | 11080 oder 10765 mm |
| Achsstand | 5840 mm |
| Ladelänge | 5631 mm |
| Ladefläche | 15,2 m² |
| Laderaum | 33,5 m³ |
| Lastgrenze CS | 6,0 t |
| Eigengewicht | 12200 kg |
| Bremse | KE-GP, Hbr |

*auch andere Pwgs-Bauarten

7

Ein Niesky-Drehgestell-Nachbau unter einem Arad-Rgs [3910]. Unterschieden wird bei der DB AG nach
Bauarten mit Einfachbremsklötzen:
858, 874: RAW Zwickau
Bauarten mit Doppelbremsklotzsohlen:
951: UV Arad
962: WB Niesky, WB Dessau u.a.

Die Minden-Dorstfeld-Drehgestelle gibt es mit unterschiedlichen Ausschnitten (vier runde – außen runde, innen Langloch – außen abgerundet dreieckig und innen rund).

Ein Drehgestell der BA 887 unter einem Taems 890. Neben Tae-Wagen werden auch unter Schotterwagen solche Drehgestelle verwendet.

DR 1952

## Niesky – 858, 874, 951, 962

| | |
|---|---|
| **Achsstand** | **2000 mm** |
| **Radsatzdurchmesser** | **1000 mm** |
| **Eigengewicht** | **4500 kg** |
| **zulässige Achslast** | **20,0 t** |
| **Höchstgeschw.** | **100 km/h** |

Die von WB Niesky 1952 entwickelten Drehgestelle wurden in den Folgejahren von vielen Herstellern nachgebaut (UV Arad, RAW Zwickau, WB Dessau etc.). Ein Teil ist mit Doppelbremsklötzen ausgerüstet.

DB 1954

## Minden-Dorstfeld – 931, 932

| | |
|---|---|
| **Achsstand** | **2000 mm** |
| **Radsatzdurchmesser** | **1000 mm** |
| **Eigengewicht** | **5000 kg** |
| **zulässige Achslast** | **20,0 t** |
| **Höchstgeschw.** | **(100) 120 km/h** |

Das Minden-Dorstfeld-Drehgestell (BA 931, für den Einbau der AK vorbereitet: BA 932) ist eine geschweißte Preßblechkonstruktion, die Anfang der 50er Jahre als Einheitsdrehgestell von der UIC standardisiert wurde.

DB 1964

## 887

| | |
|---|---|
| **Achsstand** | **1800 mm** |
| **Radsatzdurchmesser** | **920 mm** |
| **Eigengewicht** | **4750 kg** |
| **zulässige Achslast** | **20,0 t** |
| **Höchstgeschw.** | **120 km/h** |

Die DG-BA 887 wurde 1964 als Vorläufer der DG-BA 661 entwickelt. Die Drehgestellwangen ähneln der Bauart Minden-Dorstfeld, die im Grundriß H-förmigen Drehgestelle haben jedoch Rohrtraversen an den Enden.

Die DG-BA 661 und 664 gibt es beide mit unterschiedlich großen, ähnlich geformten Ausschnitten.
Das obere Bild zeigt ein Drehgestell der BA 661 mit kleinen Ausschnitten mit umlaufendem Blechfalz unter einem Taems 892.
Links ein Drehgestell der BA 664 mit großen Ausschnitten und Doppelbremskötzen unter einem Sgjs 716. Links am Drehgestell sind Teile der Bremsanlage zu erkennen.

Die Drehgestell-BA 665 – hier unter einem Shimmns 708 – ist mit Parabelfedern und Trapezschaken ausgerüstet.

## Minden-Siegen – 661, 661.1, 664, 664.1

1968 DB

Die Drehgestell-BA 661 wurde Mitte der 60er Jahre als Leichtbaudrehgestell mit H-förmigem Grundriß entwickelt.

Die Blatttragfedern sind an den Enden eingezogen (bei der DG-BA 661.1 nicht eingezogen). Die DG-BA 664/664.1 ist eine Variante der DG-BA 661 mit KE-GP-A-Bremse und (außer Steuerventil, Umstelleinrichtung und Luftbehälter) vollständiger Bremseinrichtung im Drehgestell (ggf auch mit Feststellbremse).

Die DG-BA 661 und 664 neigen u.a. an den Federböcken zu Anrissen und werden daher ab 1996 einem Grundcheck unterzogen bzw. bis 2000 gegen andere Bauarten getauscht.

| | |
|---|---|
| **Achsstand** | **1800 mm** |
| **Radsatzdurchmesser** | **920 mm** |
| **Eigengew. DG-BA 661** | **4600 kg** |
| **DG-BA 664** | **5200 kg** |
| **zulässige Achslast** | **20,0 t** |
| **Höchstgeschw.** | **120 km/h** |

## 665

1980 DB

Die BA 665 wurde von der WU Siegen 1980 als verwindungsweicher Rahmen ohne Verwendung von Hohlprofilen entwickelt. Die DG haben Parabelfedern und Trapezschaken und sind auf 1524 mm Spurweite umspurbar.

| | |
|---|---|
| **Achsstand** | **1800 mm** |
| **Radsatzdurchmesser** | **920 mm** |
| **Eigengewicht** | **4700 kg** |
| **zulässige Achslast** | **22,5 t** |
| **Höchstgeschw.** | **120 km/h** |

Ein Y 25 Cs-Drehgestell (DG-BA 621) unter einem Res 687.
Darunter ein Y 25 Css-Drehgestell (DG-BA 625) unter einem Sgjs 712.

Bauartnummern für Y 25-Drehgestelle ehemaliger DR-Wagen (je nach Hersteller):

| | |
|---|---|
| Y 25 Cs: | 839, 845, 851, 853, 881 |
| Y 25 Cs 2: | 839, 852, 859, 865 |
| Y 25 Rs: | 866, 867; 871 (kippfähig) |
| Y 25 Rs 2: | 864; Rs a: 872 (kippfähig) |
| Y 25 Ls: | 868 |

Ein von S.P.A. Fervet gebautes Y 25 Lss-Drehgestell (DG-BA 626) unter einem Sgns 691.

DB 1979

# Y 25 Cs, Css, Lss – 621, 625, 626, 839 u.a.

**Bedeutungen der Kennbuchstaben bei den bei der DB AG verwendeten Y 25-Drehgestellen**

| | |
|---|---|
| **C** | **Lastgrenze 20 t** |
| **R** | **Lastgrenze 20 t (gegenüber C verstärkt)** |
| **L** | **Lastgrenze 22,5 t** |
| **a** | **verbesserte Hilfslangträger** |
| **s** | **geeignet bis 100 km/h** |
| **s 2** | **wie „s“, aber vorbereitet für 120 km/h bis 20 t Radsatzlast** |
| **ss** | **geeignet bis 120 km/h** |
| **d** | **Doppelbremsklötze (Bgu)** |
| **i** | **Bremsanlage im Drehgestell** |

| | |
|---|---|
| Achsstand | 1800 mm |
| Radsatzdurchmesser | 920 mm |
| Eigengew. Cs / Css | 4530 / 4715 kg |
| Lss | 4800 kg |
| zulässige Achslast | 20,0 / 22,5 t |
| Höchstgeschw. | 100 / 120 km/h |

Bei der DB werden die in Frankreich entwickelten und von der UIC standardisierten Y 25 Cs-Drehgestelle – eine Blechrahmenkonstruktion aus U-Profilen – seit den siebziger Jahren eingesetzt. Die einfachste Form ist die (bei der DB mit geändertem Bremsgestänge) verwendete DG-BA 621.

Y 25 Css- und -Cssi-Drehgestelle (letztere mit Bremsanlage im Drehgestell) – BA 625 – für 20 t Radsatzlast sowie Y 25 Lss-Drehgestelle – BA 626 – für 22,5 t Radsatzlast dürfen mit Last 120 km/h laufen. Anders als Y 25 Cs-Drehgestelle haben sie Doppelbremsklotzsohlen. Alle Y 25-Drehgestelle für 20 t Radsatzlast haben rechtsherum gedrehte, für 22,5 t Radsatzlast linksherum gedrehte Schraubenfedern.

Bei DR-Wagen wurden vorwiegend unterschiedliche Y-25-Drehgestelle für 20 t Radsatzlast verwendet: Y 25 Cs, Cs 2, Rs, Rs 2 und Rs a; nur zwei Wagenbauarten erhielten Y-25-Ls-Drehgestelle.

Ein von Costamasnaga/I gebautes Y 25 Lssd-Drehgestell (DG-BA 623) unter einem Shimnns-tu 718. Hersteller von Y 25 Lsd 1-Drehgestellen sind Tatra Vagónka Poprad/SK und das DB AG-Werk Halle.

Ein Drehgestell der Bauart 652 mit Doppelbremsklötzen unter einem Schotter-Kieswagen.

Ein Drehgestell der Bauart 641 mit Einfachbremsklötzen unter einem Habbis 345.

## Y 25 Lssd, Lsd 1 – 623, 626, 628, 629

1994 DB

Ab 1994 beschafft die DB AG Y 25 Lssd- (DG-BA 623 und 626) und Y 25 Lsd 1-Drehgestelle (BA 628, 629), BA 626 und 629 mit Wiegeventil. Sie sind für 22,5 t Radsatzlast ausgelegt und haben Doppelbremsklotzsohlen.

| | |
|---|---|
| **Achsstand** | **1800 mm** |
| **Radsatzdurchmesser** | **920 mm** |
| **Eigengewicht** | **4800 kg** |
| **zulässige Achslast** | **22,5 t** |
| **Höchstgeschw.** | **100 km/h** |

## 650/51/52, 655/56 640/41/42, 645

1986 DB

Die von LHB entwickelten Drehgestelle der BA 650/51/52 wurden ab 1986 in Serie gebaut. Sie haben Rechteckschaken und Parabelfedern. BA 650 und 651 sind mit Einfach-, BA 652 mit Doppelbremsklötzen ausgerüstet.

Die Drehgestell-BA 640/41/42 entwickelte die WU parallel zu der Bauart 650 ff. Sie unterscheidet sich von dieser nur in der Rahmenform. BA 640/41 haben Einfachbremsklötze, 642 Doppelbremssohlen. Die Nachfolge-BA 645, 655/56 (BA 656 mit Wiegeventil) sind durch verstärkte Federbauteile für eine Achslast von 23,5 t bei 100 km/h ausgelegt.

| | | |
|---|---|---|
| **Achsstand** | | **1800 mm** |
| **Radsatzdurchmesser** | | **920 mm** |
| **Eigengewicht** | | **4700 kg** |
| **zul. Achslast** | **650, 651, 652** | **22,5 t** |
| | **640, 641, 642** | **22,5 t** |
| | **645, 655, 656** | **23,5 t** |
| **Höchstgeschw.** | | **120 km/h** |

Die DG-BA 707 entspricht den französischen Y 31 Cs-Drehgestellen. Von der Y 25-Bauart unterscheidet es sich durch fehlende Quertraversen an den Enden und 730-mm-Radsätze.

Das DRRS-Drehgestell wurde 1988 von Talbot entwickelt. Die DB verwendet es als Drehgestell-BA 675 – mit Scheibenbremsen ausgerüstetes Schnellfahrdrehgestell für 160 km/h.
*Werkfoto: Talbot*

Die dreiachsigen Niesky-Drehgestelle wurden 1952 für die Samm-Wagen der DR konstruiert.
Auf dem Foto der Arad-Nachbau für die Samms-u 454 aus dem Jahr 1977 mit abweichenden Achshalterstegen.

DB 1973

## 707

| | |
|---|---|
| **Achsstand** | **1800 mm** |
| **Radsatzdurchmesser** | **730 mm** |
| **Eigengewicht** | **3750 kg** |
| **zulässige Achslast** | **16,0 t** |
| **Höchstgeschw.** | **120 km/h** |

Die DG-BA 707 in H-Form entspricht den französischen Y 31 Cs-Drehgestellen, hat jedoch andere Federungseigenschaften. Von der DG-BA 631 unterscheiden es sich durch die fehlenden Quertraversen.

DB 1988

## DRRS – 675

| | |
|---|---|
| **Achsstand** | **1800 mm** |
| **Radsatzdurchmesser** | **1000 mm** |
| **Eigengewicht** | **4700 kg** |
| **zulässige Achslast** | **22,5 t** |
| **Höchstgeschw.** | **160 km/h** |

Das DRRS-Drehgestell (Double Rubber Rolling Spring) entwickelte Talbot 1988.

Durch die Verwendung von Gummirollfedern entfallen Verschleißteile wie Schaken, Federbolzen etc.

DR 1952

## Niesky (dreiachsig) – 757, 984, 992

| | |
|---|---|
| **Achsstand** | **2mal 1500 mm** |
| **Radsatzdurchmesser** | **1000 mm** |
| **Eigengewicht** | **7000 kg** |
| **zulässige Achslast** | **20,0 t** |
| **Höchstgeschw.** | **100 km/h** |

Die dreiachsigen Drehgestelle wurden 1952 von Waggonbau Niesky für die Samm-Wagen der DR konstruiert und ab 1956 auch von ausländischen Firmen für DR-Wagen nachgebaut.

Ein Drehgestell der BA 710 unter einem Samms 710

Ein Drehgestell der BA 711 unter einem Peine-Salzgitter Faals. Die unter den DB AG Faals laufenden Drehgestelle der Bauart 711.5 haben Parabelfedern.

Ein Drehgestell der BA 714 (mit Parabelfedern) unter einem Sahmms 711.

## 710, 710.1

1964 DB

Die DG-BA 710/710.1 ist eine geschweißte Blechkonstruktion unter Verwendung von Profil- und Schmiedeteilen. Unter Last dürfen die Drehgestelle 100 km/h laufen. Die Federn sind in Langschaken aufgehängt.

| | |
|---|---|
| **Achsstand** | **2mal 1700 mm** |
| **Radsatzdurchmesser** | **900 mm** |
| **Eigengewicht** | **7930 kg** |
| **zulässige Achslast** | **20,0 t** |
| **Höchstgeschw.** | **120 km/h** |

## 711, 711.5, 713, 714

1974 DB

Die Drehgestell-BA 711 wurde 1974 in den Abmessungen der BA 710 in ähnlicher Form konstruiert und in den Folgejahren mehrfach modifiziert.

Die ab 1976 verwendete DG-BA 711.5 ist für 22,5 t Radsatzlast ausgelegt und wurde sowohl mit Trapezfedern als auch Parabelfedern gebaut. Die ab 1981 beschaffte BA 713 ist nahezu baugleich.

Grundlegende Änderungen ergaben sich erst bei der ab 1991 in annähernd gleichen Abmessungen gebauten Bauart 714. Diese Drehgestelle erhielten Rechteckschaken anstelle der Langschaken.

| | | |
|---|---|---|
| **Achsstand** | | **2mal 1700 mm** |
| **Radsatzdurchmesser** | | **920 mm** |
| **Eigengew.** | **711** | **8000 kg** |
| | **711.5, 713 Parabelf.** | **7800 kg** |
| | **711.5, 713 Trapezf.** | **8050 kg** |
| | **714 Parabelf.** | **8200 kg** |
| | **714 Trapezf.** | **8220 kg** |
| **zul. Achslast** | **711** | **20,0 t** |
| | **711.5, 713** | **22,5 t** |
| | **714** | **22,5 t** |
| **Höchstgeschw.** | | **120 km/h** |

# Literaturverzeichnis


**Vorschriften und Unterlagen der DB AG**

Deutschen Bahn: Merkbuch für Schienenfahrzeuge – Güterwagen und Container – (DS 939 05)

Merkbuch für die Schienenfahrzeuge der Deutschen Bundesbahn – Güterwagen und Container – DS 939/5, Ausgabe 1967 mit fortlaufenden Berichtigungsblättern

Merkbuch für Fahrzeuge der Deutschen Reichsbahn, Teilheft 4, DV 939 d: Wagen, Ausgabe 1964, Berichtigungsblatt 1 bis 12

Jahresabschluß Fahrzeuge 31.12.1962 fortlaufend bis 31.12.1997

Niederschriften des Güterwagenbauausschusses der Deutschen Bundesbahn von 1949 bis 1973

Dokumentationsnummernverzeichnis für Reisezugwagen, Güterwagen, Container und Drehgestelle der Deutschen Reichsbahn, DS 999 19, 9. Ausgabe gültig ab 1.1.1985

**Werbeveröffentlichungen der DB und DR**

DB-Kundenbriefe 1958 ... 1996

Güterwagen der Bahn, Deutsche Bundesbahn, Zentrale Zentralstelle Absatz, 1990

Güterwagen der Deutschen Reichsbahn, Deutsche Reichsbahn, – Zentrale – Hauptverwaltung Bereich Güterverkehr, 1990

**Veröffentlichungen in Buchform**

S. Carstens, R. Ossig: Güterwagen, Band 1: Gedeckte Wagen, W. Tümmels Buchdruckerei und Verlag, Nürnberg 1989

S. Carstens, H. U. Diener: Güterwagen, Band 2: Gedeckte Wagen – Sonderbauarten, W. Tümmels Buchdruckerei und Verlag, Nürnberg 1989

S. Carstens, H. U. Diener: Güterwagen, Band 3: Offene Wagen – Selbstverlag, Hasloh 1996

S. Carstens, H. U. Diener: Güterwagen, Bestände der Deutschen Bundesbahn 1952 bis 1970, Wolfgang Diener, Reinheim 1991

H. Lehmann, E. Pflug: Der Fahrzeugpark der Deutschen Bundesbahn und neue, von der Industrie entwickelte Schienenfahrzeuge, Georg Siemens Verlagsbuchhandlung, Berlin 1956 (Ergänzung 1960)

G. Wolff: EK-Güterwagen-Lexikon DB:
- Die offenen Güterwagen der Regelbauart
- Die zweiachsigen Selbstentladewagen
- Die zweiachsigen Selbstentladewagen
  Die Staubbehälterwagen
- Die Autotransportwagen
- Kombinierter Ladungsverkehr
  Teil 1: pa-Behälterverkehr,
  pa-Behälter und Tragwagen

EK-Verlag, Freiburg 1991 – 1996

**Zeitschriften**

D. Perner: Güterwagen-Correspondenz (verschiedene Ausgaben), Meerbusch bzw. Düsseldorf 1989 ... 1997

**Sonstiges**

Firmenprospekte und Fotos der Firmen
- ADtranz Siegen (ehem. Waggon Union)
- DUEWAG
- FEW Blankenburg
- Linke-Hofmann-Busch (LHB)
- MAN
- Talbot
- DWA Werk Niesky (ehem. Waggonbau Niesky)

Übersichtszeichnungen der DB und verschiedener Hersteller

Hans Ulrich Diener: Wagennummern und Bestände von DB-/DR-Güterwagen – Datenbank für PC

Per Topp Nielsen: Internationales Güterwagen Archiv – Datenbank für PC